林下经济概论

张以山　曹建华　主编

中国农业科学技术出版社

图书在版编目（CIP）数据

林下经济概论/张以山，曹建华主编. —北京：中国农业科学技术出版社，2013.9（2023.7重印）

ISBN 978-7-5116-1310-3

Ⅰ. ①林… Ⅱ. ①张…②曹… Ⅲ. ①林业经济-概论 Ⅳ. ①F307.2

中国版本图书馆 CIP 数据核字（2013）第 135597 号

责任编辑	徐　毅　姚　欢
责任校对	贾晓红
出 版 者	中国农业科学技术出版社
	北京市中关村南大街 12 号　邮编：100081
电　　话	（010）82109704（发行部）　　（010）82106636（编辑室）
	（010）82109703（读者服务部）
传　　真	（010）82106631
网　　址	http://www.castp.cn
经 销 者	新华书店北京发行所
印 刷 者	北京建宏印刷有限公司
开　　本	787 mm×1 092 mm　1/16
印　　张	17.5
字　　数	400 千字
版　　次	2013 年 9 月第 1 版　2023 年 7 月第 4 次印刷
定　　价	68.00 元

版权所有·翻印必究

《林下经济概论》编委会

主　　编：张以山　曹建华
副 主 编：邓远宝　王秀全　刘海清　高宏华
编　　委：刘锐金　罗红霞　戴声佩　余树华　金　琰
　　　　　高秀云　吴胜英　占金刚　张志杨　林爱华
　　　　　龙宇宙　王玲玲　汪秀华　洪仁辉　张　智
　　　　　陈　刚　侯媛媛　黄媛媛　李光辉　王成丽
　　　　　郑晓非

序　言

　　森林是陆地生态系统的主体，是人类生存与发展的物质基础。以森林为主要经营对象的林业，不仅承担着生态建设的主要任务，而且承担着提供多种林产品的重大使命。进入21世纪，人类正在继农业文明和工业文明之后开始向生态文明迈进。我国也已进入全面建设小康社会、加速推进社会主义现代化新的历史发展阶段。在这个过程中，林业发挥着越来越重要的作用。

　　林下土地将是人类未来粮食生产的最后一块可利用之地。

　　近年来，我国高度重视林业建设，先后组织实施了绿色通道、退耕还林、速生丰产林等林业工程。随着林地郁闭度逐年增大，林业与农业争地，林下土地资源闲置等问题日益突出，从而衍生出了"林下经济"这一概念。林下经济是农业生产领域涌现的新经济活动，也是我国经济生活中的新事物，它以林地资源和森林生态环境为基础，在林下、林中、林上空间开展林、农、牧、能源和森林旅游业等多种项目的复合经营，从而使农、林、牧等各业实现资源共享、优势互补、循环相生、协调发展的生态农业模式，寻找到了一条不砍树也能致富的有效途径。林下经济投入少、见效快、易操作、潜力大。发展林下经济，可"在兴林中富民，在富民中兴林"，让"大地增绿、农民增收、企业增效、财政增源"，对缩短林业经济周期，增加林业附加值，促进林业可持续发展，开辟农民增收渠道，发展循环经济，巩固生态建设成果具有重要意义。

　　我国拥有丰富的林地资源，有46亿亩*林业用地，其中集体林地27亿多亩，是耕地的1.5倍。发展林下经济，包括林下种植、养殖、采集和森林景观等生态经济发展模式，能良好地解决我国当前森林保护、耕地保护和林业发展问题。党中央国务院高度重视，温家宝、吴邦国、回良玉等中央领导同志曾多次做出重要指示，要大力发展林下经济，促进农民增收，巩固集体林权制度改革成果。2010年中央一号文件明确提出要因地制宜发展林下种养业。2012年，国务院办公厅下发了《关于加快林下经济发展的意见》，指出：要坚持因地制宜，确保林下经济发展符合实际；坚持政策扶持，确保农民得到实惠；坚持机制创新，确保林地综合生产效益得到持续提高。国家的大力支持，为我国林下经济的发展注入了强劲活力。据有关部门统计，2012年我国林下经济年总产值超过2 300亿元。

　　然而，我国林下经济作为一个新兴产业，还处于发展起步阶段，虽然取得了一定成效，但仍存在诸多困难和问题，表现在：①规模总量不大，缺乏龙头企业带动，林下产业发展规模较小，难以形成竞争优势，不能满足市场批量需求。②林下经济模式和品种相对单一，产业发展模式比较粗放，林下种植和养殖品种单一，很难满足市场多样化需

---

*　1公顷=15亩，1亩≈667平方米，全书同

求。③林地资源地域差异明显，资源分布不均匀，基础设施条件差，制约了林下经济规模化发展、集约化经营。④产业化经营水平有待提高。首先是生产标准化程度低，生产成本高，而且质量无保证。其次市场组织化程度低，缺乏行业协会组织，没有形成订单农业，各农户单兵作战、自产自销，市场竞争力不强；再次管理技术水平不高，技能培训与服务指导跟不上，农户在种养过程中缺乏科学种养技术和管理方法，造成病虫害发生率较高，致使种养成本过大，经济效益不高。⑤林下经济产业相关理论研究落后。林下产业经济、产业配套技术、产业发展模式、产业政策等方面的研究缺乏系统性，不能很好地支撑林下产业的发展。

总而言之，林下经济潜在的巨大经济效益和广阔的发展前景，加之国家的重视，政府的引导，极大地调动了广大群众发展林下的积极性。但是林下经济存在着如上所述的诸多困难和问题，加之人们对林下产业经济的规律认识还不深入，相关配套技术也缺乏系统性，导致了林下经济产业发展还存在诸多盲目性。因此，急需一本较为完整、系统和全面的专著来分析林下经济的理论体系，总结林下经济的实践经验，用于指导林下产业经济健康、有序、科学、高效地发展。本书作者根据长期从事产业经济研究的经验，结合我国林下资源的特点，开展了具有建设意义的探索，对林下经济理论开展了系统研究，希望对推动我国林下产业及林下经济的发展起到很好的参考作用。只有让林地早下"金蛋"，多下"金蛋"，才能更好地促进林业生态建设及产业发展，才能更好地以良好的经济效益巩固林权改革的成果。

编　者

二〇一三年七月

目 录

第一章 林下经济的概述 ……………………………………………………（1）
  第一节 林下及林下经济的发展 ……………………………………………（1）
  第二节 林下经济的内涵与外延 ……………………………………………（3）
  第三节 林下经济的属性 ……………………………………………………（6）
  第四节 林下经济的特征 ……………………………………………………（7）

第二章 林下经济的地位与作用 …………………………………………（15）
  第一节 林下经济与农民增收 ………………………………………………（15）
  第二节 林下经济与区域经济发展 …………………………………………（17）
  第三节 林下经济与社会发展 ………………………………………………（19）

第三章 中国林下经济发展现状 …………………………………………（22）
  第一节 中国林下经济发展成就 ……………………………………………（22）
  第二节 中国林下经济发展存在的问题 ……………………………………（24）
  第三节 中国林下经济发展潜力分析 ………………………………………（27）

第四章 国外林下经济发展情况简介 ……………………………………（34）

第五章 林下经济的学科性质与定位 ……………………………………（37）
  第一节 林下经济涉及的学科门类 …………………………………………（37）
  第二节 林下经济的研究对象和任务 ………………………………………（41）
  第三节 林下经济的学科性质 ………………………………………………（42）
  第四节 林下经济学的学科特征 ……………………………………………（43）

第六章 林下经济的经济学原理 …………………………………………（45）
  第一节 林下经济学原理概述 ………………………………………………（46）
  第二节 林下经济的消费者理论 ……………………………………………（47）
  第三节 林下经济的生产者理论 ……………………………………………（49）
  第四节 林下经济的分配理论 ………………………………………………（50）

第七章 林下经济的生态学原理 …………………………………………（52）
  第一节 林下生态学定义及研究对象 ………………………………………（52）
  第二节 复合林下生态系统 …………………………………………………（55）

第八章 林下经济的生产与成本管理 ……………………………………（61）
  第一节 林下经济管理概述 …………………………………………………（61）
  第二节 林下经济的生产管理 ………………………………………………（63）
  第三节 林下经济的成本管理 ………………………………………………（65）
  第四节 林下经济的质量管理 ………………………………………………（67）

第九章 林下经济与环境资源管理 (69)
第一节 林下资源概述 (69)
第二节 林下资源的利用和管理 (69)
第三节 林下环境的保护和管理 (74)

第十章 林下经济产业科技及管理 (77)
第一节 林下经济产业涉及的科学技术概述 (77)
第二节 林下科学技术管理 (81)
第三节 林下技术经济效果 (85)

第十一章 林下经济营销理论 (89)
第一节 林下经济市场营销概述 (89)
第二节 林下经济营销渠道 (95)
第三节 林下经济营销策略 (99)
第四节 林下经济产品开发的目标市场定位及细分 (101)
第五节 林下经济市场预测 (104)

第十二章 林下经济的效益评价 (112)
第一节 林下经济的效益评价概述 (112)
第二节 林下经济的效益评价指标体系构建 (113)
第三节 林下经济的效益评价方法 (114)
第四节 林下经济的效益初步评价 (117)

第十三章 林下经济研究方法 (119)
第一节 林下经济研究方法概述 (119)
第二节 林下经济调查法及其应用 (121)
第三节 林下经济实验法及其应用 (123)
第四节 林下经济定量分析法及其应用 (127)

第十四章 林下种植模式及特征 (131)
第一节 林下种植模式概述 (131)
第二节 林下主要经济种植模式及其内容 (132)
第三节 林下种植模式的特点与效益 (133)
第四节 林下种植模式配套技术 (135)

第十五章 林下养殖模式与特征 (137)
第一节 林下养殖模式概述 (137)
第二节 林下养殖模式的内容 (138)
第三节 林下养殖模式的特点与效益 (139)
第四节 林下养殖模式配套技术 (141)

第十六章 林下旅游观光模式与特征 (144)
第一节 森林旅游观光模式概述 (144)
第二节 林下旅游观光模式的内容 (145)
第三节 森林旅游观光的特点和效益 (154)

第十七章　林下综合利用模式与技术 …………………………………………（160）
第一节　林下综合利用模式概述 ………………………………………（160）
第二节　林下综合利用的特点与效益 …………………………………（163）
第三节　林下综合利用模式配套技术 …………………………………（168）

第十八章　典型林下经济作物及种植技术 ……………………………………（173）
第一节　林下粮食作物 …………………………………………………（173）
第二节　林下油料作物 …………………………………………………（177）
第三节　林下药用植物 …………………………………………………（183）
第四节　林下花卉 ………………………………………………………（190）
第五节　林下牧草间种技术 ……………………………………………（194）
第六节　林下菌类栽培技术 ……………………………………………（200）

第十九章　热带典型林下畜禽及养殖技术 ……………………………………（208）
第一节　林下家禽养殖 …………………………………………………（208）
第二节　林下家畜养殖 …………………………………………………（214）
第三节　林下特种动物养殖 ……………………………………………（219）

第二十章　林下旅游观光实例综述 ……………………………………………（231）
第一节　森林休闲娱乐开发模式实例 …………………………………（231）
第二节　森林自然观光开发模式实例 …………………………………（233）
第三节　森林度假疗养开发模式实例 …………………………………（237）
第四节　森林生态体验开发模式实例 …………………………………（238）
第五节　森林秘境探险开发模式实例 …………………………………（241）

第二十一章　林下综合利用实例综述 …………………………………………（247）
第一节　苹果园综合利用实例 …………………………………………（247）
第二节　橡胶林下综合利用实例 ………………………………………（254）

第二十二章　林下经济的愿景展望 ……………………………………………（256）

参考文献 …………………………………………………………………………（263）

编后语 ……………………………………………………………………………（268）

第一章 林下经济的概述

第一节 林下及林下经济的发展

一、林下的基本概念

"林下"一词的内涵丰富,《汉典》中有如下关于林下的引证解释:一是指树林之下、幽静之地,如唐代郑谷《慈恩寺偶题》诗:"林下听经秋苑鹿,江边扫叶夕阳僧";二是指山林田野退隐之处,如唐代灵彻《东林寺酬韦丹刺史》诗:"相逢尽道休官好,林下何曾见一人"。宋代文天祥《遣兴》诗:"何从林下寻元亮,只向尘中作鲁连"。郁雯《李清照》六:"原想和你一起,退居林下,白头偕老,没有想到又有湖州之诏";三是指谓闲雅、超逸,《世说新语·贤媛》:"王夫人神情散朗,故有林下风气"。此外,《禅宗大词典》的〈祖堂集〉卷二中有:林下见有一人,当得于道,亦契菩提。此中的林下意指远离尘嚣的僧人修行之地。本书的林下是指树林中树冠以下的相对有限的空间。

二、林下经济的概念

林下经济是指以林地资源、林下空间和森林生态环境为基础,以集约化经营为手段,以市场为导向,以林下种植、林下养殖、相关产品采集加工和森林景观利用等为主要内容,以提高林地生产率、劳动生产率、资金利用率、产品商品率为宗旨,综合开发利用林地资源和林荫空间使农、林、牧等各业实现资源共享、优势互补、循环相生、协调发展,满足社会和市场需求,体现较高的经济效益、社会效益和生态效益,实现生态和民生双赢的一种商品经济形式。这一概念至少有以下三层含义:

(一) 以林地资源、林下空间和森林生态环境为生产基地的生产活动

利用树林、林下土地、树木间隙、林中建筑物等土地资源、空间资源和生态资源,从事林下种植、林下养殖、相关产品采集加工和森林景观利用等活动,通过集约经营和立体种养,为社会提供各种农副产品。这种生产活动,主要通过合理配置利用林下的土地资源、空间资源、生态资源,提高林地的生产率。

(二) 以林地为阵地的生产经营活动

利用林地作为生产经营场所,从事林下种植、养殖、加工、仓储等生产项目,以及商业、休闲、旅游、观光等服务项目。在林地从事这些生产经营活动,其原材料的选购、产品的销售、经营规模的大小、专业化生产与服务特色的形成等方面,都更依赖于

市场，同时也要求其经营者具有较高的经营素质。

（三）以农林牧各业的资源共享、优势互补、循环相生、协调发展的生产经营活动

利用林业、种植业、畜牧业及其服务业在空间、时间上的差异，充分利用现有的资源，发挥各自的优势，实现农、牧、林等各业协调发展。通过集约化经营提高林地生产率、劳动生产率、资金利用率，即通过劳动集约发掘资源潜力、通过资金集约扩大系统能量和物质流通量、通过技术集约强化林下生态系统及其功能，从而实现林下经济的高效益。

三、林下经济发展的意义

发展林下经济是巩固集体林权制度改革成果、促进绿色增长的迫切需要，是提高林地产出、增加农民收入的有效途径，目前，已经取得明显经济效益和社会效益。

（一）发展林下经济可充分利用林下资源，提高土地使用效率

林木覆盖之下的林荫土地资源具有特殊性。林荫覆盖下的土地与农田和裸地相比发生了巨大的变化。比如直射光光照减弱，散射光强度增加，光质变化；昼夜温差减少，空气湿度加大等。这些变化为某些动植物、微生物的生长创造了适宜的环境空间。如果以科学技术为支撑，在掌握林下物种生活习性的基础上，使各个物种各得其所，发挥林荫优势，进行复合林荫种养，为实现农、林、牧、渔业的资源共享创造了有利的条件。发展林下经济，实现科学合理的空间资源配置，做到农、林、牧、渔业的资源共享，乔木、灌木、草类、菌类优化配置，挖掘土地资源潜力和生物资源潜力，能在一定程度上缓解当前经济社会发展所面临的土地资源紧缺的突出问题。

（二）增加农林副产品种类和数量，调整农村产业结构

我国农村经济结构比较单一的现象相当普遍，给农村经济发展带来很大局限性。林下经济复杂的生态环境条件可供多个物种生存，可生产多种多样的绿色农林产品，能提高其产量和质量，满足消费群体对农林产品的多方位需求。通过发展林下经济，发展种植、养殖多种产业，延长产业链，可进行产业结构调整和升级，弥补林业产业周期长的缺陷，做到长短结合，以短养长，实现生态效益和经济效益双赢，以及农村经济的可持续发展。

（三）延长产业链，增加农村劳动力就业机会

发展林下经济，由于实现了种植业—养殖业—加工业等产业链的衔接，经营类型、产品种类的增加和集约程度的提高，这就需要吸纳更多的劳动力，提供更多的就业岗位，减轻农村人口的就业压力，使农村社会更加和谐稳定。

（四）提高单产，增加经济效益

通过构筑复杂的生态系统，充分发挥森林在改善环境条件方面的独特作用，充分发挥林木和其他物种的互利作用，把生态优势转化为经济优势，多层次、多方位、多目标地利用农、林、牧、渔业的主副产品，提高产品质量和单位面积产量，提高产品加工的附加值，增加单位面积的经济产出和整体经济效益。

四、我国发展林下经济的主要类型

林下经济是林业产业的重要内容，国家林业局一直非常重视发展林下经济。在国家

的政策引领、财政扶持和技术支撑下，近年来全国各地林下经济产业得到长足发展。各地涌现出了许多发展林下经济的成功案例。2007年，北京市委市政府和首都绿化委员会提出"发展林下经济1万亩，形成林下种植、林下饲养的循环经济产业链"的工作目标。北京市政府还把"大力发展林下经济，建立林菌、林药、林禽、林草、林粮示范点20处，促进农民增收致富"列入2007年在关心群众生活方面拟办的58件重要实事之中，并涌现出通州区永乐店镇的林菌、林禽循环利用的林业发展模式；平谷区黄松峪镇在林间空地上间种柴胡、防风、黄芩、金银花、西洋参等药材半野化栽培，积极培育主导产品市场的林药模式；延庆县北张庄镇在坡地上栽植四倍体刺槐，林间种植牧草，发展奶牛、肉用羊等养殖业的复合林牧模式等一大批成功案例。河南省清丰县依托林地资源大力发展林下经济，确立了"典型引路，示范带动，政策倾斜，协调发展"，走"公司+基地+农户"的道路，发展一批、巩固一批、成效一批的工作思路。

　　林下经济已经成为一种具有内在活力和无限潜力的林地生产方式和经济现象，发展林下经济对地区经济发展、农民增收、生态建设均有重要意义，选择合适的发展途径，可以大幅度地提高林业产值，增加农民收入、地方财政收入、改善农村基础设施状况、增强地区经济活力等。从各地的实践来看，主要是指以林地资源和森林生态景观资源为依托，发展起来的林下种植业、林下养殖业、林下采集加工业和森林旅游业。

　　林下种植业，即充分利用丰富的林下资源发展种植业。主要发展模式包括：林—果模式，利用林下空地，间种、套种水果；林—草模式，在林下种植牧草，用于发展养殖业；林—花模式，在林下种植耐阴性的花卉和观赏植物；林—菜模式，在林下种植耐阴性野菜等经济作物；林—菌模式，林下种植培育香菇、蘑菇、红椎菌、灵芝等菌类；林—药模式，在林下种植药用植物。

　　林下养殖业，即充分利用林下空间发展立体养殖。主要发展模式包括：林—禽模式，在林下圈养鸡、鸭、鹅、鸟等禽类；林—畜模式，在林下圈养或放养猪、牛、羊、兔等家畜；林—蜂模式，利用林木放养蜜蜂，发展养蜂业。

　　林下采集加工利用业，即利用林下产业的产品资源，大力发展林下产品的加工、流通和销售业，拉长林下经济产业链，发挥集群作用，提高经济效益。主要是藤芒编织、竹产品编制加工、松脂采集、竹笋采集加工、野菜采集加工等。

　　森林景观利用，充分发挥广大农村地区山清水秀、空气清新、生态良好的优势，合理利用森林景观、自然环境和林下产品资源发展农家乐等旅游观光、休闲度假、康复疗养等产业。主要有"林家乐"、林区"农家乐"、生态休闲旅游、森林休闲游、风景名胜区生态旅游等。

第二节　林下经济的内涵与外延

一、林下经济的内涵

　　林下经济的内涵是发展农林复合经营，以生产多种木质和非木质产品为目的的经济形态。目前而言，对林下经济概念的内涵主要包括 5 个方面。①以林业用地（尤其是山区林地）为主要活动范围，包括与之相关的生态和人文资源；②以生态学、生态经济学、系统工程等为基础理论；③以获得生态、社会和经济的综合效益最大化为目标；④以合理布局、注重先进技术和实用技术的相结合，利用各种资源为基本思路；⑤以持续发展、永续经营为原则。

二、林下经济的外延

林下经济的外延包括利用森林的生态功能和社会文化功能，开展诸如生态旅游、休闲度假、观光采摘等多项活动，以满足社会需求而发展的林业经济。

（一）产业互补

传统的农业是单一的种植业生产，保留自然经济的特性，其产业经济效益十分低下，与现代工业无法比拟。在现代社会中，不可能分享到社会平均利润。只有在农业产业链接上，与养殖业、加工业和服务业形成一体化经营后，在市场经济条件下，才能实现农业对社会平均利润的共享。可以说，林下经济就是这种产业链延伸的一种实例。

林下经济有助于减轻林业产业的压力，优化环境。就我国而言，林业由于经营周期长，抚育成本高，连续投资 30~40 年后才可有直接经济效益，加上我国很多贫困地区交通闭塞，教育落后，发展林业全靠"政府输血"，林业对市场应变力极差，造成林业的停滞甚至减退的局势。因此，由农户发展单一林业基本是不可能的，我国农村的低集约化、各家各户分散经营的状态也不利于全民参与发展林业。

发展林下经济可以实现以短（农业）养长（林业），以林护农。林木或果木到达成熟期，只要管理得当，其比较利益将大大高于单纯的农业、林业。在黄淮海平原豫北地区。对果园、果粮、桐粮、农田防护林、农田、林地的十多年的经济效益和综合效益进行了研究，总体情况是：果园最佳，果粮间作、桐粮间作都优于农田和林地，综合效益则是果粮最佳，农田防护林、桐粮间作优于单纯的果园和林业，生态、社会、经济效益显著。

与单纯的农业、林业相比，林下经济有生态和经济的综合优势。农业和林业都是经济基础产业，既为人类创造最基本的生活资料和生存环境，又为社会的文明和发展提供最初始的推动力和生产初级产物（即循环和流动的物质）。农业为人类提供粮食，而林业保障生态环境，两者缺一不可。我国农业和林业现在都靠政府财政补贴，自身不能解决效益低下、生长周期长、市场适应力差的问题。种种原因造成近几年不少土地抛荒不种的扭曲现象和林业发展的长期停滞，当然这些趋势主要还受经济利益的诱导影响。而林下经济可利用农业、林业各自优势，达到取长补短、增产增值、经济发展和改善环境等综合效果，这正是现代全人类所追求和倡导的，所以林下经济具有广泛的应用价值和广阔的发展前景。

（二）生态优势

与普通生态系统一样，林下经济的系统由生物和环境构成，环境决定生物的种类结构和生存条件，生物反过来也影响环境，同时生物与生物之间也存在复杂的相互作用，或是有利，或是有害。林下经济在人为干预下，发挥了生物间的有利作用，配置林木有利于改善自然环境条件,为作物生长创造良好的小气候。它架构于多种类、多行业的基础之上,依据生态学的营养级、生态位理论,合理组织系统结构,从而达到理想的功能和效益。

林下经济系统的多层次、多用途的结构,符合生态系统特定的物质循环、能量流动、信息传递以及节约资源,提高效率,保护环境等生态和环境要求。实践中,生产者从自然、经济、社会的某些因子出发,选择生物组分来构建生产系统。如考虑土地缺乏肥力,选用豆科树种与农作物搭配,可以固氮改善地力,掌握好树的数量和布局方式,不会对农作物造成大的负面影响;在北方多风沙地区,配置农田防护林和林网,其中的林木系统在很大程度上改良了自然环境,可以涵养水源,促成局部保温保湿的稳定气候,使系统的抗逆性加强,农作物获得这样的保障,相对于"靠天吃饭"来说,是一种巨大的进步。

在干旱缺水的地区,林下经济可发挥其生态优势,林木系统的林冠可以截留降水,枯枝落叶层及活的地被层可使降水渗入土层,减少表面径流和土壤冲刷,增加土壤湿度。有研究表明,黄淮海平原营建农田林网、林粮间作系统,可使系统内土壤湿度比对照的无林网农田高 1.8%~10.1%,尘埃降低 20%~60%,系统形成良好的小气候和自净化功能,具有较高的动力和水文效应;梨粮复合模式光能利用率比周边种植模式高 10.3%。林下经济对环境质量也有一定的调控作用,林下经济系统大气中 CO_2 平均浓度比单一的农业系统低,对 N_2O 具有一定的吸收作用。

一般认为,林下经济的目的在于持续稳定生产力和保护生态环境,这符合当前提倡的持续发展的环境保护战略,因而将林下经济在农业生产实践中大力推广具有积极的现实意义。

(三) 应用优势

由于林下经济发展的需要,人们将重新确定遗传改良、选育、栽植和加工利用等方面的新目标,这些对林业的发展是极为有利的。我国林下经济研究中关于这些方面的报道还很少。不同地区哪些植物相互搭配可组成最佳的生产结构,值得人们进一步研究,以充分发挥地区资源优势,探讨具有可持续性的土地利用方式。

林下经济发端于农业、林业两大国民基础产业,理论上受多种学科指导,可望达到更高的生态、经济和社会效益;在解决资源利用和环境保护、生态和经济的矛盾,以及工、农产业效益差别悬殊以及实施粮食、林业基本国策等方面起到有益的推动作用。

林下经济在农业、林业和(或)牧业、渔业间形成产业互补,使农业分享到其他产业的社会平均利润,这是稳定农业的关键所在。人类农业、林业生产的悠久历史和各种经验技术都可方便地移植到复合系统中去,使其具有实践可行性,这些优势决定农林复合系统具有极大的推广价值,在全球可持续发展战略要求的今天和未来,理应成为农业、林业进一步发展的一种新思路和模式。

不可否认农、林作物间存在竞争等不良影响,林下经济系统种群互作已成为现代林下经济系统研究的核心内容之一。一个优化的复合结构模式必须使系统内各种群具有广泛的生态位分化,在结构设计时,要充分减少种群复合经营的负互作,提高正互作,并从时、空、量、序 4 个方面进行系统调控,促进模式优化与系统的持续稳定。从某种意义上讲，林下经济的作用在于努力使农业和林业相互结合、相互利用、相互制约，要想弄清农业和林业之间的相互制约的关系，需要有更宽的知识面和对整个农村系统的了解，同时也需要对林下经济的实践者开展更加全面的培训。随着对林下经济研究的不断深入，会出现许多需要解答的问题，而人们对林下经济的认识也将不断深化，林下经济的结构和模式也将会日臻完善。

第三节　林下经济的属性

林下经济既具有获取直接经济效益的商业投资性质，又具有获取生态效益、政府投资建设的社会公益性事业性质。总体来说，林下经济同时具备自然属性与经济属性。

一、林下经济的自然属性

林下经济建设项目是在培育森林植被为主的生态系统同时，进行以林草、林药、林畜、林禽为辅助内容的林业产业。由于这种生态经济系统结构非常复杂，系统成分相互影响，故其在建设过程中很容易受到自然因素等的影响，存在着比较大的自然风险。首先，由于林下经济建设所处地域的自然条件不同，需要进行森林培育、林下经济产业建设的内容也不相同。其次，不同的林种、不同的树种以及不同的林下经济产业模式等也将对林下经济建设项目的生态经济效益产生影响。鉴于林下经济的自然属性特征，在组织实施林下经济建设过程中必须尊重自然规律，研究设计符合当地自然规律的技术方案、特定模式与建设内容。

二、林下经济的经济属性

林下经济建设是一种既生产私人市场产品，又提供公共产品的综合性林业产业项目。从林下经济建设的半公共属性来看，林下经济建设的直接投资者（公司、组织或个人）与项目的间接效益（生态效益）投资者之间的利益结合不紧密，缺乏共同利益动机的刺激，不同的利益追求必然导致经营目的取向的差异，因而很难实现森林资源的高效利用。组织林下经济建设，可以采取"公共生产"支撑"私人生产"的方式，即政府对林下经济建设予以一定的财政扶持，同时辅以必要的政策引导，甚至目标（生态目标）限定。换言之，由于林下经济建设从整体上来看，是由大量的私人投资与部分政府投资所形成的综合性的林业产业项目。考虑到林下经济建设项目生态效益的外溢性，作为享用项目生态效益的受益群体的代表，政府当然也就具有了不可推卸的投资责任，也应是林下经济建设的投资主体之一。当然，这种投资可以采取技术扶持、科技推广、苗木提供等各种形式来体现。例如可以在政府的扶持和引导下，开展高质优产林下经济产业基地建设工程，低产林下经济改良恢复工程，优良种苗基地建设工程以及新技术试验示范基地建设工程。通过政府主导下的一系列重点林下经济产业工程建设，推动整个林下经济产业的发展。

第四节 林下经济的特征

林下经济的特征主要包括生态特征、生产特征、经济特征等几个方面。

一、生态特征

(一) 复合性

林下经济的结构是系统内的构成要素以及这些要素在空间和时间上的配置。一般可分为物种结构、空间结构、时间结构、营养结构4种结构。这4种结构的合理性与协调性是决定能否充分发挥不同种类生物组合种群的共生效能，优化林下经济模式、提高林下经济效益的关键，所以合理调控林下复合结构，是林下经济发展的核心问题。

1. 物种结构

物种结构是指林下复合系统中生物物种的组成、数量及其彼此之间的关系。物种的多样性是林下经济的重要特征之一。适合林下经济经营的主要物种一般包括乔木（经济林）、灌木、农作物、牧草、食用菌和禽畜等。理想的物种结构能对资源和环境最大利用和适应，可借助于系统内部物种的共生互补生产出最多的物质和多样的产品。对比单一的林业系统，可以在同等物质和能量输入的条件下，借助结构内部的协调能力达到增产的效果。确定物种结构需要掌握物种之间的竞争与互补关系，以达到不同物种间的最佳组合。

2. 空间结构

空间结构是指林下复合系统各物种之间或同一物种不同个体在空间上的分布。可分为垂直结构和水平结构。一般由物种搭配的层次、株行距和密度决定。垂直结构即复合系统的立体层次结构，它包括地上空间、地下空间结构。一般来说，垂直高度越大，空间容量越大，层次越多，资源利用效率则越高。但并不表示高度具有无限性，要受生物因子、环境因子和社会因子的限制。水平结构是指复合系统中各物种的平面布局，种植型系由株行距决定。水平结构又可以分为周边种植型、行式间作型、团状间作型等。其中，周边种植型是农田防护林网的主要结构模式，行式间作是林（果）作的常见模式，团状间作类型类似于团状混交等。

3. 时间结构

时间结构是指林下复合系统中各物种的生长发育和生物量的积累和资源环境协调吻合的状况。由于任何状态（资源）因子都有年循环、季循环和日循环等时间节律，任何生物都有特定的生长发育周期，时间结构就是利用资源因子变化的节律性和生物生长发育的周期性关系，并使外部投入的物质和能量密切配合生物的生长发育，充分利用自然资源和社会资源，使得复合系统的物质生产持续、稳定、有序和高效地进行。根据系统中物种间共处的时间长短可分为短期间作型、长期间作型等形式。

短期复合型一般是以林为主的林下复合系统。在林木幼年期或未郁闭前，林下可种植作物，但林冠郁闭后，由于林下光照的减弱，则不能继续种植喜光作物。

长期复合型是以农为主的林下复合系统，在物种配置时，充分考虑各物种的生物习性，一般采用疏林结构模式，充分发挥各物种的正作用，达到相互间"共生互补"的目的。

4. 营养结构

营养结构就是生物间通过营养关系连接起来的多种链状和网状结构。生态系统中的营养结构是物质循环和能量转化的基础，主要是指食物链和食物网。营养物质不断地被生产者吸收，在日光能的作用下，形成植物有机体，植物有机体又被草食动物所食，草食动物又被肉食动物所食，这些生产者和消费者死亡后又可以被真菌、细菌等分解者分解，这些环节形成有机的链锁关系。多种食物链相互交织、相互连接而形成食物网。林下复合系统可以通过建立合理的营养结构，减少营养的耗损，提高物质和能量转化率，从而提高系统的生产力和经济效益。

（二）耐阴性

由于生长环境的影响，林下经济中所选择的作物一般具有耐阴性。耐阴性是指植物在弱光照条件下的生活能力，是植物为适应低光量子密度，维持自身系统平衡，保持生命活动正常进行而产生的一系列变化。它是由植物的遗传特性和植物对外部光环境变化的适应性两方面决定的，是植物的一项重要复合性状。耐阴植物之所以能在荫蔽条件下正常生长，是因为他们具有低的光补偿点和呼吸消耗，在弱光下具有高的量子羧化效率。这样可以使它们在较低的光照强度下，有较高的光合物质积累。

（三）共生性

由于林下复合系统至少由两种物种组成，自然界的任何生物都不可能离开其他生物而独立存在，生物种群之间大多数都存在着共生、互生和抗生的关系，生物种群的协调共存是充分利用自然资源的基础，其中，生物种群之间的共生、互生是生物之间互相促进、相互防护的重要机制，因此，共生性是林下经济的生态特征之一。比如，利用豆科植物种群的生物固氮作用可以给其他种群提供有益的土壤肥力，促进植物群落的生长与繁殖。应用乔木和灌木给一些耐阴植物提供适宜的生长环境，可以改良土壤结构和提高土壤肥力，以改善植物的生长环境等。

（四）半野生性

林下复合系统是按照人的意愿设计和建设的人工生态经济系统，不但受自然环境的影响，还受到人为因素的影响，因此具有半野生性。林下经济不仅涉及农学、林学，还涉及植物学、动物学、生态学、地理学、社会学、经济学、系统科学、环境学、生态经济学、可持续发展理论、市场经济理论等诸多学科，它是多种学科的有机综合。由于林下经济产业是一种人工生态系统，有其整体的结构和功能，在其组成成分之间有物质与能量的交流和经济效益上的联系，还要充分考虑系统内各要素之间在功能上和数量上的相互依存和相互制约的关系，人们经营的目标不仅要注意某一成分的变化，更要注意成分间的动态联系，保持和加强系统内各要素的互利共生、协调发展的关系，要把取得系统的整体效益作为系统管理的重要目的。林下经济注重各物种生物学、生态学特性的统一，具备很强的生态稳定性；木本植物与作物结合延长了土地的循环周期，具备时间的稳定性。由于林下产业是一种复合的人工生态系统，在组合处理上有更高的技术要求。

二、生产特征

（一）劳动密集型产业

劳动密集型产业是指进行生产主要依靠大量使用劳动力，而对技术和设备的依赖程度低的产业。扩大农民就业，促进再就业，关系农村改革发展稳定的大局，关系人民生活水平的提高，关系国家的长治久安，不仅是重大的经济问题，也是重大的政治问题。我国农村剩余劳动力多，已成为制约农民增收和农村经济发展的突出问题。因此，发展具有比较优势的林下经济等劳动密集型产业，是加快转移农村剩余劳动力的重大战略选择。

劳动密集型产业是一个相对范畴，在不同的社会经济发展阶段上有不同的标准。从我国情况看，目前，林下经济作为劳动密集型产业有以下三个特点：

1. 不可替代性

在当前技术水平下，林下经济的相当一部分劳动仍然无法被技术取代，即使能取代，对于资本短缺而劳动成本相对低廉的广大农村来说，使用技术的成本往往高于使用劳动的成本，特别是为了满足农、林产品市场上多样化和个性化的消费需求，则必须保留或采用人工作业。

2. 发展的阶段性

林下经济作为劳动密集型产业仍将伴随着我国农林经济发展的全过程，林下经济的发生与发展，有经济的原因，也有社会的原因。林下经济成为一种产业，是市场发展的选择，也将经历兴起、发展、高潮、衰落阶段。我国的农业和林业产业化工业经过30年的改革开放，取得了巨大的成就，但总体还处于从现代化初期向中期的过渡阶段，劳动力仍呈现出典型的"无限供给"的特征，劳动密集型农业产业对经济增长的贡献和潜能尚未完全释放出来。因此，林下经济这种以劳动密集型产业为主导的发展阶段还要持续较长的时期。

3. 存在的广泛性

林下经济作为一种劳动密集型的产业涉及第一、第三产业和多种所有制，覆盖城乡两大地域，遍布山林和原野，发展的形态日益丰富，惠及农村千家万户。

因此，发展劳动密集型的林下经济产业是我国国情的客观要求，是促进农村就业和农民增收的重要途径。

（二）技术密集型产业

林下经济是在农林复合经营基础上发展起来的新兴产业，在林下经营过程中，大量使用新技术，引进新品种，依靠科技支撑，是林下经济得以迅速发展的一个重要原因。林下经济将劳动者、生产工具和劳动对象有机结合起来，运用相应的科学理论和科技知识及智慧进行科学管理，以达到降低生产成本，提高农业、林业的产出量或降低单位产品的生产要素使用量，即能达到提高农业、林业效益的目的；同时，林下经济又是技术密集型产业，农业、林业的技术创新成果能以最快的速度进入林下经济生产过程并实现产业化，高新技术的应用，使得现代林下经济具有很高的生产率、土地生产率和商品率；现代林下经济又是高效益的产业化的农业、林业经济和市场化的农业、林业经济，它强调生产经营的集约化、专业化、商品化，实现种养加、产供销、贸工农一体化，由此产生的效益和利润，为新农村建设提供资金支持。

（三）依托林业资源

林下经济充分合理利用林地、植物资源，通过对林业资源的利用和改造，开展农林生产，利用良好的生态环境，发展生态旅游、餐饮服务，实现了生态、经济、社会效益的增长，丰富了林业和农业生产的内容。

（四）产品与市场对接

林下经济所生产的产品和提供的服务紧贴市场，以市场的需求定位产品。迎合当今社会人们崇尚绿色、崇尚健康、崇尚自然的消费观念，以市场为导向，充分利用自然的生态环境条件，生产绿色、无污染、原汁原味的"土特"产品，形成生产产品和市场完全对接，为市场提供了所需的产品和服务。

（五）生产专业化

林下经济以提高林特产品商品率为目的，依托绿色，突出特色，着力做好"专"的文章。有以林业、药业为主，有以生态旅游为主。有以绿色食品餐饮为主，有以专业养殖为主，彰显林下经济的主导产品专业化，提高了产品和服务在市场中的竞争力，从而实现林下经济的最佳效益。

（六）经营主体多元化

林下经济的经营者不仅包括具有一定经济实力的农民，也有农场干部职工、下岗工人和林业科技人员。经营主体的多元化使投资主体形成多元化，从而拓宽了林业投资渠道，达到了全社会办林业的目的。同时，社会各界通过投资林业分享到林业带来的效益。

三、经济特征

（一）生态—循环—立体型经济

循环经济即物质闭环流动型经济，是指在人、自然资源和科学技术的大系统内，在资源投入、企业生产、产品消费及其废弃的全过程中，把传统的依赖资源消耗的线性增长的经济，转变为依靠生态型资源循环来发展的经济。它是以资源的高效利用和循环利用为目标，以"减量化、再利用、资源化"为原则，以物质闭路循环和能量梯次使用为特征，按照自然生态系统物质循环和能量流动方式运行的经济模式。循环经济是追求更大经济效益、更少资源消耗、更低环境污染和更多劳动就业的先进经济模式，它是保护环境的经济。

林下经济是一种循环经济，是一种环境友好型林业产业，具有可观的经济效益，是林业产业化新的经济增长点。北京林业是典型的现代城市林业，其林业产业是服务北京、依托城市的产业，其定位在精品高档、出口创汇和生态环保。利用首都资源优势发展林下经济有利于促进农、林、牧各业相互促进、协调发展，有效带动加工、运输、物流、信息、服务等相关产业发展，吸纳农村剩余劳动力就业，促进农业生产和区域经济更快更好发展。

（二）以林为主的农、林、牧复合共赢经济

林下经济系统是一个包括种、养、加工系统的庞大体系，其整体功能和效益的发挥依赖于各种专门技术的投入。先进的技术能使系统的物种组成、结构更趋优化，循环转化率更高，系统的效益最佳，保持经济的持续增长，生态环境也得以改善。

林下经济的兴起，进一步加快了林业产业从单纯利用林产资源转向林产资源和林地资源结合利用转变，形成多维立体产业经济结构，它比单一经营能更有效地改善生态环境，实现生态系统的良性循环。同时，复种指数的提高相当于使有限的林地资源"扩宽拉长"，提高综合效益，进而实现生态、经济、社会效益多赢。

农、林、牧是生物性的物质生产部门，受自然生态环境的影响比较大，例如洪涝灾、干旱、风沙、冰雹、水灾、病虫害等，在田间广阔的地域上进行生产，自然灾害难以避免。然而林下经济的各种物种和牲畜，抵御各种自然灾害的能力是不同的，根据当地经常可能出现的自然灾害，合理配置各种作物的比例，有利于减少自然灾害带来的损失。

市场的需求和市场的价格对农、林、牧生产结构的影响也是很大的。林下经济系统通过发展多元化的复合经济，实行了产业多样化，产品多样化，结构系列化，并且积极发展加工工业，分散市场风险，只有这样才能在市场竞争中立于不败之地。

（三）以短补长的可持续富民经济

林下经济是指在同一土地经营单位上，把林业、农业、牧业、副业等有机结合在一起而形成的具有多种群、多层次、多效益、高产出特点的复合生产系统。从经济上看，相对于林业生产来讲，这种生产系统收益高、见效快、投资回收期短，可以起到以短养长、以耕代抚的作用，提高劳力、财力和肥力的利用率。

传统的农业是单一的种植业生产，保留自然经济的特性，其产业十分低下，与工业无法比拟，在现代社会中，也不可能分享到社会平均利润。林下经济系统最大的特点是对土地多方面的、可持续性的利用，这显然是其他土地利用方式无法比拟的。在林下经济系统中，部分林业用地可提供给农业和畜牧业经营使用，同时森林用地以外的其他土地也被用来造林，以便提供用材林、薪炭林和其他林副产品，这使得有些地区在保护森林方面的压力有所减轻，避免了侵占或毁坏森林的事件发生。一般来讲，林业的主要目的是获取用材，而林下经济系统强调的是多种用途树种，如粮食树、果树、饲料树、土壤改良树等具有很高经济价值和生态效益的树种；对于那些具有特殊根系分布、产生很多地被物和其他特性的树种在林下经济系统中得到充分利用；对于那些曾被认为对森林有害的灌木也将得到进一步开发利用。这样能更好地获得物种多样性所带来的经济效益。因此，只有在农业产业链接上，养殖业、加工业和服务业形成一体化经营后，在市场经济条件下，才能实现农业对社会平均利润的共享。可以说，林下经济就是这种产业链延伸的一种实例。

林下经济系统有助于减轻林业产业的压力，优化环境。就我国而言，林业由于经营周期长，抚育成本高，连续投资 30~40 年后才可有直接经济效益，加上我国很多贫困地区交通闭塞，教育落后，发展林业全靠"政府输血"，林业对市场应变力极差，造成林业的停滞甚至减退的局势。正因为如此，由农户发展单一林业基本是不可能的，我国农村的低集约化、各家各户分散经营的状态也不利于全民参与发展林业。林下经济系统可以实现以短（农业）养长（林业），以林护农，林木或果木到达成熟期，只要管理得当，其比较利益将大大高于单纯的农、林业。有学者对黄淮海平原豫北地区，对果园、果粮、桐粮、农田防护林、农田、林地的十多年的经济效益和综合效益进行了研究，总体情况是：果园最佳，果粮间作、桐粮间作都优于农田和林地，综合效益则是果粮最佳，农田防护林、桐粮间作优于单纯的果园和林业。又如对四川盆地丘陵地区坡地林下经济系统的研究表明，与农地系统相比，林下经济系统的生产力比对照系统高9.7%，劳动力产值提高了26.08%，薪材饲料供应能力提高了22.36%，木材提供能力增加了32.28%等，生态、社会、经济效益显著。林下经济着眼于长期收益与短期收益的平衡，实现长短结合，以短养长，扩大林业再生产。林下经济中既有种植业，又有养殖业，还有加工业和旅游业，农民可以从中获利，并把资金投入到生态林的建设和保护工作中，促进生态林的发展。

如林下经济中的林草模式，其经济效益远远高于普通农作物。林草间作中草的收益可有效解决林木采伐前期的幼林抚育费用，克服了纯林营林过程中周期长、投入大、见效慢的局限性，体现了以草养林、以林护草、林草互补、长短结合的优越性。

与单纯的农、林业相比，林下经济系统有生态和经济的综合优势。农业和林业都是经济基础产业，既为人类创造最基本的生活资料和生存环境，又为社会的文明和发展提供最初始的推动力，生产初级产物（即循环和流动的物质）。农业为人类提供粮食，而林业保障生态环境，两者缺一不可。我国农业和林业历来都靠政府财政补贴，自身不能解决效益低下、生长周期长、市场适应力差的问题。种种原因造成近几年不少土地抛荒不种的扭曲现象和林业发展的长期停滞，当然这些趋势主要还受经济利益的诱导影响。而林下经济系统可利用农、林业各自优势，达到取长补短、增产增值、经济发展和改善环境等综合效果，这正是现代全人类所追求和倡导的，林下经济走出了一条近期得利、长期得林、远近结合、以短补长的新路子，具有广泛的应用价值和广阔的发展前景。

所谓长期效益与短期效益是指林下经济中各物种生产周期的长、短及在生产周期中所获得的效益的时间是有差异的。农作物的生产周期，一般为一年，当然，还有生产周期更短的，如食用菌、蔬菜等。畜牧业的生产周期差别很大，大牲畜2~3年，家畜中羊为2年、猪不到1年，家禽为几个月。以取毛为对象的羊、兔一年里收获1~2次。林木的生产周期长，但效益周期的差别就很大，除用材林外，防护林和经济林虽然周期长，但在几年以后就能年年有收益，如防护效益和经济效益等，防护林周期越长，防护效益越大，这种效益体现在被防护的农业和畜牧业的效益之中。

在确定林下经济的规模、结构和布局时，必须考虑到长期效益作物和短期效益作物的匹配。做到以短养长，长短结合。为解决温饱可优先发展短平快项目，但也应该积极安排中长期效益的项目，促使农村经济的持续发展。

（四）资源利用率高的产业结构模式

同一地块上存在于农林各个组成部分之间的3种经济关系特性，即增补性、互助性和竞争性。林下经济系统经济效益的中心议题是寻求一种平衡，即单一农业经营由于林业或草畜业的介入而造成的经济损失与木材及其他产品增加而带来的经济所得之间的平衡。

某一地区的光、热、水、气等资源一般是固定的，林下经济发展立体结构（空间上和时间上），可最大限度地利用光、热、水、土地等资源，可以使这些资源分层利用，提高系统的总产出。

发展林下经济有助于开发多种资源，生产多种产品，发展地方经济。林下经济系统，既可产出农产品、林产品，还可产出牧产品、旅游产品、清洁能源产品等。用多产业结构模式替代了林业或农业的单一生产结构的传统模式，实现了农村产业结构的调整，增加了农民的经济收入，加快了农民的脱贫致富步伐，有力地促进了地方经济的发展。并且产业和产品的多样性，可以增强在市场经济中的竞争力和供需关系上的适应性，减少经营上的风险。在开展林下经济工作中，在确保生态效益的前提下，可以开发利用林木、植物、动物、菌类、能源（沼气）等资源，还可有意识地配置不同的林下经济，实现多资源开发利用，提高资源综合利用率，还可以形成各种独具特色的旅游景观资源，吸引广大的城市居民前来观光旅游，让具有"朝阳产业"美誉的生态旅游业在林区蓬勃发展。

由于自然资源在数量上和可利用量上都是有限的，对自然资源的浪费和不合理利用，都将导致或加深某些资源的紧缺。优化的生态系统应满足资源节约利用的原则。因此，如何在同一地块上有效地配置农林资源，从而获取最大的经济利益，构成了林下经济评价的基本内容。

（五）外部性较强的林业经济形态

农业是人们利用太阳能、依靠生物的生长发育来获取产品的社会物质生产部门。农业除了具有提供食物、工业原料等功能外，还具有其他经济、社会和环境等方面的非商品产出功能，具有联合生产、外部和公共产品等特征。随着社会经济的发展，农业的食物安全功能、环境功能等更加突现其重要性。农业的非商品产出功能并不直接反映在市场中的生产和消费的效应，即农业生产的外部性特征。

农业生产周期长，资金周转慢，技术进步滞后，较强地依赖于自然环境，农业发展反过来又影响或改变自然、生态环境。我国农业经营往往以农户及小农场为主，单位规模较小，因此，农业私人成本（或收益）与社会成本（或收益）的差距较其他产业为大；再加上农产品一般来说数量大、价值低、易腐烂，运费相对高，贮存损耗大，农产品价值实现的难度大，使农业在交换中往往处于极为不利的地位，农产品市场供求波动所造成的危害远远超过其他商品。这些特征使农业在生产经营过程中容易被迫接受外部成本或流失外部收益，农业与外部性因素关系十分密切。

农业的正外部性、公共物品特性及可能引起的成本提高，单纯靠市场机制是无法推动其稳定发展，必须依靠调整政府行为。经济学理论认为，公共部门对外部效应矫正的主要方法有税收调整、发放补贴、政府规制。其中，政府规制主要是针对负外部性的，不适于具有正外部性的农业。税收是实现外部效应内在化的传统手段，即对具有负外部效应的产品征收相当于其外部边际成本数量的税收，对具有正外部性的产品或产业通过税收减免的方式来降低其生产或消费的私人边际成本。近年来，我国农业实行免交农业税政策，税收减免方式对农民的激励作用不大。补贴也是实现正外部效应内在化的传手段。提高政府对农业相关领域的投资力度和补贴，重点加大对农业科学研究、农业基础设施、农业环境保护与资源循环利用等的投资或补贴。通过政府增加农业科学研究的投资，引导农业科研单位将研究重点转向农业，促进农业科技进步，提高农业综合生产力水平；通过政府支撑农业基础设施建设、环境保护等项目投资或补贴，降低农业生产者成本，提高农产品价格竞争力和利润水平等措施，激励农业的发展。

不同的农业发展模式在不同方面会产生不同的外部性。林业作为大农业的一种生产方式，同样具有较强的外部性。林业生态系统是人类赖以生存的环境基础，为人类提供着巨大的经济、环境与社会效益。对于经济价值，主要表现为林地、林木资源的价值；对于生态价值，目前国际社会对林业生态价值的关注主要集中在林业的水文服务价值、森林景观或美化环境价值、生物多样性保护和碳贮存价值等方面，具体来说主要包括涵养水源、保育土壤、净化环境、固碳与制氧价值、森林防护价值、森林游憩价值、森林生物多样性价值等方面的价值；对于社会价值，包括提供就业机会、促进相关产业发展、改善投资环境等。

正因为如此，林下经济系统的建立与发展，单靠生产者本身是很难实现的：如在收益方面，林下经济强调生态与经济的协调发展，而生态效益不是马上就能得到的利益，生产者往往只顾追求眼前的经济利益，而忽略生态效益，使整个系统受到破坏；在资金方面，要建立持续稳定的生态系统，初期的资金及其他物质投入较多，但近期的收益却很少，对于收入低微的生产者来说是很困难的；在技术方面，林下经济的建立需要更为复杂的管理知识以及技术措施。

此外，林下经济带来的环境效益是多方面的，其范围往往会超出系统所在地的局限性，如在小流域治理中常常发生上游治理，下游受益的情况。因此，对治理地区的支持与补助实际上是对他们贡献的应有补偿。要建立这种持续稳定的生产系统，国家和地方政府在发展初期必须给生产者以资金、技术以及政策方面的支持和优惠。但是，仅有政府政策的支持也是不够的，还必须开展教育和培训，必须有生产者的参与与兴趣。结构类型的选择必须依赖于当地人熟悉的物种及生产结构。采取"长、中、短"相结合的方法，使投资者既获得了短期利益，又保证了长期的生态效益。

（六）环境友好型经济

林下空气新鲜、清洁卫生，林下环境以其贴近自然的生产方式，使林下产品具有较高的绿色、环保、自然、无公害指数，已成为生态产业的重要组成部分。另外，林下养殖把畜禽养殖由村内转移到林间，可改变人畜混居的传统生产、生活方式，可有效减少病菌传染，改善居住环境，美化村容村貌，对不断提高农民生活质量、建设社会主义新农村将起到重要的促进作用。

第二章　林下经济的地位与作用

第一节　林下经济与农民增收

据国家林业局林业改革司的不完全统计，2011年，全国林下经济产值达2 081.61亿元，参与农户5 770.45万户，其中，林下种植1 189.84亿元，林下养殖597.42亿元，森林景观利用97.91亿元，林下产品采集加工197.16亿元。30个省（区、市）林改县农民人均年收入为6 435元，其中，来自林业的收入1 203元，占总收入的18.69%，来自林下经济的收入367元，占林业收入的30.51%。

中共"十八大"报告提出，着力促进农民增收，保持农民收入持续较快增长。中国科学院《2012中国可持续发展战略报告》显示，按2011年提高后的贫困标准（农村居民家庭人均纯收入2 300元/年），我国目前有1.28亿贫困人口，90%分布在山区。山区人口的脱贫问题，已成为制约我国全面建成小康社会的瓶颈。然而，在我国大力加强生态建设和环境保护的情况下，这些山区不得不牺牲工业发展空间，而可资利用的农业耕地又极为有限，如何利用增量土地资源来帮助当地农民脱贫致富？

发展林下经济是促进农民增收的重要途径。发展林下经济，投资少、产出高、见效快，操作简便，广大农民群众易于接受。林下种养是一种贴近自然的生产经营方式，所产出的林下产品具有绿色、环保、健康的特点，具有广阔的市场前景。充分利用我国林地资源丰富、区位优势明显、水热条件优越、生态环境良好的有利条件，大力发展林下经济，有利于农村产业结构调整，拓宽农民就业、创业渠道，促进农村经济发展，实现农民增收。以海口市美兰区农户林淑英为例，家庭拥有橡胶林9亩多，已经开割两年。2008年在橡胶林间种7亩散尾葵，从2011年开始收获，每年每亩可以收入5 000～6 000元（林伟，2011）。

辽宁省大力发展林下经济，2010年底约1 523万涉林农民中，人均涉林年收入达2 230元，同比增长31.41%，占全年人均纯收入的32.28%，高出全省农民人均收入增幅15.47%，其中，重点山区县，涉林农民的人均涉林年收入达到其纯收入的68.8%。

广西壮族自治区（以下称广西）是农业大省区、后发展欠发达地区，工业化与城镇化水平低，有近3 000万农民，人均耕地面积少，利用耕地促进农民大幅增收的难度越来越大。2010年，全区农民人均纯收入为4 500多元，远低于全国农民人均水平。广西要实现富民强桂目标，最大的难点在农村，关键在于农民增收。大力发展林下经济成为破解广西农民增收难题的最佳选择。据测算，要实现"十二五"期末，广西农民人均纯收入达到全国农民人均水平的目标，需增加3 700多元，林下经济可为农民增收做出 40%～50%的贡献率。

安徽省黄山区以林地租赁、合作、参股等形式开发森林旅游已成为全区林业发展、促进农民增收新的增长点。翡翠谷景区村民除参与公司经营管理获取劳务工资外，2010年人均获得股金 7 500 元，60 岁以上的老人都被安排到村养老院居住生活，翡翠景区所在地上张村民组农民人均收入 3 万多元。山岔村 80%的人参与森林旅游经营，80%的收入来自森林旅游。除翡翠景区外，山岔村农民还经营开发了九龙瀑、天湖、香溪漂流、凤凰源五大景区。山岔村农民户均收入 5.6 万元，人均收入 1 万多元。森林旅游让山岔村农民走上致富路。

重庆市秀山县 2010 年林下经济实现产值 13.36 亿元，新增林农收入 4.42 亿元，户均增收 3 000 余元。2011 年林下经济实现产值 18.4 亿元，新增林农收入 5.04 亿元，户均增收 3 400 余元，80%的林农可实现万元增收。林下经济发展取得了显著效益。

陕西省宁陕县全县大力发展"一菌二园"主导产业，建立农民稳固的收入基础，即主抓食用菌、核桃园、板栗园，使之成为千家万户的当家产业。食用菌是宁陕传统产业。政府大力推广农村沼气，取代烧柴，用烧柴生产袋料食用菌，食用菌棒生产完后，晒干可以再做燃料，粉碎后可以生产林下菌类药材，通过转换，效益大大提高。目前，全县 60%以上的农户，家家都建有沼气，按照国家限额采伐政策，都能生产 6 000～10 000 袋食用菌，户均纯收入 3 万元以上，生产食用菌的农户人均纯收入超过了 5 000元，仅食用菌一项为全县农民人均增收 1 000 元以上。资源消耗没增加，经济效益大幅度增加，成为农民当家致富项目。"十一五"以来，宁陕新发展板栗园 7 万亩，陕西省宁陕县板栗总园面积已达到 21 万亩；新发展优质核桃园 6 万亩，总面积近 10 万亩。2010 年全县板栗、核桃干果产量 4 600 吨，产值 4 800 余万元。筒车湾镇农民张礼友，林改后对承包的 300 多亩板栗园进行嫁接改造，利用修剪的枝条发展袋料食用菌 3 万袋，发展林下养鸡 3 000 只，种植魔芋、猪苓年收入达到 14 万元，比林改前净增 10 万元。

陕西省宁陕县林下适宜中药材人工种植，林下利用和发展的空间很大，几年来坚持走生态种植路子，适应市场，路子越走越宽。以猪苓、天麻为主的秦岭优质地道中药材地存总量达到 182 万窝，预期产值 3.1 亿元以上。2010 年林下药材产量达到 1 932 吨，收入 5 200 万元。旬阳坝镇 2010 年新种猪苓 5 万窝，累计地存达到 8 万窝。当年开挖 3 万窝，实现产值 750 万元，此项产业全镇人均收入达 2 038 元，猪苓产业已成为全镇农民收入的主要来源。

陕西省宁陕县丰富镇北沟村全村 110 户 344 人，95%的农户发展天麻，2010 年发展天麻 12 万窝，收入 70 万元。该村村民魏永红 2010 年种植天麻 600 窝收入 10 万元以上。2009 年 6 月，旬阳坝镇大寺沟村 56 户猪苓栽植户共同协商，注册成立了"宁陕县旬宝猪苓专业合作社"，该专业合作社在猪苓栽培技术培训、市场信息提供、基地建设指导等方面起到了积极作用，他们有自己的网站，有自己的产品标准，有自己的商标，有自己的人工栽培技术，与专业研究所合作探索猪苓无性繁殖，影响遍及省内外，与东北、云南、广西都有合作关系。目前，合作社社员在承包林地中发展猪苓 3.8 万平方米，3 年后产值可达 1 100 万元。

第二节　林下经济与区域经济发展

发展林下经济是转变地区林业经济增长方式，促进林业可持续发展的重要保证。充分利用林地资源和林荫空间发展林下经济，建立以林为主，林下种植、林下养殖和森林景观利用相结合的立体林业经营模式，提高林地利用率、产出率和复种指数，把单一林业引向复合林业，可以大大提高林业的综合经济效益，转变林业经济增长方式，提高林地综合利用效率和经营效益，推动林业产业快速发展。合理利用林下资源，科学发展林下经济，使农民通过发展林下种植、养殖，在相对较短的时间内获得收益，避免林木收益慢的问题，延伸林业产业链，实现近期得利，长期得林，以短养长，长短协调发展的良性循环，将极大地提高农民造林、护林积极性，加快国土造林绿化，增加森林资源总量，对维护生态安全，增强林业自身持续发展能力具有重要意义。

大力发展林下经济是调整地区农业产业结构、提高农业综合效益、实现农民增收致富的重要举措，是维护生态安全、保持经济与生态协调发展的重要保证，是把本地区建设成"富裕、秀美、宜居"的主要路径。

广西壮族自治区通过采取加强规划引导、打造示范典型、壮大龙头企业、加强合作组织建设、努力保证种苗供应、加大财政投入力度、加强金融科技服务等措施，广西全区林下经济迅猛发展，2011年前三季度产值同比增长48.5%。

广西玉林市容县建立了5个林下养殖示范区和9个林下养殖规模示范镇，2010年该县林下养鸡出栏2 500多万只（羽），产值达7.5亿多元，产品畅销广西各地以及粤港澳地区。合浦县利用名贵树种下适合栽培金花茶的特点，在印度紫檀、黄花梨等珍贵树林下种植金花茶，成为世界上最大的林下栽培人工无性繁殖金花茶基地。

发展广西陆川名猪、环江香猪等一批享有盛誉的本地传统拳头产品，使其规模更大、品牌更响，优质三黄鸡、忻城金银花、金秀绞股蓝、大瑶山甜茶、永福罗汉果、田林八渡笋、马山黑山羊、南丹瑶鸡、容县霞烟鸡等一大批区域性知名品牌也在迅速成长，大大提高了林下经济产品的市场竞争力。

陕西宁陕县2010年猪苓保存量102万窝，实现产值15.3亿元；林下药材产量1 932吨，收入5 200万元。猪苓被群众形象地称为"黑色乌金"，可观的经济效益使外出务工的农民纷纷回家种植猪苓，解决了"空心村"的问题。"宁陕县旬宝猪苓专业合作社"还注册了陕南第一家地理性药材商标"旬宝猪苓"，在网上开通了销售商铺，吸引了许多购买猪苓的客商。

浙江省安吉县境内竹林面积108万亩，其中，毛竹面积86万亩，蓄积量1.7亿株，年生产商品竹2 800万株。依靠这片大竹海，安吉竹产业渐渐发展壮大。竹根做竹雕，竹片制地板、凉席，竹梢制工艺品，竹叶提取保健药品的有效成分，竹子提取的竹纤维做成衣服，竹子煅烧成竹炭用来净化空气……竹子通过工业化生产实现了价值提升。从单纯的种植毛竹，到发展与竹相关的工业企业，再到利用天然的风景搞起生态旅游，形成了一产、二产、三产相得益彰、联动发展的格局。2009年，安吉竹产业仅一产的产值就达到7.5亿元，竹产业为全县农民平均增收6 500元，占农民收入的近60%。竹产业的兴起还解决了5万余个就业岗位。真正地实现了"一根翠竹撑起了一方经济"。

广西浦北县五皇山森林公园是国家3A级旅游景区，百态奇石、飞瀑流水等自然景观、连片的红椎林、荔枝林等都是发展森林旅游的丰富资源。利用这些林业资源优势，县委县政府大力推广林下种植、林间养殖、林下旅游等复合经营模式。2010年，全县农家乐山庄已发展到80多家，全年旅游业共接待县内外游客30多万人次，生态旅游收入1 500多万元，全县林下经济产值达12.6亿元，直接从业农民达23万人。"一处景观带来了一片繁荣"。

辽宁省林下经济开发面积已由"十五"末期的1 500万亩增加到目前的2 150万亩，林业经济已由261亿元迅速增加到1 200亿元，6年增长了3.6倍。其中，林下经济已由168亿元增加到700亿元，林下经济对县域经济的贡献份额迅速提高。2008年辽宁省委省政府又先后制定和出台了一系列扶持林下经济发展的政策措施。按照突出地域特色、突出产业特色、突出品牌培育、突出规模经营的工作思路，启动实施了榛子、板栗、红松、"两杏一枣"等"四个百万亩"经济林重点示范工程；实施了林下参、中药材、山野菜、林蛙及速生丰产林等建设工程。

浙江省林下经济经营面积2 200多万亩，实现林下经济产值826亿元，带动农户250多万户，其中，种植产值553亿元，养殖效益49亿元，森林观光旅游和农家乐等年产值达到224亿元。林业经营主体是推进林下经济发展的主导力量和活力源泉。在深化集体林权制度改革过程中，我们积极培育专业示范户、林业合作社和龙头企业等生产经营主体，有力地推动了林下经济发展。自"十五"以来，浙江省大规模推广一竹三笋栽培技术，竹林亩均效益从500元增加至4 000多元，浙江省竹林产值从30亿元提高至68亿元。

安徽黄山区2010年森林旅游业共接待游客332.8万人次、实现旅游综合收入5.1亿元，占林业总产值的41%，占全区GDP的12.6%。2010年芙蓉谷景区接待游客50多万人次，加上食宿等创产值6 500多万元。翡翠谷景区全年接待游客75万人次，门票收入2 000多万元，上缴税收193万元，加上农家乐住宿、餐饮、娱乐等，全年产值近一个亿。

重庆市秀山县在发展过程中，抓住集体林权制度改革、森林工程以及农户万元增收的契机，充分尊重林农自愿，努力发展以金银花为主的种植业和以土鸡为主的畜禽产业，同时兼顾发展茶叶、油茶和猕猴桃产业。金银花产业基地面积已达30.1万亩，覆盖22个乡镇（街道）7万余农户。其中，基地面积达4万亩的乡镇1个，3万亩以上的乡镇3个，2万亩以上的乡镇2个，1万亩的乡镇6个，基本形成以太阳山、牛角山、川河盖、平阳盖为中心的"两山两盖"四大优势特色产区。2011年鲜花产量达到3万吨，花农收入3亿元，户平均收入4 286元，增长17.2%。土鸡分布在所有乡镇、街道，覆盖9万余农户。2011年1~8月，存栏352.1万只（羽），出栏666.5万只（羽），户平均收入2 600元以上。茶叶集中在5个乡镇，面积达6万亩，覆盖农户1.5万户，年产鲜茶4 000吨，茶农收入6 000万元。油茶分布在11个乡镇，面积达到10万亩，2010年油茶籽产量达1 800吨，生产茶油450吨，实现产值3 150万元。猕猴桃集中在4个乡镇，面积达2.7万亩，基地初产面积约3 000亩，产量约500吨，产值1 000万元。

陕西省宁陕县森林覆盖率90.2%，有林地490万亩，其中，集体林地306万亩。到2010年年底，以板栗、核桃为主的干果业，以袋料食用菌、种养业和以"两线六区"景点和农家乐为主的生态旅游业等林下经济总收入达2.45亿元，农民人均纯收入在4 000元，占总收入的70%以上，已经成为全县农村发展农民增收的重要支撑。

由以上地区的实践，我们可以总结发现，林下经济发展使林业在地区经济中占有更重要的地位，也使区域经济更好、更快地发展。

第三节　林下经济与社会发展

一、林下经济与"新农村"建设

社会主义新农村建设是指在社会主义制度下，按照新时代的要求，对农村进行经济、政治、文化和社会等方面的建设，最终实现把农村建设成为经济繁荣、设施完善、环境优美、文明和谐的社会主义新农村的目标。此处的经济繁荣主要是指农村经济活力强，农民能通过活动获得较高的报酬，地方形成自身品牌；设施完善侧重是指农村公共品供给，例如道路建设、休闲娱乐设施等；其他方面还有包括精神文明建设、环境保护等。接下来仍是运用案例分析林下经济对于加快新农村建设的促进作用和效果。

辽宁省坚持"一县一业"的指导方针、突出特色、发挥优势、打造品牌。2011年，辽宁省已有61个县（市、区）确立了本地区的"一县一业"，10个县（市）政府确定了种植板栗、红松、榛子、优质核桃、山野菜、森林中药材以及养殖鹿等作为举全县之力发展的林业产业。目前，铁岭榛子、西丰梅花鹿、建昌优质核桃、丹东板栗、本溪红松仁和林下参、宽甸林蛙、开原苗木花卉等产业已发展成为享誉全国的名牌产业。铁岭获得"中国榛子之都"称号。辽宁省先后培育并完成了省级以上品牌和各种认证75项，通过一系列品牌的打造，提升了辽宁林产品的社会影响力和市场竞争力。

辽宁省以彰武北方家具、台安木产业、灯塔佟二堡毛皮等十大林产品加工园区建设相继建成投产，牵动了全省林地经济开发产业向规模化、集群式方向发展。2011年初全省首次评选出60家省级林业产业龙头企业。在扶持和壮大龙头企业的进程中，注重推广"龙头+基地+农户"的发展模式。建平县森林中药材基地，就是依托颈复康中药材种植有限公司作为龙头发展起来的，涉及26个乡镇共2万多农户，使农民年人均增收4 600元。

浙江省共有8 600多家非公有制单位投资林业，累计投资500多亿元，有力地促进了林下经济基地化、规模化、集约化、现代化发展，很好地带动农村经济的发展。

安徽省黄山区森林旅游带动了吃、住、行、游、购、娱等发展，形成了一个庞大的服务群体，带动社会就业近万人。当地农民从外地打工归来创办了旅游公司，直接吸收周边农民就业，带动吸纳一大批当地农民开展林下养殖、种植和农家乐，创造间接就业岗位。黄山区汤口镇山岔村农民自发组织将分到户的林地和森林景观入股，注册创办了翡翠谷旅游有限责任公司。2011年，该景区已发展到集观光、农家乐旅游接待、住宿、餐饮、娱乐等多项旅游要素于一身的国家AAAA级旅游景区，2008年获"全国农业旅游示范点"、"安徽省森林旅游人家示范点"称号。"翡翠谷"商标被认定为安徽省著名商标，翡翠新村先后被评为"安徽省小康住宅建设示范村"、"安徽省百佳生态村"、"社会主义新农村建设示范点"。

据统计，安徽省黄山区一些森林旅游景点共新建维修旅游道路40千米，极大地改善了林区交通条件，为旅游发展也为林区农民生产生活提供了便利。一些以乡村旅游为主发展农家乐的特色村，大力实施改水、改路、改厨、改厕工程，推广使用沼气池，村容村貌极大改善，森林旅游有力地推动了社会主义新农村建设。芙蓉谷景区投资30万元，新建了1.5千米的柏油路；投资20万元，对长达3千米的河道进行了全面清理整治，促进了景区和当地经济的发展。由于开展森林旅游，富了农民，农村面貌也因此大变样。以森林旅游为主的汤口镇三岔村获得"社会主义新农村建设市级示范村"、"安徽省百佳生态村"、"安徽省旅游第一村"等荣誉称号。

陕西省宁陕县先后引进生态旅游投资100亿元，在全县六大景区，启动建设了13个生态旅游开发项目。2010年全县接待游客166万人次，实现旅游收入5.5亿元，其中农民依靠生态旅游直接收入3 500万元。皇冠镇引进旅游投资17亿元，把一些砍树开山的建设性项目停了下来，对全镇6个村实行统一开发，开展"休闲氧吧游"、"山林农家乐"等生态旅游项目。到2010年新发展农家乐28户，土特产销售等各类商铺31家，新增运输车辆38台，创造务工岗位270多个，直接围绕旅游从事三产服务的人员达到650余人，林农户均收入达2万多元。该镇朝阳沟村60多户、300多人，山高水冷，过去是"十年九不收，一年三季吃返销"，在旅游开发中通过土地转让、林地租赁经营，人均获得经济补偿超过10万元。开发企业按照"拆一建一"的要求，在集镇上建成了高档次的安置点，村民由农民变成了"居民"。距离西安1小时车程的广货街镇蒿沟村，两年来先后引进8个旅游开发项目，总投资40多亿元，外出打工人员几乎全部返乡，发展乡村旅游，年人均纯收入过万元。

二、林下经济与"美丽中国"建设

发展林下经济是构建节约型、环境友好型社会的客观要求。充分利用林地资源，大力发展林业多目标复合经营，提高复种指数，为国家节约土地资源，符合当前我国发展循环经济，建设节约型社会的客观要求。发展林下种植，可以增加森林生态系统的生物多样性，增强水土保持和涵养水源的能力。发展林下养殖业，把禽畜养殖由村内转移到林间，改变人畜混居的传统生产、生活方式，可有效减少病菌传染，改善居住环境，美化村容村貌，促进构建环境友好型社会和社会主义新农村建设。

林下经济已成为巩固林改成果的重要措施。林下经济被作为深化林权改革的"有机凝聚"（齐联、李玉梅，2012），相关部门高度重视林下经济发展，将发展林下经济作为巩固和发展集体林权制度改革成果的重要措施，构建环境友好型社会的有效途径，转变林业经济发展方式的必然要求和最终促进农民增收，实现"不砍树、少砍树"也能致富的重要手段。

辽宁省 2000 年自费实施天然林禁伐政策以后，由于木材采伐量的锐减，给山区地方财政和林农收入带来了较大压力。为了解决林农"不砍树也能富"的问题，省委、省政府明确提出要大力发展林下经济，林业部门迅速进入新的工作角色，开拓林业经济的新局面。

广西林地面积大，林木生长快。充分利用该区发展林下经济的资源优势和条件，加快林下经济发展，可为植树造林、保护生态持续注入投资，促进农民就业增收，使农民不砍树也能致富，促进资源优势转化为产业优势和经济优势，加快建设林业强区的步伐，更好地统筹城乡发展，永葆该区域"山青水秀生态美"的环境优势。发展林下经济顺应了广西的林情。

浙江把具有优势和特色的竹产业、木本粮油、花卉苗木、特色经济林、野生动植物驯养繁殖、森林旅游等作为园区建设的重点，着力实施兴林富民示范工程，加快林下经济产业带建设，基本形成了浙北、浙东和浙西南竹产业，会稽山和天目山珍稀干果产业，衢丽油茶产业，杭嘉湖、宁绍、金华的花卉苗木产业等一批特色鲜明的园区产业板块和种子种苗中心。

安徽省黄山区森林旅游良好的经济效益也让越来越多的农民放下砍伐的斧头，选择了生态致富的康庄大道，真正达到了"不砍树、也致富"的理想效果。该区汤口镇森林面积达 17 万亩，但年林木采伐量不到 500 立方米，不需采伐林木，全镇农民靠生态旅游人均年收入就达到 8 900 元。耿城镇的芙蓉谷景区为了保护生态，促进林木和竹子生产，景区每年支付给农户 5 万元，用于每年少砍伐林木和毛竹的补贴。对于景区内或周边可视山场，景区还在稀疏林分中补栽毛竹，以维护生态和营造景观效果，受到当地农民的欢迎和游客的赞赏。

由以上分析可知，林下经济发展状况对地区经济发展、农村社会发展、生态建设的重要性，不仅活跃了农村经济、增加了农民收入，还进一步保障农村公共品供给，减缓了林农对生态的破坏性影响。因此，各级党委、政府应当充分重视发展林下经济，从税收、信贷、财政项目等方式和渠道加大对林下经济发展的支持力度，鼓励企业参与发展林下经济；有关科研机构应当加快种植模式、技术的研发，研究各种发展模型存在问题，促进林下经济发展。

第三章 中国林下经济发展现状

发展现代林业是《国家中长期科学和技术发展规划纲要》中农业领域优先发展的重要主题，林下经济和林业副产品的高效利用是现代林业的重要组成部分，开展林下经济和林副产品的高效利用研究符合国家的中长期规划要求。各级政府重视加快发展林下经济，2012年国务院办公厅专门下发了《关于加快林下经济发展的意见》，各省市区也相应出台了有关促进林下经济发展的相关措施；林权改革进一步的明晰了林地的产权，激励更多的农户发展林下经济；有关科研院所、高校投入更多的资源进行有关林下经济的研究，科技推广体系也在积极培养有关林下经济的人才；通过这些措施，使得林下经济发展迅速，但还存在较多的问题。本章将首先总结我国林下经济发展取得的成就以及分析存在的问题，最后从资源开发、科学技术、人才培养、种植模式、政策扶持五个角度分析林下经济发展的潜力。

第一节 中国林下经济发展成就

近年来，特别是以"明晰产权、放活经营权、落实收益权、保障收益权"为主要任务的集体林权制度改革在全国全面展开以来，林下经济得到了更为迅速的发展，主要明晰化的产权激励农户、企业发展林下经济，充分提高林地的增值空间。通过林权改革，分山到户、村集体股份经营林地，使得林地有其主、主有其责、责有其利，激发了农民投资林业的热情。林下经济的迅速发展，还促进了农村产业的快速成长和发展，提高了农村农业生产的组织化程度，同时加快了山区农民增收的幅度和步伐。

一、林下经济发展迅速

据不完全统计，2011年全国林下经济产值达2 081.61亿元，参与农户5 770.45万户，其中林下种植1 189.84亿元，林下养殖597.42亿元，森林景观利用97.91亿元，林下产品采集加工197.16亿元。30个省（区、市）林改县农民人均年收入为6 435元，其中来自林业的收入1 203元，占总收入的18.69%，来自林下经济的收入367元，占林业收入的30.51%（资料来源：中国林业网）。

2011年《中国林业统计年鉴》首次将林下经济列入统计范畴，体现了林下经济在林业中的重要性。由表3-1可以发现，2011年林下经济产值占林业总产值的比例为2.85%，林下经济的投资完成额占林业产业发展的比重为3.26%。

表 3-1 2011 年林下经济在林业产业中的地位   单位：万元

指标	产值	指标	产值
林业总产值	305 967 308	本年计划投资	25 209 630
第一产业	110 561 944	自年初累计完成投资	26 326 068
第二产业	166 883 963	林业产业发展	5 224 114
第三产业	28 521 401	林下经济	170 329
林下经济	8 732 532*		

数据来源：中国林业统计年鉴（2011），表内数据与国家林业局网站公布的数据有较大的出入，可能是由于统计口径不一致造成的

二、促进农村产业发展

农村产业发展是活跃农村经济的重要方面，实践经验表明，一个村如果能形成主导的产业，就能很好地繁荣农村经济。林下经济的产出一般都具有一定特殊性，可以选择的范围也比较广泛，容易在农村形成具有特色的市场。通过发展林下经济，还可以促使农村农、林、牧各业相互促进、协调发展，将有效带动加工、运输、物流、信息服务等相关产业发展，吸纳农村剩余劳动力就业，促进农业生产发展。同时，还可以改变传统家庭养殖业污染居住环境、影响村容整洁的问题，促进农民生活质量的不断提高。下面以辽宁省桓仁县、陕西省宁陕县的两个例子来说明。

辽宁省桓仁县东部的二棚甸子镇总面积 50.2 万亩，其中，林业用地 41 万亩。自 2005 年秋实施集体林改以来，广大林农实现了耕者有其山，人均林地 22 亩，是人均耕地的 18 倍；人均林业产业基地 9 亩，是人均耕地的 7.5 倍。林下经济快速发展，成为地方经济的支柱产业，发展林下产业的农户由 2005 年的 1 500 户增到 3 000 户以上，占总农户的 87%；林下产业面积由 7 万亩增加到 12.5 万亩，农民林业产业收入占到总收入的 80% 以上。可观的经济效益使外出务工的农民纷纷回家种植猪苓，减少由留守儿童、空心村造成的问题（资料来源：中国林业网）。

三、提高农民组织程度

农民组织化程度是一个国家农业发达状况的重要标志，提高农民的组织化程度要发挥现代市场组织功能，以实现农业小生产与大市场的有效对接。新时期发育农民经济组织，选择农民组织化的形式必须与农业生产特征相吻合；能克服生产、流通小规模经营的困难，降低交易成本，提升农业竞争力等多重效应；考虑各地的差异性，赋予农民充分的自主选择权。我国地缘广阔，不同区域间经济社会条件不同，农业和农村经济发展的基础千差万别，在农民的组织化模式选择上需要灵活。林下经济的产出一般都具有独特性，种植技术、销售渠道都自然地要求农户提高组织化程度。

国家林业局的数据显示，全国除西藏外的 29 个省共建立林业合作组织 13.28 万

个，比去年增长40.5%，加入合作组织的农户1 256万户，合作组织经营林地面积1.97亿亩。其中，林业专业合作社3.3万个，增加94%，加入合作社的农户为535万户，合作社经营的林地面积为8 370万亩，增长14%，占已确权的林地总面积的3%。林业专业合作组织建设已初见成效，产生了良好的经济效益（资料来源：中国林业网）。

海南省积极推进林下经济发展和配套改革。开展全国农民林业专业合作社示范县建设。如儋州市目前已成立林业专业合作社172家，成为全省林业合作社最多的市县。入社社员达6 000多户，带动农户2万多户，户均纯收入增加6 000多元，人均纯收入增加1 200多元（资料来源：和讯新闻网）。

四、加快山区农民增收

农民增收是农村发展的重要指标，如果不能给农户带来收入的增加，农村发展是失败的。在现有条件下，依靠传统种植业大幅度提高农民收入几乎不可能，在这种情况下，利用闲置林地把农村的一些多种经营项目转移到林下，在不新增占地的情况下，为农民开辟出了一个新的增收渠道。林下经济作为立体农业的重要组成部分，良性的发展能加快农民增收步伐。接下来分别以全国和海南省琼中县的数据来说明。

农民取得林地的自主经营权后，把山当田耕、把树当菜种，林地全面升值，林农收入大幅增加，森林资源的数量和质量明显提升，生物多样性更加丰富。全国2 550多个有林改任务的县，农民林业收入占人均年收入的比重由2009年的12.96%增加到2012年的20%以上，重点林区农民林业收入占总收入的比重超过60%（资料来源：中国林业网）。

海南省琼中县林下经济特色分养蜂业、胶林养鸡业，种植粽叶、益智、牛大力与灵芝业，中平镇上水村是有名的养蜂专业村，2011年全村养蜂户均收入达3.2万元。在林业产业中橡胶、槟榔、绿橙已成为琼中支柱产业，财政收入贡献率达52%，其中，林下经济的贡献约为30%（资料来源：农民日报，2012年12月07日）。

第二节　中国林下经济发展存在的问题

虽然我国林下经济在快速发展，但是由于起步较慢，当前阶段仍存在较多的问题。表3-2显示各省市区林下经济的产值与投资情况，可以发现不同区域发展差距非常大，广西、山东、吉林、江西等省区的林下经济已经具有一定的规模，而有相当多的地区还没有充分发展林下经济，林下经济投资也处于相当低的水平。林下经济对不同省份的重要性也有很大的不同。这可能是由于各地的基础条件、管理水平、认识程度、市场把握等方面存在巨大差距，接下来将分析林下产业可能存在的主要问题。

表 3-2　各地区林下经济产值和投资情况　　　　单位：万元，%

地区	林业总产值	林下经济产值	比重	自年初累计完成投资	林下经济自年初累计完成投资	比重
北京	1 434 945	11 435	0.80	953 587	1 088	0.11
天津	204 392	—	—	87 612	—	—
河北	7 459 549	59 992	0.80	546 499	19 409	3.55
山西	2 553 886	—	—	1 040 002	130	0.01
内蒙古	2 178 434	10 072	0.46	1 146 495	254	0.02
辽宁	12 383 977	307 233	2.48	1 201 371	3 970	0.33
吉林	10 262 538	668 328	6.51	609 980	190	0.03
黑龙江	9 167 585	45 440	0.50	1 867 830	10 558	0.57
上海	3 346 594	—	—	79 598	—	—
江苏	22 916 203	174 781	0.76	953 810	855	0.09
浙江	27 919 858	436 626	1.56	650 354	1 456	0.22
安徽	11 718 236	499 594	4.26	401 092	4 353	1.09
福建	25 593 977	165 964	0.65	1 670 013	—	—
江西	13 177 449	593 076	4.50	570 750	2 908	0.51
山东	29 514 848	1 812 392	6.14	1 199 874	58 453	4.87
河南	9 228 611	155 917	1.69	974 898	—	—
湖北	8 964 102	495 952	5.53	406 200	1 345	0.33
湖南	14 456 850	218 906	1.51	609 371	2 569	0.42
广东	33 280 989	157 390	0.47	505 088	—	—
广西	16 723 081	2 290 223	13.69	5 159 485	38 169	0.74
海南	3 783 604	13 364	0.35	77 965	350	0.45
重庆	3 265 221	162 966	4.99	424 075	570	0.13
四川	14 440 422	192 557	1.33	1 433 823	17 200	1.20
贵州	3 406 879	92 696	2.72	381 500	—	—
云南	6 893 883	70 598	1.02	734 802	285	0.04
西藏	183 850	—	—	148 938	—	—
陕西	3 258 288	27 247	0.84	498 242	25	0.01
甘肃	1 926 727	1 830	0.09	608 123	—	—
青海	124 369	—	—	165 341	—	—
宁夏	951 370	—	—	188 696	—	—
新疆	4 368 083	8 754	0.20	463 570	6 192	1.34
新疆兵团	942 717	8 754	0.93	147 290	5 560	3.77
大兴安岭	878 508	59 199	6.74	424 215	—	—

数据来源：中国林业统计年鉴（2011）

一、基础条件差

我国森林资源多分布于高、远、僻等山地,地形地貌复杂,这些地方水、电、路等基础设施不完善,直接影响和制约到林下经济的规模化发展。根据表3-2,目前,林下经济的固定资产投资水平还很低,只有6个地区,林下经济的投资占林业总投资的比例超过1%。

二、管理水平低

绝大部分林下产品种植养殖户仍沿用传统的养殖方式,对科学种养殖技术掌握不够,致使种养成本高、效益差;缺乏专业组织的协作指导,导致产销不对路,市场竞争力不强,直接给林下产品的产量和可持续发展带来不利影响;林下经济产品还没形成有效的经济链,科研、生产、加工、销售还未有效链接起来。

三、认识不到位

一些农户对发展林下经济不认识,思路不够开放。尽管林业部门为全力推进林下经济发展,采取典型带动、以点带面等措施,但是,工作进展不平衡,个别单位、个别基层领导还没充分认识到林下经济的潜力,没有把精力放到林下经济开发上来,缺乏开拓创新精神。部分农民对林下经济发展模式、优惠政策和市场前景等认识不够,认为收益小,投资回收期长,缺乏参与的热情,同时还缺乏投资所需的资金。

四、市场把握难

产销脱节,市场动态难以把握,农户对收益预期信心不足。自然条件对林下产品产量的影响大,产量又会影响市场价格。在农产品自由贸易的条件下"谷贱伤农"是推不翻的经济现象。俗话说:"种瓜容易,卖瓜难"。农户对市场需求的了解非常少,而又缺乏专业引导的情况下,这也将会是农户面临的不争事实。没有政府的保护性政策、没有林业合作组织的协作,面对实实在在的巨额先期投资,农户收益预期信心严重不足也阻碍了农户投资林下产业的积极性。

五、规模不经济

规模经济(Economies of scale)是指在一定的产量范围内,随着产量的增加,平均成本不断降低的事实。规模经济是由于一定的产量范围内,固定成本可以认为变化不大,那么新增的产品就可以分担更多的固定成本,从而使总成本下降。林农可以根据生产力因素数量组合方式变化规律的要求,自觉地选择和控制生产规模,求得生产量的增加和成本的降低,进而取得最佳经济效益。当前林下经济发展的规模经济发挥还受限于以下两个因素。

其一,林权市场尚未构建,规模化经营无法实施。林地流转是指林地承包经营权人按照农村土地承包法的规定,有权将土地承包经营权采取转包、出租、互换、转让或其他方式流转。林地承包经营权流转双方应当签订书面合同。采取转让方式流转的,需进行林权变更登记;采取转包、出租、互换或其他方式流转的,应当报发包方备案。林地流转的前提是林地确权。但是，据调查，很多地方政府林权流转中心尚未成立，对林地流转的规范化、合法化运转还不能起到有效的中介作用。最终由于单个农户拥有林地面积较少，无法实现规模化经营，即使投资林下产业也无法实现规模效益，严重阻碍了农户投资林下经济的积极性。

其二，林权抵押贷款实施不到位，农户、企业投资资金短缺。完善的林改配套政策才能保证林改有效实施。林权抵押贷款就是非常重要的林改配套政策之一，它是指以森林、林木的所有权（或使用权）、林地的使用权，作为抵押物向金融机构借款。开展林权抵押贷款，盘活森林资源资产，将有效解决林农贷款难问题，解决林农投资林下产业的资金瓶颈，进而促进林农增收，林区经济繁荣，加快社会主义新农村建设步伐。但是，在很多地方由于抵押贷款实施不到位，资金短缺仍是阻碍农户投资林下产业的瓶颈。

第三节 中国林下经济发展潜力分析

林下经济属于立体农业的重要组成部分，发展林下经济，综合利用广阔多样的林地，种类丰富的动植物资源，林地资源的水气热条件和森林景观资源，在林下种植药材、蔬菜、花卉，养殖林蛙、蜜蜂、家禽、家畜及野生动物，发展观光休闲、果品采摘、生态疗养等森林旅游业，生产丰富多样的绿色产品，极大地拓展了农村经济发展的空间。发展促进了林业发展方式的转变，使林业产业发展从单纯利用林木资源向综合利用林木、林地和景观资源转变，为实现了生态得保护、农民得实惠双赢创造了极为有利的条件。

一、资源开发的潜力

我国拥有丰富的林地资源，2011 年全国林地面积有 30 590 万公顷，是耕地的 1.5 倍，其中森林面积为 19 545.22 万公顷，人工林面积 6 168.84 万公顷，集体林地约占一半。人工林占全国林地面积比重为 20.17%，林下经济产值仅占林业总产值的 2.85%，还有很大的发展空间。过去十年，林下经济得到长足的发展，也引起各级政府以及林农的重视，再经过五年的发展，林下经济产值的比重可能会超过 10%。

全国已确权的集体林地 26 亿亩，占集体林地总面积的 95%；发证面积 22.65 亿亩，占确权林地总面积的 87%，发放林权证 9 785 万本，8 379 万农户拿到林权证。林权改革喜获林权证，使林地产权明晰化。农民拥有山林的自主经营权，真正拥有了可支配的生产资料和不断增值的家庭财产，极大地迸发了靠山致富的热情，夯实了发展林下经济的根基。

根据表 3-3，林下经济产值占林业总产值的比例普遍偏低，部分省市区还未充分发展，部分还处于起步阶段，林下经济产值非常低。广西林下经济产值在整个林业产业中的份额最高，比重为 13.69%，其次是山东、吉林、湖北、重庆等。江苏省人工林面积比重达 80.96%，但是，林下经济产值却不足 1%，远低于广西，而广西的人工林比重仅为 34.45%；海南人工林面积比重为 60.02%，但林下经济产值占林业总产值仅有 0.35%；河北省林下经济 2011 年的投资完成额占林业的比重为 3.55%，但是，产值比重只有 0.80%；属于这一类型的省份还有广东、辽宁、河南等。说明这些省份发展林下经济还有很大的潜力，未来几年还有很大的产出潜力。以河南省为例，林地总面积502.02万公顷，其中森林面积336.59万公顷，人工林面积217.39万公顷，森林覆盖率为20.16%。通过摸底调查，全省有253.13万公顷林地适宜发展林下经济*，但是，林下经济产值占林业总产值的比例仅为1.69%，且2011年对林下经济的投资还非常少，未来几年还有非常大的潜力。

表3-3 2011年各省市区林地面积及林下经济产值比重

地区	森林覆盖率（%）	林地面积（万公顷）	人工林面积（万公顷）	人工林比重（%）	林下经济产值占林业总产值比重（%）
全国	20.36	30 590.41	6 167.84	20.16	2.85
北京	31.72	101.46	35.65	35.14	0.80
天津	8.24	14.22	8.88	62.45	—
河北	22.29	705.37	212.27	30.09	0.80
山西	14.12	754.58	102.74	13.62	—
内蒙古	20.00	4 394.93	303.91	6.92	0.46
辽宁	35.13	666.28	283.03	42.48	2.48
吉林	38.93	848.73	148.94	17.55	6.51
黑龙江	42.39	2 184.16	235.68	10.79	0.50
上海	9.41	7.46	5.97	80.03	—
江苏	10.48	128.64	104.15	80.96	0.76
浙江	57.41	667.97	267.44	40.04	1.56
安徽	26.06	439.40	209.87	47.76	4.26
福建	63.10	914.81	359.87	39.34	0.65
江西	58.32	1 054.92	291.87	27.67	4.50
山东	16.72	342.12	244.38	71.43	6.14
河南	20.16	502.02	217.39	43.30	1.69
湖北	34.14	822.01	167.01	20.32	5.53
湖南	44.76	1 234.21	464.04	37.60	1.51
广东	49.44	1 073.07	503.18	46.89	0.47
广西	52.71	1 496.45	515.52	34.45	13.69
海南	51.98	208.73	125.29	60.02	0.35

---

* 中国经济网.《河南省林下经济发展规划（2013～2017年）》发布", 2013-04-07, 新民网 http://biz.xinmin.cn/2013/04/07/19596507.html

（续表）

项目 地区	森林覆盖率（%）	林地面积（万公顷）	人工林面积（万公顷）	人工林比重（%）	林下经济产值占林业总产值比重（%）
重庆	34.85	400.18	76.20	19.04	4.99
四川	34.31	2 311.66	415.65	17.98	1.33
贵州	31.61	841.23	199.86	23.76	2.72
云南	47.50	2 476.11	326.77	13.20	1.02
西藏	11.91	1 746.11	3.36	0.19	—
陕西	37.26	1 205.80	183.27	15.20	0.84
甘肃	10.42	955.44	80.77	8.45	0.09
青海	4.57	634.00	4.44	0.70	—
宁夏	9.84	179.03	10.38	5.80	—
新疆	4.02	1 066.57	61.75	5.79	0.20

数据来源：中国林业统计年鉴（2011），比重指标为本书计算得到

注：全国森林面积含国家特别规定的灌木林的新增面积。各省森林面积包括国家特别规定的灌木林的全部面积

按照诺贝尔经济学奖获得者萨缪尔森提出的"要素价格均衡理论"，在没有交易成本的前提下，要素禀赋结构不同、比较优势有异的地区，如果能够按照比较优势来决定产业结构，然后通过统一的产品市场，进行地区间的产品串换，那么，各个地区间劳动者的收入就会随着经济发展而趋同，一个地区的经济发展，就会成为拉动另外一个地区经济发展的动力。

二、科学技术的潜力

科学技术是第一生产力，国家把科技进步和创新作为经济社会发展的重要推动力，把发展教育和培养德才兼备的高素质人才摆在更加突出的战略位置。由表3-4可以发现，科技对经济发展的重要性，科技进步贡献率越来越高。对于林下经济的发展，科技进步也是非常重要的。

表3-4 科技进步贡献率　　　　　　　　　　　　　　　　单位：%

年份 项目	1998~2003	1999~2004	2000~2005	2001~2006	2002~2007	2003~2008	2004~2009	2005~2010	2006~2011
GDP 年均增速	8.7	9.2	9.6	10.0	10.4	10.8	10.6	10.3	11.1
科技进步贡献率	39.7	42.2	43.2	44.3	46.0	48.8	48.4	50.9	51.7

数据来源：中国科技统计年鉴（2012）

全国各地都有林业类高等院校和林业研究机构，形成较为系统的研究架构，研究成

果极大地促进了林下经济的发展,我国林下经济发展的最强的潜力。2011年全国研究与开发机构投入到林业中R&D课题数为9 344项,人员20 065人,投入经费24.14亿元;全国高等学校投入到林业的R&D课题3 404项,人员2 416人,经费4.17亿元［数据来源:中国科技统计年鉴(2012)］。由此可见,林业的研究与开发主要集中在研究与开发机构。

从不同科技计划看,林业科技发展迅速。2011年,林业公益性行业专项项目通过验收59项,认定成果46项;948项目通过验收81项,认定成果57项;国家林业局重点项目通过验收18项,认定成果10项;全国林业科技登记成果318项,其中:软科学类3项,基础理论类13项,应用技术类302项;"百县千村万户林业科技示范行动"重点推广木本粮油新品种等相关生产实用技术336项;立地造林及植被恢复技术创新等6类技术研究,培育抗逆优良植物种质152种,建立森林经营技术模式95项、试验示范区与试验基地246个;发布林业行业标准91项;组织开展林业行业标准计划项目135项,木制品等国际标准研究6项;完成森林消防和林业有害生物防治2个技术委员会的筹建工作。

三、人才培养的潜力

人才是经济发展的基础,国家把发展教育和培养德才兼备的高素质人才摆在更加突出的战略位置。国家中长期人才发展规划(2010～2020年)指出,围绕社会主义新农村建设,以提高科技素质、职业技能和经营能力为核心,以农村实用人才带头人和农村生产经营型人才为重点,着力打造服务农村经济社会发展、数量充足的农村实用人才队伍。这些农村人才的培养将会促进林下经济的发展。

2011～2012学年初普通高、中等林业院校和其他高、中等院校林科毕业生112 727人,招生数为164 039人,在校学生数487 987人,其中,研究生7 620人。由表3-5可知,2011年研发机构从事林业科技的人员数为11 598人,其中,拥有博士学位比例为12.52%,高于农业的8.65%;R&D人员全时当量投入到基础研究、应用研究、试验发展的比例分别为5.39%、18.95%、75.66%,对基础研究的重视程度还不够。需要进一步加大林科专业人才的培养,重视林下经济的关键技术、共性技术。

林下经济人才的储备。2011年教育部增加了生态学、风景园林学2个涉林一级学科,拓展了高层次林业人才培养选拔和林业科学研究的空间;部分普通高等林业院校获得面向全国单独招生的资格,一批高等林业职业院校获得了在本省市区单独招生的资格。2011年发布的《关于加快发展面向农村的职业教育的意见》,进一步推进了职业高中等林业职业院校和涉林专业建设;继续实行中等职业学校城乡家庭经济困难学生和涉农(林)专业学生免学费政策(资料来源:中国林业网)。

四、种植模式的潜力

形成了多样的林下经济发展模式。发展林下经济,综合利用广阔多样的林地,种类丰富的动植物资源,各具特色的水气热条件和森林景观资源,在林下种植药材、蔬菜、花卉,养殖林蛙、蜜蜂、家禽、家畜及野生动物,发展观光休闲、果品采摘、生态疗养等森林旅游业，生产丰富的绿色产品。

表3-5 2011年服务于农林牧渔行业的研究与开发机构R&D人员情况

行业	机构数（个）	从业人员（人）	（人）	R&D人员情况				（人/年）	R&D人员科研情况			
				博士毕业	硕士毕业	本科毕业	全时人员		研究人员	基础研究	应用研究	试验发展
农、林、牧、渔服务业	1 222	98 241	45 865	4 762	10 775	19 149	34 536	40 145	21 789	3 241	9 146	27 758
农业	568	55 903	27 637	2 390	6 564	11 875	21 105	24 310	13 243	1 706	4 726	17 878
林业	199	11 598	4 906	614	856	2 160	3 287	4 121	2 026	222	781	3 118
畜牧业	75	7 447	3 363	356	800	1 338	2 495	2 902	1 480	206	1 084	1 612
渔业	63	4 371	2 084	258	470	749	1 454	1 769	1 014	265	543	961
农、林、牧、渔服务业	317	18 922	7 875	1 144	2 085	3 027	6 195	7 043	4 026	842	2 012	4 189

数据来源：中国科技统计年鉴（2012）

岑溪市森林覆盖率达到74%，为促进林下经济的发展，该市把发展林下经济与农业结构调整、农业产业化、发展特色产业和建设社会主义新农村等结合起来，形成近期得利、长期得林、远近结合、林农牧协调发展的良好格局。目前，该市已逐步形成了林—菌、林—禽、林—畜、林—蜂、林—果、林—豆等林下经济发展模式，已发展林下经济20万多亩，遍及14个镇244个村，品种涉及食用菌、禽畜、蔬菜、药材，产值达16.5亿元。其中，以养鸡为主的林—禽模式6万亩，养鸡1 700多万只（羽）；以养牛、养羊、养兔为主的林—畜模式3万亩，饲养量3.3万只（头）；以林下种植八角、油茶、肉桂、黄豆、花生为主的林—果模式10万亩（资料来源：中国林业网）。

五、政策扶持的潜力

政府财政对林业投资与林业增长表现为互动的关系：政府财政对林业投资促进林业的增长，林业增长又有利于政府财政对林业投资的增加。政府财政对林业投资始终是财政资金运行的重要组成部分，是财政职能在投资领域的表现。财政的职能，简言之，就是满足社会共同需要，是为经济发展创造良好的外部环境。林业是一个开放的物质循环系统，在很大程度上需"靠天吃饭"，而林业外部条件的改善又以政府财政对林业投资的强力支持为基础。可见林业增长离不开政府财政对林业有序的投资。

国际上许多国家农业发展的事实表现，农业的增长离不开包括投资在内的农业政策的引导和支持，并且财政对农业的投资是其中最重要、最基本的政策之一。据对35个发展中国家政府农业投资与产出增长的数据的分析表明：政府日常支出和基建投资每增加10%，在非洲，农业产出增长3.53%，在亚洲和近东地区增长3.35%，在拉丁美洲大约增长1%。这意味着，通过增加财政对农业的日常支出和基建投资等公共投资，农业可以获得有效增长。李焕彰、钱忠好（2004）农业公共产品投入不足极大地制约着中国农业可持续增长的潜力；为最大限度地提高财政支农资源的配置效率，必须大幅度增加农业科技投入，适度增加农业基础设施投入，压缩农业事业经费支出，并在政策层面上进一步改革和完善财政支农政策的制定和执行机制。

对于林下经济这一产业而言，政府政策、资金的支持同样是重要的。林下经济发展跟其他林业一样，面临自然和市场风险，由于林下种植、养殖等受到较多的限制，需要耗费较高的成本去搜寻适合的动植物品种。因此，发展林下经济更需要政府政策和资金的支持。2010年中央一号文件首次明确提出"因地制宜发展林下种养业，挖掘农业内部就业潜力，积极发展森林旅游、农村服务业，拓展农村非农就业空间"。中央一号文件肯定了林下经济拉动就业特别是非农就业的重要作用，为林下经济加快发展带来新机遇。林下经济立体开发充分提高了林地利用率，提升了单位林地面积的生产能力，促进了生态建设，促进了农民增收，发展林地立体经济潜力大、投入少、效益高，因而林下经济已成为各地争相发展的朝阳产业。

2012年7月30日，国务院办公厅下发《关于加快林下经济发展的意见》，该意见指出，近年来，各地区林下经济发展取得了积极成效，对于增加农民收入、巩固集体林权制度改革和生态建设成果、加快林业产业结构调整步伐发挥了重要作用，并提出了发展林下经济的7条意见和5项政策措施。随后，全国各地结合本地的实情纷纷出台了发展林下经济的相关措施。

安徽省政府办公厅出台《关于加快林下经济发展的实施意见》，决定全面实施林下经济发展"5211工程"，提高林地利用率和产出率，促进农民增收和经济发展，力争到2016年，全省形成五大特色林下经济示范片，发展林下经济面积达到2 000万亩，林下经济产值在2011年基础上翻一番，直接参与林下经济发展的林农人均收入翻一番。明确了发展林下经济的八项任务，提出了加快林下经济发展的三项政策措施。

四川省政府办公厅出台了《关于加快林下经济发展的意见》（川办发〔2012〕73号），其要求要科学规划林下经济发展，积极推进示范基地建设，到2015年，全省建成规范化、规模化示范基地30个，大力提高科技支撑水平，建立健全社会化服务体系，加强市场流通体系建设，强化日常监督管理，提高林下经济发展水平。加快林下经济发展，一要加强组织领导和协调配合，二要加大投入力度，三要强化政策扶持，四要加大金融支持力度，五要加快基础设施建设，六要巩固集体林改成果，七要加强宣传引导。

广东省政府办公厅下发了《关于加快林下经济发展的实施意见》，要求各地、各部门高度重视，认真研究贯彻落实，采取强有力措施，确保目标任务和各项工作要求落实到位，推动林下经济健康发展。发展林下经济的总体目标是，努力建成一批林下经济示范生产基地，创立特色品牌产品，培育扶持一批林下经济龙头企业和农民林业专业合作社，增强农民持续增收能力，使林下经济产值和农民林业综合收入实现稳定增长，林下经济产值占林业总产值的比重显著提高。力争到2015年，全省发展林下经济面积2 800万亩以上，林下经济产值450亿元以上。

江西省人民政府出台了《关于大力推进林下经济发展的意见》（赣府发〔2012〕10号），确立了发展林下经济的指导思想、基本原则和发展目标，明确力争到2015年，全省林下经济发展面积达到3 000万亩，林下经济综合产值达到600亿元以上，农民人均增收 600 元。就林下经济主要发展模式，强调根据自然条件，要重点发展林下种植、林下养殖、林下产品采集加工和森林景观利用四大类林下经济，着力抓好油茶、花卉苗木、森林药材、森林蔬菜、野生动物驯养繁育、森林旅游六大林下经济产业。各地可根据实际情况，灵活选择林油、林苗、林药、林菌、林菜、林禽、林驯、林游以及林—花—游、林—草—禽、林—果—草—禽等各种适宜模式，多元化组合发展。

六、示范宣传的潜力

林下经济发展也受社会公众广泛关注。国家林业局 2012 年 12 月在广西召开了全国林下经济现场会，各大媒体竞相报道，初步统计，有报纸 13 家，电视及网络视频媒体 4 家，广播电台 2 家，互联网 94 家对现场会进行了全程报道；其中，有中央媒体 43 家，财经类媒体 12 家；可计算点击量达 3 596 514 次。

从报道的情况看，呈现以下几个特点：一是媒体数量多，除了中央主要媒体（如新华社、人民日报、人民网等）和民营主流媒体（如凤凰网、新浪网、南国早报等）均对现场会的召开进行了专门报道外，其他各类网站、论坛均进行新闻转载；二是涉及面广，基本涵盖了政府、金融证券、地产、林业、农业等各行各业的网站；三是关注集中，这次以林下经济发展为主题的现场会，引起了政府和金融证券类媒体的强烈关注，在 113 个媒体中，有政府官方网站进行专题报道的有 25 家，占 22.12%，金融证券类媒体有 14 家，占 12.38%；四是效果明显，此次现场会的召开，给各省（区、市）带来了极大的震动，会议结束后，政府和林业系统纷纷落实学习会议精神和广西发展林下经济的经验，在全国掀起了讨论林下经济、发展林下经济的热潮。

国家林业局 2012 年 3 月在《学习时报》上组织发表了题为《林下经济——深化林改的有机凝聚》的文章，图文并茂地对集体林权制度改革后农民积极利用林地、林木资源发展林下经济和农民林业专业合作社的建设发展情况进行专题报道，引起了社会各界的强烈反响，各大媒体的广泛关注。其中，人民网、中国网、中国社会科学网、求是理论网、星岛环球网、网易等中央党政和学术理论界的知名媒体网站以及各地林业系统网站均对报道进行了全文转载，其中，人民网当天点击量达 72.4 万次（资料来源：中国林业网）。

社会各界的广泛关注为林下经济的发展提供了舆论支持，媒体的大力宣传给推广林下经济提供了有效的渠道，这是林下经济发展重要的社会潜力。

第四章 国外林下经济发展情况简介

目前,国外尚未应用林下经济这个概念,与之相对应的是农林复合经营(Agroforestry)和社会林业(Social forestry)等概念。

从20世纪40年代起,西方发达国家在石油、机械、化学工业全面腾飞带动下,传统农业迅速实现了现代化,农业劳动生产率和农畜产品产量大幅度提高,农业取得了空前的成就,也带来了人们意想不到的恶果:不断出现的资源危机,使以不可再生资源为基础的农业变得十分脆弱;大量农药、化肥、除草剂及饲料添加剂的使用,污染了环境并危及了人类的健康;水土流失加剧、环境恶化及大量物种灭绝。这些国家的农业需要有新的出路。经过世界各国共同研究和探索,人们又重新认识了能够较好解决以上矛盾的途径——混农林业。1979年第八届世界林业大会和1980年联合国粮农组织林业委员会提出:"林业的发展应与农业、牧业发展结合起来,与解决贫困化结合起来"。在这种思想指导下,世界各国对混农林业更加重视起来。

一、韩国的农林复合经营概况

大韩民国(简称韩国)位于亚洲朝鲜半岛,北部以军事分界线与朝鲜相分,南临朝鲜海峡与日本群岛隔海相望。国土面积为99 447平方千米,约占朝鲜半岛总面积的45%。境内东部以山地丘陵为主,平原主要分布在西部和沿海地区,山地面积占国土面积的64%。韩国的森林主要分布在西部和沿海地区。森林在韩国占有重要地位,其作用不仅体现在木材生产方面,在国土保护、净化水源、森林游憩、维持生物多样性、野生动物保护和治理空气污染等方面也发挥了良好的公益效益。韩国从古代即开始摸索适合本国的山林农业类型。最早在森林中采用"火烧轮垦"的方式,称为"火田"。20世纪70~80年代,由于政府积极推行畜牧业奖励政策,实施了"山地人造草地"和"放牧"项目,大面积的森林被改造成草地,出现了现代意义的复合农林经营。因韩国复合农林经营主要地处山区,因此将其称为山林农业。在韩国,也有学者将山林农业称为山林复合经营、复合山林经营、混牧林业和混农复合经营等。

韩国在20世纪60年代,由于薪柴和木材十分短缺,林木过量采伐,导致环境恶化,风沙、水土流失严重。1972年,议会修改立法,给予政府要求所有土地所有者在原林地上重新造林的权力。各个村庄成立乡村林业协会,土地所有者无力在自己的土地上完成造林任务者,可以通过合同的方式,由林业协会进行造林。林业协会初期是在政府的影响和指导下成立的,为村民合作组织,区域性的林业协会联合成立县级林业协会联盟。这些联盟进一步联合形成全国林业联盟联合会,他与政府的林业办公室有着松散的联系,这一关系有助于政府投资和树木的保护。乡村林业协会组织为乡村林业在全国的开展打下了坚实的基础。1973~1978年,乡村林业组织完成新造林100万公顷,林种有薪炭林、果树，短轮伐期速生林和用材林，收入来自蘑菇、纸用纤维和其他林产品，这些收入既有短期的，也有中长期的。这一项目的实施，不仅解决了村民的烧柴问题，而且改善了环境，为韩国经济的腾飞助了一臂之力。

1997年，韩国制定了《林业振兴促进法》，为山林农业的开展奠定了法律和政策基础。为了高效利用山地和增加农村收入，韩国政府于1999年开始正式实施"山林复合经营项目"，并在2000年将《林业振兴促进法》修改为《林业以及山村振兴促进法》。

目前，韩国有国有林、公有林和私有林3种林业所有权形式。

韩国山林农业类型的划分不是特别明确，大致分为山林厅类型和江原道类型。山林厅类型是由"山林复合经营项目"总结得出，分短期收入型、木材生产型和复合山地管理型3种，见下表。

	短期收入型	木材生产型	复合山地管理型
项目目标	以获取短期收入为主	短期收入加木材生产	通过山林复合系统使林产品生产量达到最大
林地选择标准	森林面积10公顷以上，木材生产林比重占50%以上	森林面积10公顷以上，木材生产林比重占70%以上	森林面积5公顷以上，木材生产林比重占90%以上
经营内容	维持山地形态，重点生产短期收益林林产品	维持山地形态，主要生产中长期收益林产品	在木材生产林下栽培野菜类或药草类等植物，木材生产林＋放牧林复合林；木材生产林＋蜂蜜产业

韩国山林农业的目的是防止森林荒废，保护森林价值并通过调整木材生产的周期使山地收入多元化和稳定化。

（1）基础生产措施。包括造景树，经济作物，药用、观赏用植物；种子收获与购买，山地苗圃场，林内整地与栽植等；林间放牧等畜牧业经营需要的道路和栅栏等；林产品生产、加工、销售等所需的多用途仓库措施等。

（2）资助对象。根据《山村与林业振兴促进法》第二条第二款的规定，资助对象为所有林业从业者。

（3）条件。总资助金额为1.5亿韩元（约135万元人民币）以内；资助比例为国家资助20%、地方政府资助20%、融资30%、林业从业者本人负担30%；融资条件为年利率4%，3年后开始分7年偿还。

二、日本农林复合经营模式

日本人口多，土地少，人均相对占有农业耕地少。为了满足人们对农产品需求量不断增长的情况，日本鼓励发展混农林业，活跃农村经济。通过多年的实践探索，日本已经比较成熟地采用"苹果、大豆、蔬菜复合经营；梨树、大豆、牧草、养畜复合经营"等农林复合经营方式，取得了较好的生态经济效果。

三、印度社会林业发展状况

印度是南亚最大的国家，也是世界上森林资源最丰富的国家之一。但由于长期对森林资源的过度利用，致使森林资源迅速减少，薪材严重短缺，林地退化和水土流失加剧。日益严峻的林业形势迫使人们去探索发展林业、经营森林资源的新形式，1968年印度林学家威士托（J. G. Westoby）首次提出了社会林业的概念，并在1978年的第八届世界林业大会上得到正式确认。在印度，社会林业被定义为：当地人民组织起来直接参与规划、执行和管理等过程，并可从中获得利益的林业活动。由于社会林业突出了当地群众的主体性与广泛参与性，以及林业要满足乡村发展和群众生产、生活需要，要紧密结合群众切身利益的宗旨，扭转了传统林业脱离乡村发展的倾向。因此，社会林业在印度得到了迅速发展，成为国家林业发展战略的重要组成部分，以及实现林业可持续发展、实施森林生态系统管理的重要途径。印度的社会林业与生产林业的区别之一就是它的"近期效益"。为了使农民在较短的时间内从人工林获得较大的收益，林业工作者首先采用多树种混交造林方式，如：薪炭材、饲料、果树等树种混交。

近年来，发达国家已经注意到社会林业的重要性，并已将其作为实施生态系统经营和实现可持续发展的重要途径。但是，在发展中国家，特别是贫困地区，开展社会林业的目的更偏重于满足当地村民对食物、薪柴、饲料、建筑用材和药物等生活基本物质的需要，大多是非市场型的，一般活动规模较小。发达国家开展社会林业的目的是旨在通过增加从森林中获得的持续的经济效益来加强乡村的稳定性，以保证木材的持续供应（主要指木材生产国），促进娱乐价值的提高和旅游业的发展，加强野生动物保护和繁衍等多功能效益的发挥，特别是生态效益的发挥。

第五章 林下经济的学科性质与定位

林下经济开发的全过程涉及多个科学。在发展规划阶段，需要对资源现状进行梳理，分析要素市场、技术可行性、市场需求、流通系统等；生产过程会涉及有关农学、林学、动物科学、动物医学等学科的研究成果，运用这些知识来指导生产，同时，需要优化生产要素配置、农户生产行为、生产企业管理以提高生产率；获得林下种植、养殖的产品后，需要开展食品加工、保鲜处理，进入流通环节，最终到达消费者手中。涉及的主要学科以及主要研究内容如下图所示。

林下经济学是近年来随着我国林业产业发展诞生的一门新兴知识，并且随着我国集体林权制度改革逐渐兴盛。目前，国内对林下经济学的研究主要集中在林下经济产业现状、发展模式、产业规划布局、法律规范探究等方面。研究侧重于产业经济领域，还没有文献将林下经济作为一门学科体系进行研究，因此本章节的内容需要参考已有相关学科建设研究成果。接下来首先简要介绍图中提及的主要学科，并阐明这些学科与林下经济的关系；然后说明林下经济的研究对象及主要任务，在此基础上阐述林下经济的学科性质和学科特征。

第一节 林下经济涉及的学科门类

林下经济的整个过程涉及农学、林学、畜牧学、经济学、管理学、生态学等，本书以教育部公布的学科体系为准，简要介绍林下经济涉及的学科门类。

一、农学

农学（农业科学）是研究与农作物生产相关领域的科学，包括作物生长发育规律及其与外界环境条件的关系、病虫害防治、土壤与营养、种植制度、遗传育种等领域。农学（农业科学）是研究农业发展的自然规律和经济规律的科学，因涉及农业环境、作物和畜牧生产、农业工程和农业经济等多种科学而具有综合性。林业科学和水产科学有时也包括在广义的农业科学范畴之内。林下经济的发展模式中，有部分是种植某一或某几种作物，必须研究这些作物在林下的生长发育规律。

二、林学类

林学类是农学学科门类下的一级学科，是研究森林的形成、发展、管理以及资源再生和保护利用的理论与技术的科学，林学属于自然科学范畴，它是在其他自然学科发展的基础上，形成和发展起来的综合性的应用学科。林学的研究对象主要是森林。森林，

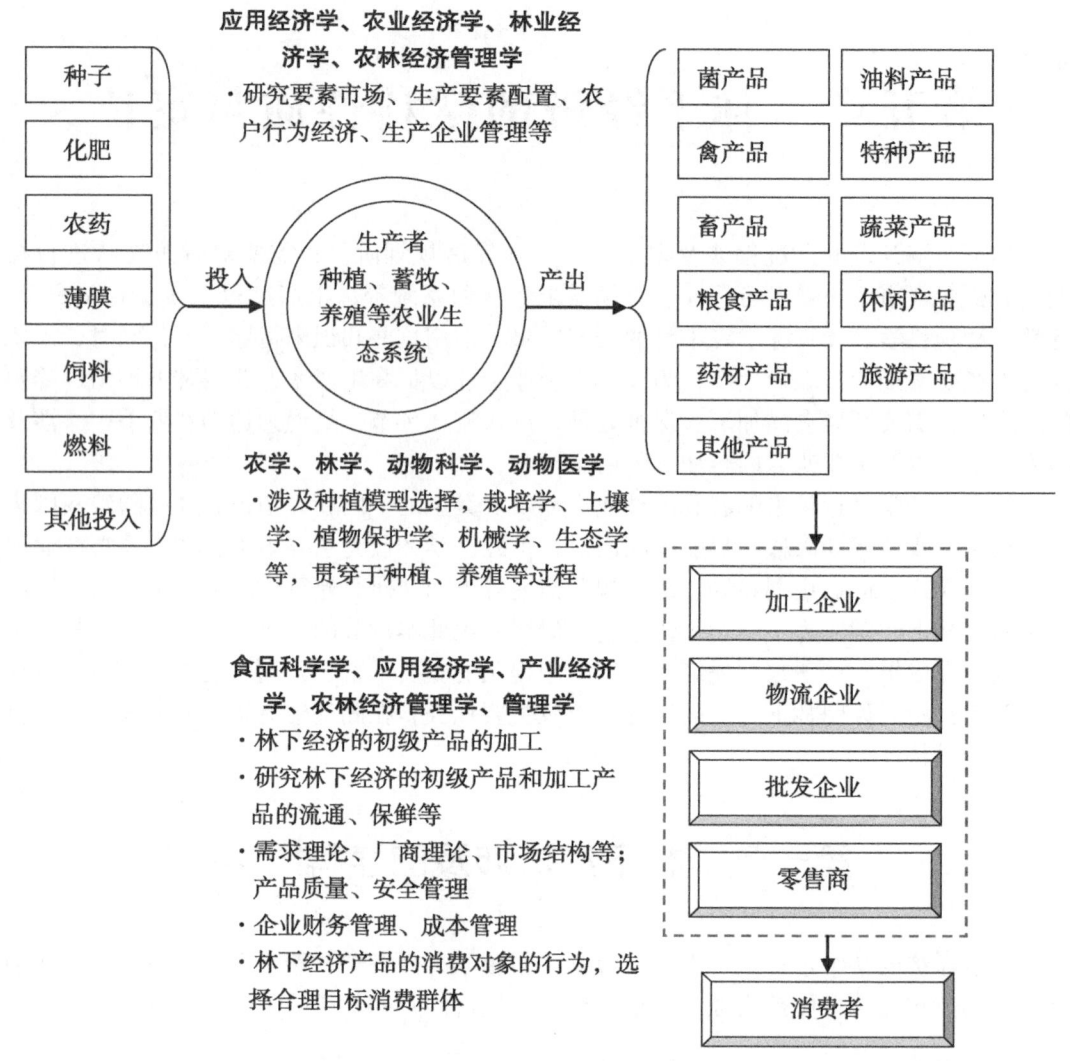

图　林下经济涉及的学科示意图

是指一个拥有高密度树木的区域。俄国林学家 G. F. 莫罗佐夫 1903 年提出，森林是林木、伴生植物、动物及其与环境的综合体。森林群落学、地植物学、植被学称之为森林植物群落，生态学称之为森林生态系统。在林业建设上森林是保护、发展，并可再生的一种自然资源。具有经济、生态和社会三大效益。林学范围包括造林、育林、护林、森林采伐与更新、林业机械、森林管理等方面的科学，广义的还包括木材采运，林产品加工等方面。林学研究森林的生长发育、结构与功能，探求如何对森林进行培育、管理、保护和利用。基础研究的主要任务是要阐明森林的形成、生长、发育等基本规律，了解林木产量形成的内在机制及其与环境之间的关系，弄清森林的结构和森林生物之间的相互关系等。同时，还必须研究解决林业生产中所面临的重要问题，如森林资源的快速恢复，森林生产力的下降，增强森林对自然灾害的抵御能力，培育适用于不同用途的新品种，提高木材的利用率等。要发展林下经济，必须对需要原有的树林有较为清楚的认识，才能选择合理的发展模型。

三、经济学

经济学广义上可以分为理论经济学和应用经济学。应用经济学是经济学学科门类下的一级学科，应用理论经济学的基本原理研究国民经济各个部门、各个专业领域的经济活动和经济关系的规律性，或对非经济活动领域进行经济效益、社会效益的分析而建立的各个经济学科。应用经济学包括国民经济学、区域经济学、财政学、金融学、产业经济学、国际贸易学、劳动经济学、统计学、数量经济学、国防经济学10个二级学科。

应用经济学大体上可分为6个分支：以国民经济个别部门的经济活动为研究对象的学科，如农业经济学、工业经济学、建筑经济学、运输经济学、商业经济学等；以涉及国民经济各个部门而带有一定综合性的专业经济活动为研究对象的学科，如计划经济学、劳动经济学、财政学、货币学、银行学等；以地区性经济活动为研究对象的学科，如城市经济学、农村经济学、区域经济学（经济地区规划、生产力布局）等；以国际间的经济活动为研究对象的学科，如国际经济学及其分支：国际贸易学、国际金融学、国际投资学等；以企业经营管理活动为研究对象的学科，如企业管理、企业财务、会计学、市场（销售）学等；与非经济学科交叉联结的边缘经济学科，如与人口学相交叉的人口经济学、与教育学相交叉的教育经济学、与法学相交叉的经济法学、与医药卫生学相交叉的卫生经济学、与生态学相交叉的生态经济学或环境经济学、与社会学相交叉的社会经济学、与自然地理学相交叉的经济地理学、国土经济学、资源经济学、与技术学相交叉的技术经济学等。

产业经济学属于研究产业组织、结构、布局及其发展规律的应用经济学学科（二级学科），具体研究对象有产业类型、产业结构、产业关联、产业分布、产业组织、产业发展和产业政策等。主要内容有产业分类理论、产业结构理论、产业关联理论、产业布局理论、产业组织理论、产业发展理论、产业政策理论等。通过研究为国家制定国民经济发展战略，为制定的产业政策提供经济理论依据。产业经济是居于宏观经济与微观经济之间的中观经济，是连接宏、微观经济的纽带。

四、农林经济管理

农林经济管理属于管理学学科门类之中的一个一级学科，下设两个二级学科，分别是：农业经济管理、林业经济管理。1980~1990年，农林经济管理分属于经济学和农学两大学科门类以及三个一级学科，其中农业经济归属经济学，农业经济及管理归属农学，林业经济归属林学。1990~1997年略有调整，只是"林业经济"改为"林业经济及管理"。1997年以后，"农林经济管理"独立为一级学科，归属于管理学门类。对于农林经济管理学科的设置，国内学者评论较多，总体上认为该学科设置存在不合理之处，因其优势在经济学方面，现在列入管理学中，而在管理学方面是相对弱势的，弱化了农业经济、林业经济的学科发展。有学者指出，农林经济管理不能简单地划归为管理学门类，它至少应该横跨两个门类：农业（林）经济学科重点研究行为主体在农业领域的选择行为，着重解决"是什么、为什么"的问题，从而揭示因农民特性与农业特性而形成的现象及规律；农业（林）管理学科重点研究农业领域的管理活动，着重解决"怎么做"的问题，叙述的是程序、方法和手段。

五、林业经济管理

在我国的学科分类中，林业经济管理学科属于管理学门类，是农林经济管理一级学科下的二级学科。在科学研究领域方面，林业经济管理学科是以林业经济活动为研究对象的一系列相关科学所组成的科学体系，主要涵盖了林业经济、林业管理和林业政策三大领域。其中，林业经济学是林业经济管理科学体系中的核心内容，是从一般经济理论的角度解释林业经济活动规律的科学，在林业经济管理学科的发展中发挥着基础作用。

由于历史的原因，林业经济管理学科一直被划为林学学科或管理学科，这导致林业经济管理学科在理论基础、方法体系、知识结构等方面的构建存在不足，影响了学科的人才培养，也制约了学科服务林业实践的成效。现在，林业经济管理学科的属性已经发生了显著变化：第一，其主要研究领域和研究对象为经济问题，或是具有经济属性的问题，已经从林业资源配置拓展为林业经济发展规律与问题的探索以及林业发展政策研究，且研究命题多着眼于探寻经济规律。第二，其学科领域中的研究理论和方法源于经济学科的相关科学，如制度经济学、福利经济学、资源与环境经济学等。第三，近年来，一些国家把林业经济研究归类为资源经济学研究的特定领域，从而将林业经济管理学科定位为应用经济学科的范畴。第四，就我国林业经济管理研究实践而言，主要命题大多属于应用经济学研究领域。林业经济管理学科必须以森林生态经济生产力为研究对象或出发点。学者指出，林业经济管理学科应定位为应用经济学科，在微观上主要研究林业的市场经济行为、资源在市场价格或价值杠杆作用下的最佳配置问题；在宏观上主要研究林业发展中利益分配的公平与效率问题，以探寻现代林业建设中的经济规律，并指导现代林业建设的顺利推进。

六、林业经济学

目前，国内学者对林业经济学的研究角度主要是两个方面：一是将林业经济学作为林业经济管理专业的核心课程进行探讨，二是将林业经济学作为一门交叉学科。林业经济学作为我国农林经济管理专业的核心专业课，是研究林业部门生产以及与此相联系的分配、交换、消费等经济活动和经济关系发展运动的规律及其应用的学科。尽管目前被划为管理学门类下林业经济管理二级学科的研究范畴，其本质和基本任务则是经济学的。从林业经济学的本质与任务看，其难以超越经济学的一般性命题，只是专注林业经济的特定领域开展研究，林业经济学研究的基本命题：社会对森林资源（包括土地）配置要求的动态变化；在现实社会经济约束前提下人们利用森林资源行为与社会对森林资源配置要求的矛盾；如何有效管理森林资源，使森林资源动态变化与社会对林业需求变化保持动态平衡。林业经济学的学科定位：林业经济学是应用相关经济学及自然科学的理论和方法，并结合林业经济活动的特点，系统地研究林业生产经营一般规律、现阶段经济发展的主要问题、林业内部及与外部以价值为核心、以管理为手段的各种经济关系的应用经济学，即林业经济学应当归属于应用经济学学科，而不应当划为林业经济管理，归属管理学门类。

七、林业发展中出现的新兴学科

（1）林业金融学。随着集体林权制度改革的推进，有学者提出建设林业金融学的构想。林业金融学是现代金融学的重要分支，是金融学与林业经济管理等学科相互交叉而形成的新兴学科。

林业金融学科主要是从金融学和林业经济管理这两个学科演化而来的，但在市场经济条件下林业财政金融体系的建设还在探索之中。同时，尽管林业金融学科属于金融学科范畴，但又具有明显的特殊性，不同于纯粹的金融学科。林业金融学科主要是运用现代经济学的有关理论和观点，对林业金融的有关理论和实践问题进行系统研究，以林业金融体系及其运行机制为研究重点，以林业经营主体和林业经济发展为研究对象。目前，林业金融学科作为一门交叉性极强的应用经济学科，在吸收金融学、林业经济管理、产业经济学等学科理论进行融合创新，形成区别于农村金融、城市金融和其他产业金融的具有自身特色的林业金融学科。

（2）林业信息工程。林业信息工程专业是伴随林业信息化建设过程学者提出的一种学科建设构想。林业信息化建设的目标是围绕当前林业发展的中心任务，加速推进林业科学技术进步，以科技创新确保林业生态工程建设的质量和水平，以技术进步提升林业产业建设的规模和效益。因此，林业信息工程专业（方向）应以林学和信息科学理论为基础，培养具有森林资源经营管理、林业调查与规划设计、森林培育、3S技术及林业信息管理技术等方面的基础知识以及能够从事林业调查与设计、林业信息管理、林业数据处理与分析、森林资源管理与监测等工作的高级专业技术人才。

（3）复合农林学。农林复合系统又可称为复合农林业或混农林系统，既是一种传统而又新型的土地利用方式，也是一门新兴的交叉性及边缘性学科。农林复合生态系统是指："在同一土地管理单元上，人为地将多年生木本植物与其他植物或动物，在空间上或按一定时间序列安排在一起而进行管理的土地利用和技术系统的综合。在农林复合生态系统中，不同的组分之间具有生态学和经济学的相互联系"。复合农林学是近年新兴的交叉学科，是针对复合农林系统的功能和效益（生态效益、经济效益、社会效益）以及系统的结构配置、植物种间竞争等相关问题进行研究的系统科学。复合农林系统与生态农业的区别在于，生态农业涉及产供销全部环节，而复合农林系统主要针对系统本身的内部作用机理，以保证生态效益为前提，通过科学结构配置达到可持续利用土地资源的目的。

第二节 林下经济的研究对象和任务

一、林下经济学科研究的对象

林下经济是指以林地资源为基础，充分利用林下特定的环境条件，选择适合林下种植和养殖的植物、动物和微生物物种，构建和谐稳定的复合林农业系统，或开展其他活动，进行科学合理的经营管理，取得经济效益为主要目的而发展林业生产的一种新型经济模式。因此林下经济研究的具体对象是林下种植和养殖的植物、动物和微生物物种。其研究对象包括三个网络结构：生物因素与环境因素的统一；生态系统与经济系统的统一；自然与社会的统一。

林下经济以林下种植、林下养殖、相关产品采集加工和森林景观利用等为主要内容。其主要任务是研究林业、林下种养殖业以至整个人类物质生产与自然环境、经济生产与社会效益之间的关系。林下经济研究的对象主要是构成林下经济的各要素，包括：种植的对象、养殖的对象、林下空间利用、立体农业模式、循环农业模式、林下经济产品的市场、价格，产品定位与销售、市场信息、成本与利润分析、发展模式优劣比较分析等。

综合国内院校与林下经济相关学科专业设置的研究方向，结合林下经济的特点，林下经济的研究方向可以包括：①农林业经济理论与政策；②森林生态经济；③林业企业管理；④林下产业规划；⑤林产品及林下产品贸易等。

二、林下经济学科的任务

作为学科建设的内容，林下经济学科不仅涵盖科研工作，还涉及人才培养和教学工作等，所以林下经济学科应着眼于培养能运用经济学、生态学和林学等基础理论和方法解释林业经济活动现状背后的经济规律并对林业经济活动进行科学的指导，以提高林业资源的配置效率和推动林业多重功能完好实现的专门人才。在微观层面上，注重林下经济发展模式的精细化研究，形成技术集群与配套，以便在全国范围内推广。在宏观层面上，加强林下经济和地域差异的研究，形成全国林下经济产业区划。

第三节　林下经济的学科性质

到目前为止，林下经济还没有独立的学科理论，其理论基础来源于农学、林学、生态学、经济学等理论。林下经济是伴随林业经济发展过程中产生的一门边缘学科和综合学科。

林下经济学是应用相关经济学及自然科学的理论和方法，并结合林业经济活动的特点，系统地研究林业及林下生产经营一般规律、现阶段经济发展的主要问题、林业内部及与外部以价值为核心、以管理为手段的各种经济关系的应用经济学。因此，其学科性质应属于应用经济学科范畴，在微观上主要研究林业的市场经济行为、林下资源在市场价格或价值杠杆作用下的最佳配置问题；在宏观上主要研究林业以及大农业发展中利益分配的公平与效率问题，以探寻现代林业建设中的经济规律，并指导现代林业建设的顺利推进。

1997年6月，国务院学位委员会、国家教育委员会颁布了《授予博士、硕士学位和培养研究生的学科、专业目录》，并对学科应具备的基本条件进行了认定：学科应具备其理论体系和专门方法的形成；有关科学家群体的出现；有关研究机构和教学单位以及学术团体的建立并开展有效的活动；有关专著和出版物的问世等条件。国内目前林下经济的理论研究还较薄弱，缺乏林下经济的研究专著，学术团队力量较薄弱，因此林下经济目前还不具备形成独立的学科体系。在我国现有学科体系分类上，林下经济学既涉及产业经济学二级学科，也涉及农学门类林学类学科，同时也涉及管理学门类农林经济管理学科。因此，林下经济学科建设方面，可以将林下经济作为应用经济学的一个研究方向，或者归属于林学或林业经济管理学科的研究方向。

第四节　林下经济学的学科特征

　　林下经济作为当前林业发展中的热点研究领域，其快速发展的一个主要特征就是同其他相关科学的广泛交叉，这种交叉不仅表现在理论和方法上，也表现在具体的研究工作上，特别是在一些新的林业经济、农业经济研究领域，多学科交叉研究，极大地增加了研究的科学性、系统性和有效性。与金融学、保险学、生态学等学科的交叉融合，使得林业经济学学科体系日臻完善，且更具包容性、交叉研究的发展，为林业经济科学进一步发展创造了良好的环境和条件。

一、较强的理论交叉性

　　林下经济学是研究林业及林下种养殖业经济实践的科学。由于农林业经济发展不仅要遵循一般经济规律，还要遵循生态规律及农林业生产经营活动对环境的影响，这使得林下经济学在认识依据上和研究角度上具有多重性。因而，在研究森林资源生产、开发利用及保护时，就不能单纯应用经济学的理论及方法，还要结合生态、资源和环境科学的理论及方法。林下经济理论及方法的多重性和交叉性体现在森林资源的价值评价、生产经营规律、资源配置原则、林下资源效益表现形式以及市场行为等方面，因此，在学习和研究中都不能仅依据经济学的原理进行认识、分析和研究，还应重视实践。

二、林下经济学的实践性

　　林下经济学是一门应用经济学。林业主要经营对象是森林自然生命体，林业经济发展规律和林业经济问题的解决主要是依据对以往林业经济事件的分析及归纳和总结。因此，不同国别，不同经济体制都会导致林业经济学的研究对象各有不同。近年来，随着世界林业的发展，林业的范畴不断拓宽，新的林业实践领域相继出现，这为林业经济学的发展提出了更为宽泛和客观的研究范围。林下经济就是林业经济学在实践中产生的一门新兴学科。林下经济学是一门实践性较强的科学，它的发展受到相关社会经济科学发展的制约和影响。正确的认识林下经济学的实践性特点，可以使林下经济学科在人才培养上更加准确地运用林业经济学的基础理论和研究方法，同时能实事求是地以动态和发展的思想进行林业经济学的教学与实践。

三、林下经济学的复杂性

理论领域交叉性和综合性以及实践领域的广泛性和特殊性决定了林下经济学比其他应用经济学更具复杂性。在理论上，林下经济学的理论体系是建立在经济学、生态经济学和自然资源经济学的基础上的综合理论体系；在实践上，林下经济学的实践对象是林业经济系统及森林资源的生态系统所形成的生态经济复合系统，这个系统涉及人类生产生活的很多方面，具有生态效益、经济效益和社会效益，不仅是向社会提供各种林产品及林下产品的产业，也是向社会提供各种生态防护和服务的公益事业。所以，林业经济的实践领域具有多重属性。林业经济实践领域的复杂性表现在，林业生产经营过程是由育、采、用三个不同性质的阶段组成的整体，每个阶段都有其自身的特点和规律，相互作用的形式和特点也各不相同；表现在人类社会对森林物产及森林的生态环境作用的认识是一个不断发展的过程，每一次人类认识的发展变化都会是人类社会与森林的关系发生变化，也必然会对林业实践产生重大影响，不断为林业经济学发展开辟新的认识领域。

第六章 林下经济的经济学原理

经济学的三大问题是生产什么？如何生产？为谁生产？这三个问题分别由消费者理论、厂商理论、成本理论、市场理论、分配理论来回答。林下经济的经济学与农业经济学、林业经济学类似，是研究林下经济的生产中生产关系和生产力运动规律的学科。该学科是研究林下种植、养殖等模式下的生产行为，及与其相连的分配、交换和消费构成的经济活动与经济关系。林下经济的经济学原理与农业经济学原理、林业经济学原理具有较强的相似程度，但也具有其自身的特殊性。相对于专门种植水稻、小麦、玉米、花生等作物的农户，以及生猪、肉羊等养殖户，林农在开发林下经济时，需要花费更多的时间去收集、分析信息，因为林下生产具有环境的荫蔽性、产品的局限性等特点。如下图所示，生产者需要根据林下环境特点以及市场的需求，选择合适的目标产品，选择合适的投入结构，生产完初级产品后，进入到加工、物流、销售系统，最终流向消费者。

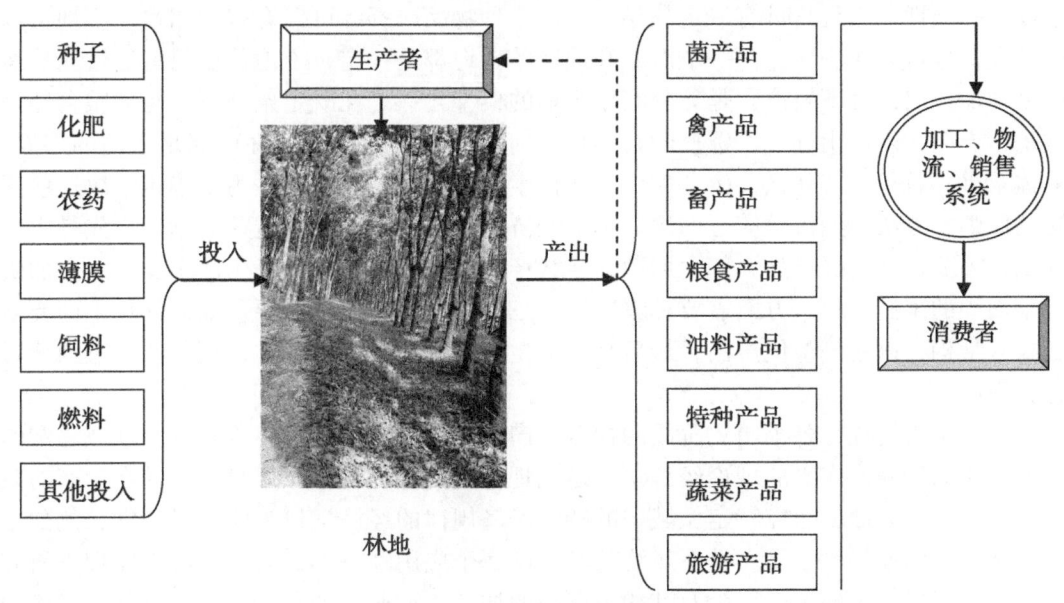

图　林下经济的生产过程示意图

农业生产本身就具有弱质性，一方面要承受由于各种自然灾害带来的风险；另一方面又要承受来自市场的风险，常会出现丰收不增收的情况。因此，农业行业的投资相比工业行业，投资量和投资水平都相对较低。从各国多年的发展经验来看，农业需要政府大量的投入，因为其具有一定的公共性。针对林下经济而言，较高的搜寻成本是抑制期发展的一个重要原因。能选择在林下种植、养殖、开发的产品比较多，包括粮棉油、蔬菜、特种产品以及旅游等相关产品，但是大部分作物都需要充分的阳光，而林下环境特殊，因此选择合适的目标产品时，就需要收集很多信息，同时还要是市场预期有所需求的产品，否则产品无法销售，利益就会受损。作为广大的林农，要收集、分析此类信息，成本较高，这可能也是造成林下经济发展缓慢的一个原因。因此，需要政府在模式推广、市场开拓等方面加大促进林下经济发展，也是解决信息不对称的重要途径。

与一般农业经济学原理类似，林下经济的经济学原理会涉及生产理论、分配理论、消费者行为理论，同时还会涉及信息经济学中的信息不对称、新搜寻理论，以及公共经济学。本章将对这些理论在林下经济中应用进行分析讨论。

第一节 林下经济学原理概述

经济学是对人类社会的各种经济活动与经济关系进行系统性研究的科学，它是研究如何用稀缺的资源去从事各种经济活动的科学。经济学产生于客观存在着的资源稀缺性以及由此所产生的选择的需要。人类的欲望是无限的，但满足人类需要的物品以及生产这些物品所需要的资源都是有限的，例如土地、粮食、电力、化肥等不可能无限满足，这就是稀缺性，而且它具有一定的相对性。一种物品或资源可以有多种用途，土地可以种粮食，也可以建房屋，而一个国家和地区的土地都是一定，土地价值只能通过充分运用来增加产出，林下经济则是充分利用土地的典型之一。在既定条件下，是种粮食还是建房屋人们必须做出选择，选择的目的是如何利用现有的资源更好地满足人们的需要。具体来讲，就是生产什么，生产多少，如何生产，为谁生产。就是为了确定解决这些问题的原则、方法，经济学应运而生。林下经济的经济学也是面对这些问题，首先是生产什么，需要选择目标产品，如食用菌、益智产品、中药材等；二是生产多少，一方面受林地面积的限制，另一方面需要林农决策；三是如何生产，这主要是如何优化生产要素的投入结构，以达到最优产出；最后是为谁生产，即目标消费群体，这主要涉及消费者行为理论。

对整个人类社会各个历史阶段的社会生产和再生产运动过程，以及各个环节总和的一般规律的研究是广义的理论经济学。运用理论经济学的基本原理来考察社会生产的某一部门或某一方面，研究特定领域中的特殊经济规律的经济学科为应用经济学，例如工业经济学、农业经济学等。林下经济的经济学属于应用经济学，运用经济学原理来研究林下经济开发利用的生产行为及其相关产品的加工、流通、消费行为，以及林下经济的经济学相关专题，如信息搜寻、公共性的问题。林农发展林下经济，面临着目标产品、最优生产要素组合、市场需求方面的不确定，因此其搜寻大量的信息，来解决信息不对称的问题，例如要选择生产什么产品，生产这些产品的最优投入结构是什么。

根据研究的层次不同，经济学又可以划分为微观经济学和宏观经济学。微观经济学是从微观的角度，研究消费者、生产者等经济个体的经济行为，分析这些经济主体在市场上追求各自最优化目标化的同时，如何使市场达到均衡状态。因此，微观经济学要研究市场的调节机制、价格的决定、资源的配置以及收入分配等方面的内容，其中的核心是价格理论。宏观经济学是从宏观的角度，研究经济总量的变化规律及其相互之间的内在联系。它以整个国民经济活动为研究对象，说明国民生产总值、社会总供求量、就业量、价格水平以及经济增长等总量指标之间的关系，其中的核心是国民收入与就业理论。林下经济的经济学则更多是从微观经济学角度来开展研究的，如林农如何开展生产，要素禀赋、投入要素优化、信息搜寻等；消费者对林下经济的产品偏好等。

根据研究的方法不同，经济学划分为实证经济学和规范经济学。实证经济学研究经济中"是什么"的问题，不涉及价值判断，在实证经济学领域，意见分歧一般可以通过逻辑思维并通过实践得到解决。实证经济学的研究成果为科学的经济决策提供了客观依据。而规范经济学则要说明"应当是什么"的问题，表达研究者的主观意见。规范经济学以一定的价值判断为基础，提出某些标准作为分析处理经济问题的准则，作为制定经济政策的依据，并研究如何才能符合这些准则。则由于社会文化背景不同，社会价值标准往往不同。任何一个科学的经济政策都应有客观的依据，实证经济学是规范经济的基础，在实践中，应把两者统一起来，而不能相互对立。林下经济的经济学研究侧重于回答是什么的问题，更多的是采用实证经济学这一研究方法。

第二节　林下经济的消费者理论

一、需求理论

需求在日常的习惯中是指消费者购买的货物的量。而在经济学中，其意义为一种表明消费者在其他一切条件因素不变的条件下，准备按不同的价格购买的商品量的函数或关系。需求是一对价格和数量的配合。因此，消费者满足需求的过程中会面临以下几个问题：首先，消费者几乎都有无限的需求，这无限的需求是以身体需要、心理需要、个人偏好及社会环境和自然环境为条件而产生的。其次，消费者只有一个有限的收入用来满足这个无限的需要。因此，每个消费者面临的中心问题是：从市场上如何挑选那些他必须或者愿意通过购买和消费某些特种货物和服务来满足的需要，或者说他们在选择商品的过程中遵循什么样的原则呢？回答这个问题就必须回到问题的出发点，消费者为什么要消费？无疑是为了得到商品的某种效用，满足自己的私人需求。因此，消费者在进行挑选的过程中，是以效用最大化为目标的。他们在挑选和花钱上所做的每项决定都是提高消费者的总效用，则消费者遵循效用的平衡边际原则。在不同种类的产品费用中分配一个固定数量的收入时，消费者将在不同的使用中按比例分配这些收入，以便造成将一个单元的收入改为某种使用之所得，恰好等于抽出这个单元的那个使用之所失，以一个人购买林下产品和电子产品为例，如果花一元钱购买林下产品比购买电子产品的效用大，那么他就会继续将收入用在购买林下产品上，直到一元钱的林下产品的效用等于一元钱的电子产品的效用。

二、消费者偏好

林下产品的需求源于向消费者提供的效用。假设一般食品的需求是追求单一和基本的温饱需要，而林下产品向广大消费者提供的效用包含了两大功能因素：一般使用功能，以及超越一般使用性能，而与消费品相关的健康、环保、生态和文化功能。林下产品首先是必须给予消费者基本的食品需求的满足，可称为林下产品的基本价值功能。林下产品同时又具有特殊的特征，体现人们对食品的要求从一般温饱转向健康与生态文化的选择，给予消费者超越一般使用效用的满足，可称为林下产品的超越价值功能。对这种超越价值的兴趣和消费因人而异，但随着人们收入水平的提高，林下的超越价值功能的比重逐渐增加。正是这些消费观念的变革催生了林下经济产业的发展。因此，二元价值结构的产品和超越基本价值的消费偏好，便成了消费者对林下产品偏好的两个最重要特征。

三、影响消费者购买意愿的因素

1. 消费政策

消费政策是国家根据一定的经济发展要求和运行状况制定的，意在使消费机制正常运行，使社会消费顺利实现的各项方针、制度规定及具体措施的总和。通过对消费的调控可以有效促进社会总需求和总供给的平衡，引导生产结构的优化制定消费政策是为了在一定时期内对消费水平的提高、消费结构的变化及消费方式的变动做出适当的规划，以使消费的发展符合一定时期社会经济发展。合理的能源制度、消费政策能够规范和引导消费行为，使其向预定的节能政策目标方向发展。例如，国家提倡发展循环经济，倡导绿色食品消费，从而催生了林下经济等在全国的快速发展。

2. 消费习惯

消费习惯是指消费主体在长期消费实践中形成的对一定消费事物具有稳定性偏好的心理表现。它是人们对于某类商品或某种品牌长期维持的一种消费需要，是个人的一种稳定性消费行为，是人们在长期的生活中慢慢积累而成的，反过来它又对人们的购买行为有着重要的影响。

3. 社会地位

社会阶层被定义为社会中相对永久和具有同一性的分隔部分。在相同的社会阶层中，根据是否拥有相同或者相似的价值观、生活方式、是否具有类似的兴趣、财富、地位、教育背景、经济地位、行为等因素，个人或者家庭就被归为不同的分隔部分。区分不同社会阶层的因素包括职业、教育、友情、说话方式、财产等，其他因素有能力、社会声望。社会阶层是一种普遍存在的社会现象。在研究消费者行为时之所以要考虑社会阶层，是因为消费者在作出购买决策时，受到社会阶层一定的影响。具体来说，消费者阶层一方面说明了不同阶层的消费者在购买、消费、沟通、个人偏好等方面具有哪些特点，一方面也说明了哪些行为基本上被排除在某一特定社会阶层的行为领域之外，哪些行为是社会各个阶层所共同拥有的。所以社会地位是影响消费者行为的重要因素。

4. 家庭收入

家庭收入主要取决于职业类别。在我国，地区经济发展水平，工作单位经济效益的好坏，以及消费者本人在工作岗位上的努力程度，以及第二职业的情况，都对收入水平起着重要作用。在商品经济社会中，几乎任何消费品都要用自己收入到市场上去购买，因此，收入对消费行为有特别重要的意义。可以把收入分为个人收入和家庭收入。个人收入能反映出该消费者的职业性质和社会阶层，但是，由于家庭平均收入更直接决定着家庭的消费行为。还可以把收入分成绝对收入、相对收入和持久收入。收入的组成也是复杂的。这些，都对家庭消费行为有不同的影响。收入是通过对消费支出水平的直接影响，来对消费结构、购买行为发生影响的。

5. 个人消费偏好

个人偏好极大影响个人的消费行为，大多数人都是购买自己喜欢的东西，尤其在自我意识较明显的年轻人群体。环保型消费偏好能够使消费者时刻意识到自己的消费行为及其对环境带来的影响。20世纪80年代后半期，英国掀起了"绿色消费者运动"然后席卷了欧美各国，它号召消费者选购有益于环境的产品，由于需求方向的改变，促使生产者也转向制造有益于环境的产品。许多公民表示愿意在同等条件下或略贵条件下选择购买有益于环境保护的商品。

6. 安全和健康需要

随着我国社会经济发展进入新的阶段，人们生活水平不断提高并向全面小康型生活阶段不断迈进，人们的食物消费也由追求数量向数量与质量并重，由吃饱向吃好、吃得营养和卫生方面转变，食物的安全性问题受到了消费者的广泛关注。此外，在解决吃好问题的基础上，人们开始追求更高层次的休闲娱乐，因此，旅游休闲成为新的时尚。

第三节　林下经济的生产者理论

生产某种产品往往有多种方法，生产者的任务是找到一种最有效的方法，即每种资源都得到充分的利用。例如采伐木材可用不同的机器和人力的组合，各种组合有不同的机会成本，其中，能使成本最低的组合是最有效的组合。而且，如果各种投入的价格准确地反映了使用它们的机会成本，那么，私人生产者所需要的最佳组合将与从整个社会角度所要选择的最佳组合相一致。经济效益的概念因而集中于产品和生产过程中所使用资源的成本之间的关系——投入和产出的关系。

一、投入、产出和替代关系

生产原理以投入和产出的技术关系，即生产者如何利用生产工艺对投入进行不同的组合以生产特定的产品为起点。生产过程中投入和产出的关系称为生产函数。例如，林下产品的生产函数给出了林下产品的产量与投入的资本、林地和劳力的关系。用某种投入代替另一种投入进行生产经常是可能的。例如，林下生产食用菌需要投入土地和劳力，但使用较多的土地和较少的劳力或使用较少的土地和较多的劳力生产同一数量的食用菌是完全可能的。各种投入之间可替换的程度取决于生产技术。因为技术随着时间推移而得到改进，生产中各种投入之间的替换程度也相应地有所变化。

当连续用某种投入替换另一种投入，并维持同一产量时，这种投入的需要量就会越来越大。这种现象称为边际替换率递减规律（Law of diminishing marginal substitutability）。这个规律解释了用某种投入替换另一种投入并维持统一产量水平为什么会越来越困难。

二、成本最小投入组合

在各种投入可以相互替代，因而有各种各样的投入组合去生产同一产量水平时，其中，成本最小的组合就是最有效的组合。这需要知道投入的生产要素的成本或价格及它们之间相互替代程度的信息。生产某一产出水平成本最小的组合，是某种投入替换另一种投入的边际替代率与它们的成本之比相等时的组合。

三、有效的产出水平

各种生产水平都存在这种成本最小投入组合，所以需要确定最有效的产出水平。在许多生产过程中，效益部分也取决于生产的规模。超过了一定生产水平，增加投入将不会导致产出成比例的增加，而表现出规模收益递减（Decreasing return to scale）。这意味着产出的增加需要越来越多的投入，使生产者的边际成本，即生产额外一单位产品的成本增加。

第四节　林下经济的分配理论

分配理论是要解决生产要素价格决定的问题。许多生产要素有多种用途。生产木材的土地经常还可用于农业生产、野外游憩或城镇发展。同样，劳力和资本也可以被用于生产其他许多商品。我们现在要讨论，在各种能使用这些生产要素进行生产的途径中和在生产类似产品的企业中，如何有效地对它们进行分配。林下经济作为一个投入产出系统，投入主要包括劳动力、生产资料、土地，土地是相对固定，主要是讨论劳动力、生产资料。

一、投入决策

生产过程中使用一个额外单位投入所能增加的产量称为边际产量，更准确地是称为边际实物产量（Marginal physical product 或 MPP）。如果其他投入都不变，当连续等量地追加某一种投入时，产出将有所增加，但增加的数量越来越少。例如，在一片林下进行食用菌生产时，投入的劳力越多，产出的食用菌也越多，但产出的增长与投入的增长不成比例。投入的劳力越多，额外增加一个单位劳力所带来的食用菌增产量就越小。这就是重要的边际产量递减规律，通常称为边际报酬递减规律（Law of diminishing returns）。

增加一个单位投入所得到的额外产品的价值称为这种投入的边际产品收益（Marginal revenue product 或 MRP）。边际产品收益等于这种投入的边际实物产量与这些产量的边际收益的乘积。在越来越多地使用某种投入时，它的边际产品收益随之下降，因为边际报酬递减引起边际实物产量下降，并且在非纯竞争产品市场上，边际收益也要下降。

只要某种投入的边际产品收益大于其成本，一个追求利润最大化的生产者就会更多地使用这种投入，因为这样做将增加他所获得的利润。同样，利用同一种投入生产其他产品的生产者也会这样做。其结果是，在一个竞争性市场上购买这种投入的所有生产者，会把这种要素的价格抬高到能反映它在各种用途的边际产品收益的同一水平上。在某一经济体系中，当一个生产要素的边际产品收益在各种用途中都相等时，这种要素就可以称为被有效地利用了。这是因为，这种要素至少能生产出与各种用途的机会成本相等的边际收益，从而没有其他可能的再分配途径，能使生产的总价值增加。

二、资源优化配置

一个生产数种产品的厂商要决定对某种投入在不同的产品间进行分配的情况。例如，林业可以进行食用菌栽培，畜禽养殖，药材种植等不同林下产品经营，林农经常遇到如何将原木在不同林下产品的生产间进行分配的问题。用各种用途的边际产品收益都相等的方法，分配林下经济经营品种就可以获得最大收益。

资源优化配置是要解决整个经济中如何分配可利用的各种资源，以实现最大经济效益或最大可能的社会利益。如果生产者使用每种生产要素的边际收益准确地反映出这种产品的社会价值，那么边际产品收益就表明了这种要素的边际社会效益（Marginal social benefit 或 MSB）。当所有的生产者都按边际产品收益等于其价格使用每个生产要素时，这个价格将反映出它的真正的机会成本，或它的边际社会成本（Marginal social cost 或 MSC）。如果在各种生产形式中，边际社会效益（MSB）等于边际社会成本（MSC），这样资源分配就达到了最大社会效率。从总体上讲，没有其他再分配方式能产生更高的社会价值。

第七章 林下经济的生态学原理

第一节 林下生态学定义及研究对象

一、林下生态学的定义

生态学（Ecology）是研究有机体与其周围环境相互关系的科学。环境包括非生物和生物环境。非生物环境是指光、温、水、营养物等理化因素，生物环境则是同种和异种的其他有机体。显然，Haeckel（1866）在此强调的是相互关系，或称相互作用，即有机体与非生物环境的相互作用，和有机体之间的相互作用。有机体之间的相互作用又可以分为同种生物之间和异种生物之间的相互作用，或叫种内相互作用和种间相互作用。前者如种内竞争，后者如种间竞争、捕食、寄生和互利共生。

林下经济的实质是复合农林业，它是一种新型的土地利用方式，在综合考虑社会、经济和生态因素的前提下，将乔木和灌木有机地结合于农牧生产系统中，具有为社会提供粮食、饲料和其他林副产品的功能优势，同时借助于提高土地肥力，控制土壤侵蚀，改善农田和牧场小气候的潜在势能，来保障自然资源的可持续生产力，并逐步形成农业和林业研究的新领域、新思维和新理论。

在林下经济（复合农林业）发展的过程中，由于对其内涵的理解和认识的不同，造成对复合农林业生态系统的定义各不相同，具有代表性的观点有以下几种。

（1）澳大利亚 R. Reid 和 G. Wilson："农用林业是在同一土地上农业与林业的综合，也就是在同一时候或按次序把畜牧、农作物置于稀植的树木之下。"

（2）国际树作物研究所（ITCI）。美国树作物研究所："农用林业是为了农业、环境保护和乡村发展栽植生产粮食、饲料、薪炭和防护林等多种用途的乔木和灌木。目的在于增加边际土地的生产力以及保持水土和能源。"

（3）国际农用林业研究委员会（ICRAF）："农用林业是一种土地利用技术和系统（制度）的复合名称，是有目的地把多年生木本植物（乔木、灌木、棕榈和竹子等）与农业和牧业用于同一土地经营单位，并采取同一或短期相同的经营方式，在农用林业系统中，在不同组成之间存在着生态学和经济学方面的相互作用。"

（4）国际林联副主席萨里·穆罕默德·诺："农用林业是农作物（或牧业）和树木在时间或空间上的综合体"。

（5）蒋建平认为，农用林业应称为农林业系统工程，其定义为"在同一土地经营单位上，把多年生木本植物和一年生农作物结合在一起，形成独具特色的土地经营特殊方式（制度）。它是以生态学为基础探讨农林结合的水、肥、光、热的动态规律和结构模式，采取集约化栽培技术和经营治理措施，建立比较稳定的人工生态系统或农林业系统工程，获得最佳的生态效益、经济效益和社会效益。"

（6）雍文涛把农用林业称作农林复合经营，定义为："就是要在一定的土地面积上采用农林结合，将不同的作物、树木在时间上、空间上、品种上合理搭配，最大限度地利用土壤、阳光、水分等自然力作用，以取得尽可能多的生物产量。这里重要的是要在耕作方针上作相应的调整，需要增加劳动投入，相应却不需要很多的生产资料等资金投入，是一种充分利用自然力的劳动密集型集约经营方式，它是把农业和林业都依赖自然力这一共性巧妙地结合在一起，并且能够互相弥补，互相促进。"

（7）熊文愈："根据经营者的目的要求，当地的自然条件和社会经济背景以及经营对象的性质、功能，按空间位置和时间/季节次序加以合理的组合安排，补充必要的物资能源，使之成为相互促进、连锁反应、循环利用、多级生产、稳定高产的人工复合生态系统，既提高农林产品的数量和质量，又保证并采取同一或短期相同的经营方式。在农用林业系统中，在不同组成之间存在着生态学和经济学方面的相互作用。"

（8）竺肇华、陈建武："农用林业是一种土地利用技术和系统（制度）的复合名称，是有目的地把多年生木本植物（乔木、灌木等）对农业和牧业用于同一土地经营单位，并采取同一或短期相同的经营方式。在农用林业系统中，在不同组成之间存在着生态学和经济学方面的相互作用。"

（9）侯治溥："混农林业不仅包括农林间作的内容，同时还包括建立农田防护林、薪炭林、小片用材林及经济林等，目的是既生产农林产品，又保护生态环境，求得土地的最佳利用。"

（10）薛建辉："混农林业是遵循生态学原理，按照人们的经营目的，将组成系统的各单元有机地结合起来，以协调系统的综合总体功能，最大限度地发挥系统的效益而建立的复合系统。

以上列举的几种关于林下经济生态学（复合农林业生态系统）的定义，尽管各自理解的侧重点有所不同，但从总体上看，都体现了林下经济的主要内容。

二、林下生态学的研究对象

林下生态学的研究对象与普通生态学的研究对象基本相似，主要是研究农林复合生态系统中，从个体的分子直到森林生态系统的各个对象，即个体、种群、森林群落和复合林下生态系统。

在个体层次上，生态学家最感兴趣的问题是有机体对于环境的反应。经典生态学研究的最低层次是有机体（个体），按其研究的大部分问题来看，当前的个体生态学应属于生理生态学的范畴，这是生理学与生态学交界的交叉学科。当然，近代一些生理生态学家更偏重于个体从环境中获得资源和资源分配给维持、生殖、修复、保卫等方面的进化和适应对策上，而生态生理学家则偏重于对各种环境条件的生理适应及其机制上。但是更多的学者把生理生态学和生态生理学视为同义的。

种群是栖息在同一地域中同种个体组成的复合体。种群是由个体组成的群体，并在群体水平上形成了一系列新的群体的特征，这是个体层次上所没有的。例如种群有出生率、死亡率、增长率；有年龄结构和性比；有种内关系和空间分布格局等。在种群层次上，多度及波动的决定因素是生态学家最感兴趣的问题。种群在空间上的分布格局也日益受到生态学家的重视。在20世纪60年代以前，动物生态学的研究主流是种群生态学。

群落是栖息在同一地域中的动物、植物和微生物的复合体。同样，当群落由种群组成为新的层次结构时，产生了一系列新的群体特征，诸如群落的结构、演替、多样性、稳定性等。但是，多数现代生态学家在目前最感兴趣的是决定群落组成和结构的过程，并把群落定义为"一定领域内不同物种种群的集合（Assemblage）或混合体（Mixture）"。在20世纪60年代以前，植物群落生态学是植物生态学的主体（另一是个体生态学）。

生态系统是在同一地域中的生物群落和非生物环境的复合体，它与生物地理群落（Biogeocoenosis）同义。当前生态学家最感兴趣的是能量流动和物质循环过程。20世纪60年代以后，由于世界的人口、环境、资源等威胁人类生存的挑战性问题，生态系统研究也发展为生态学研究的主流。

现代生态学的研究对象进一步向微观与宏观两个方面发展，例如分子生态学、景观生态学和全球生态学（即生物圈的生态学）。

生物圈（Biosphere）是指地球上的全部生物和一切适合于生物栖息的场所，它包括岩石圈的上层、全部水圈和大气圈的下层。岩石圈是所有陆生生物的立足点，岩石圈的土壤中还有植物的地下部分、细菌、真菌、大量的无脊椎动物和掘土的脊椎动物。在大气圈中，生命主要集中于最下层，也就是与岩石圈的交界处。水圈中几乎到处都有生命，但主要集中在表层和底层。随着全球性环境问题日益受到重视，如温室效应、酸雨、臭氧层破坏、全球性气候变化等，全球生态学（Global ecology）已经应运而生，并成为人们普遍关注的领域。

分子生态学是应用分子生物学方法研究生态学问题所产生的新的分支学科。自1992年Molecular Ecology杂志创刊以来，研究工作迅速增加，其研究领域涉及进化生物学、种群生物学、系统进化地理学、保护遗传学、行为生态学、群落生态学和GMO（基因修饰生物）的释放后果等。

现代生态学十分重视生态学研究的尺度（Scale）。既包括某一现象或过程在空间上所涉及的范围，又包括其在时间上发生的频率。

近几十年来，生态学迅速发展的另一个非常重要的特征是应用生态学的发展，其研究方向之多、涉及领域和部门之广，与其他自然科学和社会科学结合点之多，真是五花八门，使人感到难以给予划定范围和界限。

值得一提的是，近年来生态学与经济学相结合，产生了经济生态学，它研究各类生态系统、种群、群落、生物圈的过程与经济过程相互作用方式、调节机制及其经济价值的体现，而经济生态学的一个分支就是林下经济的研究方向。虽然该学科正处于发展阶段，但国内外都给以相当重视。

第二节　复合林下生态系统

一、林下生物与环境

（一）森林的环境

森林是以乔木树种为主体的天然或人工的生物群落，它的形成和发展是受环境制约的，同时森林又不断地影响和改造环境。深入了解森林和环境的这种相互关系，我们就可以一方面设法改善环境条件以满足森林对环境条件的要求，另一方面要充分发挥森林的适应潜力，使之能最充分地利用环境条件，为人们提供丰富的林产品，同时发挥其保护和改造环境的有益作用。

森林的环境是一个综合概念，通常泛指森林所生存地点（包括地上和地下）周围空间一切因素的总和。对林木来说，彼此间也互为环境。环境是一个相对于生物有机体而存在的概念。根据研究对象的结构水平及其所涉及的空间范围，可相应的将环境分为以下几类。

（1）地球环境：地球表面由大气圈、水圈、岩石圈和土圈所构成，其中适合生物生存的范围称为生物圈，一般指地面上100米和地面下100米的范围内。地球环境就是指这个生物圈的环境。

（2）区域环境（地区环境）：是在地球表面不同区域，由于大气圈、水圈、岩石圈等各部分配合情况的差异，所形成的带区域性特点的环境。如：海洋、陆地、热带、温带、寒带等。

（3）生境：生态环境的简称，是指林木和森林群落生存的具体地段环境因子的总和。在林学上则理解为对林木或森林又作用的因子（生态因子）的总和，又称立地条件。

（4）内环境：是指树木体内的环境。如树木叶片内叶肉细胞活动的特殊内环境。

随着生产力的不断发展，人类的社会生活和生产活动对自然环境的影响越来越大，通常将人为干预和人为控制的环境称为人工环境，如人工经营的林地、草地等，也包括人为的环境污染、干扰和破坏。

狭义的人工环境主要是指人类采取行之有效的措施控制的环境，它产生对人类有益的效果，如现代的温室环境，可在不利季节（如干旱和寒冷）或干热地带培育出人们需要的蔬菜、水果和花卉等。

由于生长环境的影响，林下经济中所选择的作物一般具有耐阴性。耐阴性是指植物在弱光照条件下的生活能力，是植物为适应低光量子密度，维持自身系统平衡，保持生命活动正常进行而产生的一系列变化。它是由植物的遗传特性和植物对外部光环境变化的适应性两方面决定的，是一种复合性状，是植物的一项重要性状。耐阴植物之所以能在蔽阴条件下正常生长，是因为他们具有低的光补偿点和呼吸消耗，在弱光下具有高的量子羧化效率。这样可以使它们在较低的光照强度下，有较高的光合物质积累。

（二）森林环境因子的生态分析

环境总是多因子的有规律的综合，植物的生命过程也是在不断变化着的环境条件中进行的。在研究环境与植物的相互关系中，必须注意生态环境因子与森林植物相互作用的一些基本规律。

1. 生态因子综合作用及各因子的相对独立性

自然界没有孤立存在的生态因子，或者单一因子的生态环境。一棵树或一棵草生长在自然环境中，同时受环境中的气候、土壤、生物等各种因子的综合影响。另一方面，植物的生理活动所需要的因子，还必须在其他因子配合下方能正常发挥作用。环境中任何一个因子的变化会引起其他因子的变化，甚至导致整个环境的改变。生态因子常因与其他因子的配合不同而产生不同的生态效果。

环境因子对树木的作用和影响虽是综合的，但各因子又具有相对独立性，对树木具有独特的作用和影响。如，由于因子综合作用的结果，一般在强光下生长的阳性树种都具有耐旱的特性，但不是说凡是阳性树种都是耐旱的，有些阳性树种如水柳都是喜湿的，作物中的水稻也属于阳性湿生植物。这表明各个因子对植物具有独特的作用和影响。

2. 生活因子的同等重要性和因子间的调节补偿作用

作物高等植物必不可少的生活因子如二氧化碳、氧气、水、光、温度和各种矿物盐类，它们对高等植物来说是同等重要、不可替代和缺一不可的，即使是需要量很少的微量元素，同需要量多的大量元素一样重要，缺了它们，植物的生长发育就不正常了，甚至关系到该植物种的存亡。

由于环境因子的综合作用，自然界因子之间在一定的范围内是可以相互调节和补偿的。如生长在林下的一些耐阴植物，如果林内二氧化碳含量较高，在一定程度上可以补充林下光强的不足。必须注意的是，因子间的调节补偿作用是有一定限度的，这是因为当某个因子的量增加或减少到超过植物所能忍受的范围、超过因子间的调节补偿作用，势必会引起环境的剧烈改变，常对植物发生致命的影响。如林内的二氧化碳浓度过高、超过某种植物的忍受范围时，会引起植物中毒死亡。另一方面，这种局限性还表现在并非任何因子之间均有这种调节补偿作用。这就要求我们在生产实践中要善于利用因子间的这种调节补偿作用，以满足植物对各生态因子的需要。

3. 生态因子的多变性与树木需要的可变性

环境中的每个因子都是多变的，都随时间和空间而变化，构成生态环境的多样性和复杂性。因此，必须掌握生态因子的变化过程及其变化速度，注意所出现的极值和某一强度的持续时间，并了解植物对这种变化的反应。

树木赖以生存的环境的多变性和树木本身对生态因子的需要的可变性是一致的。分布在不同地区的树木对生态因子的需要不同，同一树种甚至同一棵树的不同器官或不同部位进行的不同生理活动和不同生长发育阶段需要的生态因子也不同。如分布在北方的多为长日照植物，南方的多为短日照植物。光是绿色植物的生态因子，但对大多数树种来讲，种子发芽却不需要光。氧气是呼吸作用不可缺少的，而过多的氧气却会限制光合作用的速率。

4. 生态因子对树木的限制作用

当某个因子的量增加或减少到超过植物所能忍受的范围时，即超过因子间的调节补偿作用，就会影响植物的生长发育，以至于死亡，这时该因子就称为限制因子。限制因子并非固定不变，它随着环境的变化以及树种、生理活动和生长发育阶段不同而异。对不同的限制因子，必须分别采用不同的措施才能消除其限制作用，改善树木的生长。如造林后的头两三年，妨碍幼林良好生长的限制因子是杂草的竞争，可通过除草来消除其限制作用；在幼林郁闭后，林木密度过大、营养面积过小，则成为影响幼林生长的限制因子，这时可以通过合理间伐减小限制因子的影响。因此，在采取经营措施时，必须根据具体条件，找出当时当地影响森林生长发育的限制因子，积极改善环境，以提高森林的生产力。

二、林下群落的结构与功能

森林是以乔木树种为主体的天然或人工的生物群落。同其他生物群落一样，森林群落内的植物之间、动物之间和动植物之间存在着复杂的相互关系和作用。如，林木或其他植物之间的相互关系包括生存空间中各个植物对光能、土壤水分和矿物质养料的利用和竞争，植物分泌物的彼此影响，以及植物之间的附生、寄生和共生关系等。而森林动物和微生物的存在对森林生长、发育、更新以及土壤肥力等都有明显的影响。

林下经济的结构是系统内的构成要素以及这些要素在空间和时间上的配置。一般可分为物种结构、空间结构、时间结构、营养结构4种结构。这4种结构的合理性与协调性是能否充分发挥不同种类生物组合种群的共生效能，优化林下经济模式、提高林下经济效益的关键，所以合理调控林下复合结构，是林下经济发展的核心问题。

（一）林下群落的种类和物种结构

森林群落的种类组成，主要是指森林群落内植物成分的种类组成，它包括一定数量的乔木树种和与其伴生的其他动植物种类。在天然群落中，植物种类组成不会是单一的，森林群落中除乔木外，尚有灌木、草本、藤本、苔藓、地衣以及其他动物等，这些林下动植物的种类和数量，不仅取决于地区的气候条件，还取决于林内的小气候和土壤条件。

在自然条件下，林下植物在一定程度上不但可以反映其小环境的特点，还能影响林木和幼苗幼树的生长发育，许多林下植物往往还是有价值的经济植物，有些种类的林下植物对森林土壤的影响也很大。所以，在研究森林群落组成时，除了了解上层乔木外，还必须了解林下动植物的种类组成。

物种的多样性是林下经济的重要特征之一。物种结构是指林下复合系统中生物物种的组成、数量及其彼此之间的关系。适合林下经济经营的主要物种一般包括乔木（经济林）、灌木、农作物、牧草、食用菌和禽畜等。理想的物种结构能对资源和环境最大利用和适应，可借助于系统内部物种的共生互补生产出最多的物质和多样的产品。对比单一的林业系统，可以在同等物质和能量输入的条件下，借助结构内部的协调能力达到增产的效果。确定物种结构需要掌握物种之间的竞争与互补关系，以达到不同物种间的最佳组合。

（二）林下群落的成层现象（垂直结构）

成层现象是森林群落中各种动植物彼此间充分利用营养空间而形成的一种现象。在群落形成过程中，不同的植物由于它们对环境的适应性不同，而各自占据不同的空间，它们的枝、叶、根等分别垂直配置在不同的高度和土壤深度，故又称群落的垂直结构。垂直空间结构是指林下复合系统各物种之间或同一物种不同个体在不同高度上的分布。垂直结构即复合系统的立体层次结构，它包括地上空间、地下空间结构。一般来说，垂直高度越大，空间容量越大，层次越多，资源利用效率则越高。但并不表示高度具有无限性，要受生物因子、环境因子和社会因子的限制。森林群落的这种成层现象，对植物有效的利用空间，最大限度地从环境中获取物质和能量具有重要意义，这也是发展林下经济所需要生态学基础之一。

森林群落的地上部分可分为以下几个层次。

（1）林木层：是由一些高大的乔木树种组成，处于森林群落的最上层，是林下动植物所依赖的环境，它对森林环境中的光照、温度、湿度、二氧化碳含量以及保水能力等都有很大的影响。如果上层林木被砍伐，导致林内环境条件突然改变，可使原来依附于它的下层动植物也随之大量消失或被另外一些种类所替代。

（2）下木：是森林群落中的灌木、小乔木和在当地条件下不能达到乔木层高度的乔木树种的总称。如常绿阔叶林中常见的绒楠、黄楠等。该层是发展林下种植的关键，充分利用该层的空间有利于发展林下经济。

（3）幼苗幼树：是指年龄小，尚未达到主林层高度的乔木树种的幼小个体。它是森林更新和发展的基础，对维持林下经济的发展有重要作用。

（4）活地植被：是指被覆在森林土壤上的苔藓、地衣、草本植物、小灌木和半灌木的总称，其对维护森林土壤有机质、土壤保水能力等方面有重要作用，是林下种植的基础。

（5）层外（间）植物：是一些生长在森林中没有固定层次的植物，如藤本、寄生等植物。它们本身并不能单独形成层次，而是依附于其他层次之中。这些植物对于发展林下旅游经济有重要作用。

森林群落的地下部分成层现象主要是指森林土壤里根系的成层分布，一般来说，乔木树种根系分布最深，灌木居次，草本植物的根系最浅。森林群落地下部分成层现象是营造混交林时必须考虑的一个重要问题。

（三）林下群落的层片结构

生活型是植物对外界综合环境条件的适应而在外貌上反映出的生活形态。不论植物在分类系统上的地位如何，只要他们对环境的适应方式和途径相同，都属于同一生活型，因此，虽在不同地区但具有同样环境条件的植物，其生活型有一定的一致性。根据植物的萌生器官（芽）防御冬季或旱季恶劣环境的能力，将植物划分为高位芽植物、地上芽植物、地面芽植物、隐芽植物、一年生植物5个生活型。根据不同植物的生活型，制定不同的林下经济作物的种植模式，有利于发展林下种植。

层片是一个群落中同一生活型个体的总体，即每一个层片都由同一生活型的植物所组成。由于生活型是根据植物的外部形态来划分的，因此群落的层片结构，尤其是主要层片，决定了森林群落的外貌。

（四）林下群落的水平结构

在任何森林群落内部，一方面由于环境中某个因素的差异（如小地形、土壤湿度、上层植物蔽荫程度等）导致群落内部存在着环境的异质性，另一方面，群落内各种植物本身对环境的适应能力及其生长、发育、繁殖和传播方式也有差异。这两方面因素相互作用就形成了群落的水平结构和镶嵌性。

水平空间结构是指林下复合系统各物种之间或同一物种不同个体的平面布局，种植型系统由株行距决定。一般由物种搭配的层次、株行距和密度决定。水平结构又可以分为周边种植型、巷式间作型、团状间作型等。其中，周边种植型是农田防护林网的主要结构模式，巷式间作是林（果）作的常见模式、团状间作类型类似于团状混交等。

（五）林下群落的时间结构

森林群落中主要层片因季节更替而发生的周期性的物候变化，使群落呈现出不同的外貌，称为森林群落的季相，是群落在时间上的成层现象。它是群落的外貌特征之一，也是群落适应环境条件的一种表现形式。

了解群落季相变化的规律，可作为经营管理森林的依据，如可用作优良树种选择以及采种和采伐更新等的依据，在草原和农业生产上也有重要的实践意义，对发展林下种植作物起指导作用。

时间结构是指林下复合系统中各物种的生长发育和生物量的积累和资源环境协调吻合的状况。由于任何状态（资源）因子都有年循环、季循环和日循环等时间节律，任何生物都有特定的生长发育周期，时间结构就是利用资源因子变化的节律性和生物生长发育的周期性关系，并使外部投入的物质和能量密切配合生物的生长发育，充分利用自然资源和社会资源，使得复合系统的物质生产持续、稳定、有序和高效地进行。根据系统中物种所共处的时间长短可分为短期间作型、长期间作型等形式。

短期复合型一般是以林为主的林下复合系统。在林木幼年期或未郁闭前，林下可种植作物，但林冠郁闭后，由于林下光照的减弱，则不能继续种植作物。

长期复合型是以农为主的林下复合系统，在物种配置时，充分考虑各物种的生物习性，一般采用疏林结构模式，充分发挥各物种的正作用，达到相互间"共生互补"的目的。

三、复合林下生态系统的循环、调控与生态平衡

林下经济的结构的核心是复合性，是系统内的构成要素以及这些要素在空间和时间上的配置。一般可分为物种结构、空间结构、时间结构、营养结构4种结构。这4种结构的合理性与协调性是能否充分发挥不同种类生物组合种群的共生效能，优化林下经济模式、提高林下经济效益的关键，所以合理调控林下复合结构，是林下经济发展的核心问题。

林下生态系统是指以森林生态系统为基础，由天然生成或人工改造而形成的一系列共同栖居着的所有生物（即生物群落）与其环境之间由于不断进行物质循环和能量流动过程而形成的统一整体。林下生态系统具有森林生态系统的一些主要特征，如物种繁

多、组成复杂、结构完整、类型多样、层次结构明显、稳定性高、能量转换和物质循环旺盛、生态效应强等。它是以林木为主体的多物种、多层次、营养结构极为复杂的系统。

　　林下经济的营养结构就是生物间通过营养关系连接起来的多种链状和网状结构。生态系统中的营养结构是物质循环和能量转化的基础，主要是指食物链和食物网。营养物质不断地被生产者吸收，在日光能的作用下，形成植物有机体，植物有机体又被草食动物所食，草食动物又被肉食动物所食，这些生产者和消费者死亡后又可以被真菌、细菌等分解者分解，这些环节形成有机的链锁关系。多种食物链相互交织、相互连接而形成食物网。林下复合系统可以通过建立合理的营养结构，减少营养的耗损，提高物质和能量转化率，从而提高系统的生产力和经济效益。

　　森林生态系统在全球环境中发挥着重要的作用：森林是养护生物最重要的基地；森林可大量吸收 CO_2；森林是重要的经济资源；森林是防风沙、保水土、抗御水旱、风灾方面有重要生态作用等。森林在生态系统服务方面所发挥的作用也是无法替代的。

　　森林生态系统具有很高的自调控能力，通过内部反馈机制的调节作用，能自行调节和维持系统的稳定结构、功能和生态平衡，保持着系统结构复杂、生物量大的属性。这表明，系统内部的能量、物质和物种的流动途径通畅，系统的生产潜力得到充分发挥，对外界的依赖程度很小，保持输入、存留和输出等各个生态过程。森林植物从环境中吸收其所需的营养物质，一部分保存在机体内进行新陈代谢好的，另一部分形成凋谢的枯枝落叶将其所积累的营养元素归还给环境。通过各种循环，森林生态系统内大部分营养元素得到收支平衡，使系统内群落结构协调，维持系统的生态平衡。

第八章 林下经济的生产与成本管理

林下经济的主要活动是在现有树林下发展种植业、养殖业，因此，与其他的农业活动一样，需要进行生产管理、成本管理以及质量管理。生产管理包括产前、产中、产后，产前需要做好搜集、分析相关信息，进行规划管理；产中管理则是生产要素结构优化，应对各种自然风险，确保最优的产出水平；产后管理是收获后的销售，这是获取利润的关键环节。成本管理是确保利润的重要环节，研究如何优化各项投入。产品质量包括产品品质和产品安全，前者是为了更好地适应消费者的需求，后者则是确保产品不会危害消费者的安全，这是最基本的要求，也是持续发展的基本保障。本章在完成概述之后，将从这三个方面来阐述林下生产活动的管理。

第一节 林下经济管理概述

林下经济既可以达到人工抚育促进林木正常生长的要求，又可以增加综合效益，真正达到地尽其力、一举数得的目的。发展林下经济，必须坚持生态优先，确保生态环境得到保护；坚持因地制宜，确保林下经济发展符合实际；坚持政策扶持，确保农民得到实惠；坚持机制创新，确保林地综合生产效益得到持续提高。发展林下经济，在保护生态环境的前提下，以市场为导向，科学合理利用森林资源，大力推进专业合作组织和市场流通体系建设，着力加强科技服务、政策扶持和监督管理，促进林下经济向集约化、规模化、标准化和产业化发展，为实现绿色增长，推动社会主义新农村建设作出更大贡献。林下经济管理重要因素包括发展规划制定、发展模式探索、科技投入管理、日常监督管理、基础设施管理和其他管理，如图8-1所示。

林下经济的管理应贯穿于生产的全过程，从前期规划，到发展模式选择，再到日常监督、科技投入、基础设施的管理。

一、发展规划管理

制定林下经济的发展规划，能够更好地促进林下经济发展与地区林地的基本情况、产品市场发展以及与当地加工、物流、销售系统结合起来，促进林下经济健康发展。首先由专家小组对区域的林下经济发展进行考察论证，提出科学有效的实施意见，而后行政部门根据实地状况，制定严格的运作制度，确保林下经济开发项目的科学操作。结合国家相关政策、专家意见、国家特色农产品区域布局，以及各地区林下经济的特点，制定林下经济专项规划，分区域确定林下经济发展重点产业的发展规划。制定林下经济发展规划，应将林下经济发展与森林资源培育、天然林保护、重点防护林体系建设、退耕

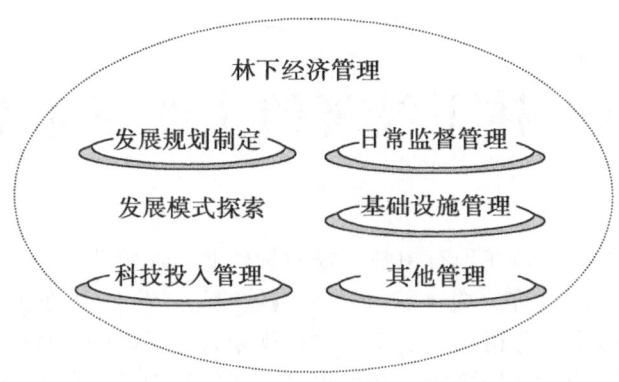

图 8-1　林下经济管理重要因素组成

还林、防沙治沙、野生动植物保护及自然保护区建设等生态建设工程紧密结合，根据各地自然条件和市场需求等情况，充分发挥农民主体作用，尊重农民意愿，突出当地特色，合理确定林下经济发展方向和模式。

二、发展模式管理

林下经济的生产是在特殊的生态环境里进行的，是充分利用现有的林下土地资源和林荫优势，从事林下养殖、种植等立体复合生产经营，从而使农林牧各业实现资源共享、优势互补、循环相生、协调发展的生态农业模式。选择合理的发展模式，对于调整农村产业结构，实现农民增收具有十分重要的意义。

根据各地发展林下经济的经验，目前主要的发展模式：林菌模式，充分利用林荫下空气湿度大、氧气充足、光照强度低、昼夜温差小的特点，在郁闭的林下种植双孢菇、鸡腿菇、平菇、香菇等食用菌；林禽模式，充分利用林下昆虫、小动物及杂草多的特点，在林下放养或圈养肉鸡、柴鸡、肉鸭等；林牧模式，在林下放养或圈养肉牛、奶牛、肉羊、肉兔；林药模式，在林间空地上间种较为耐阴的白芍、金银花等；林粮模式，农作物种植一般的绿豆、豌豆等小杂粮为主，随着生活水平的提高，对五小杂粮的需求不断增加，市场前景广阔，经济效益非常可观；林油模式，油料作物属浅根作物，具有固氮根瘤菌，不与林木争肥争水，且又覆盖地表，防止水土流失，提高土壤肥力，种植作物一般为花生、大豆为主；林蝉模式，在郁闭的树行间浅埋孵化好的蝉卵枝条，养殖金蝉；林菜模式，根据林间光照强弱及各种蔬菜的不同需光特性科学地选择种植种类、品种，发展蔬菜种植；林草模式，在郁闭度80%以下的林地，有选择地种植不同种类的优质牧草，如紫花苜蓿等。

林下经济系统非常复杂，不同地区、地形、树种、树龄结构、种植规格等都是影响林下经济发展模式选择的重要因素，不恰当的模式选择可能会导致失败；林下经济的产品市场具有一定的特殊性，不少产品的市场整合度不够，对不同人群的差异性大，如果模式选择不恰当，可能会导致丰收、不增收。因此，需要加强不同模式的关键技术研究，如适宜林下经济体系的作物筛选与引进；种植结构的优化配置技术；适宜林下养殖的动物筛选与引进；养殖结构的优化配置技术；林地环境容量及管理措施等。同时，加强市场需求的挖掘、跟踪、分析。

三、科技投入管理

鉴于林下经济的环境特殊性，在模式选择、种植（养殖）过程都需要技术的支持。在林业经济中加大科技扶持和投入力度，主要有科技研发和科技服务。科技研发方面，通过调查研究识别林下经济发展的共性技术、关键性技术，重点进行适宜林下经济发展的优势品种、良种选育、生产管理技术、病虫害防治、森林防火、林产品加工、贮藏保鲜等关键技术进行研发与转化。根据在林下经济的实际生产过程中遇到的难题，进行针对性的研发，加强农民、企业与科研院所合作，有效研发出解决林下经济发展中的困难和问题。科技服务方面，建立科技服务队伍，构建科技服务平台，为林下经济生产提供技术服务，同时加强人才培养，积极开展龙头企业负责人和农民培训工作。

林下经济生产要树立高度的科学分析理念，不盲从跟进，以实验基地的形式，总结收集可靠的资料，因地制宜，严格把握住林木、间作植物相互促生的方法。

四、日常监督管理

严格土地用途管制，依法执行林木采伐制度，严禁以发展林下经济为名擅自改变林地性质或乱砍乱伐、毁坏林木。要充分考虑当地生态承载能力，适量、适度、合理发展林下经济。依法加强森林资源资产评估、林地承包经营权和林木所有权流转管理。

对管理人员，要完善岗位责任制度，也就是定点、定人员包片（乡、镇）管理，按责任制度标准、计划、步骤稳步实施，抓好各环节的操作，尤其是较大的林下经济开发项目，要及时监督，及时与专家、学者和已形成规模的种植户沟通，实现"上一个项目，实现一个目标"的目的。在很好地保护林地的基础上，为农民创收增值。

总之，林下经济的开发，按照国务院的《关于加快林下经济发展的意见》要求，首先要确保林业生态的安全与稳定，即在保证林木正常生长的前提下，大力开展林下经济，这对于林户的创收，确实是一件既科学又实际的好事，但在实际的操作上，一定要谨慎、妥善，坚决要遏制住"事倍功半"的形式现象。

五、基础设施管理

发展林下经济的基础设施包括道路、水利、通信、电力等，国家已经将基础设施建设纳入重点发展的内容，将切实解决农民发展林下经济基础设施薄弱的难题。加强对基础设施的管理，是林下经济健康、快速发展的强力保障。

第二节　林下经济的生产管理

林下经济的生产过程管理是非常关键的环节，不仅涉及成本控制、产出量，还会影响产出产品的质量。不同发展模式需要不同的生产管理模式，生产管理包括生产组织、生产计划工作、生产控制工作。目前，在林下经济生产管理方面，我们的思想观念还比较落后,需要不断地更新,积极探索实践,在加强对林下资源保护的同时,积极引进、开发新技术,使林下资源得到科学、有效的开发利用,形成新兴的产业。

一、经营对象选择

采取林草立体种植模式,达到地上光能高效利用,地下土壤养分充分吸收的目的,幼林期种植牧草,既可以避免土地浪费,防止水土流失,又可以收获牧草。在林地、果园行间种草养鸡,可以给鸡提供源源不断的饲草饲料。鸡粪又为树木提供有机肥,减少虫害,一举两得,省工省料,对鸡和树木的生长都有利,养出来的鸡肉质更好。牧草以多年生为好,避免每年播种,同时要求分枝分蘖多,再生性强,适应性强,适口性好。适用草种有豆科的白三叶、苜蓿,禾本科的鸭茅、无芒雀麦、黑麦草、早熟禾等。

在林地间作食用菌,是根据食用菌需散射光和阴凉多湿环境的生理特性,而林木生产的大株行距不仅能为食用菌栽培提供生长空间,林木的树阴又能为食用菌提供阴凉潮湿的栽培环境。因此,林菌结合,能更有效、更充分地提高光能和土地资源的利用率。同时,林地间作食用菌,可以减少林地杂草,而食用菌的栽培废料经处理后可作为林地肥料,增加林地肥力,实现生态的良性循环。另外,还可以种植药材,至于大蒜和油菜不宜在成林中种植,成林中透光条件不是很好,会影响其生长,在刚栽的幼林中可种植。

二、发展模式管理

"林—农"型实际上是传统的林下间种,合理间作豆类、油菜、麦子、棉花等。如杨树林下套种小麦、油菜、黄豆、花生等,在幼林生长的前两年套种作物产量不受影响,3~4年产量稍有下降。至林内光照不足时,秋季间种一季油菜或种耐阴的牧草用于养鸡、鹅等,有条件的地方也可根据市场需求和加工能力,套种草莓、生姜及其他耐阴经济作物。

"林—经"型是目前推广面积最大的一种类型,利用林间培育瓜果蔬菜、苗木花卉、中药材、生姜、草莓、食用菌等,还可以采用轮作式的合理套复种,融入传统农业栽培的一些品种,构成多种多样的间作方式。几种实用、高效的"林—经"型模式:①林间套种反季节蔬菜,造林株行距一般为4米×10米或5米×10米,每个树行间,套种一个蔬菜大棚,每个大棚占地约0.4亩,每亩林地可建2个大棚,种植一季秋延后和春提早蔬菜,再种一季小香瓜等。②林套食用菌,在杨树林(4米×8米)下大棚(8米×30米)培育平菇,由于平菇生长发育只需散射光,忌直射光,林内庇荫、湿润、凉爽的生态环境很适于培育平菇。同时,林下育菇,有益于高效利用残余基料,促进林木生长。③林套中药材。林药间作中,林木可为药材提供庇荫条件,减少夏季烈日高温导致的伤害,对贝母、白术等偏阴性植物,可为其提供阴湿的适宜生长环境。适宜林间套种的中药材品种很多,主要有金钱草、白术、丹参、何首乌、大黄、菊花等。杨树林下间作芍药、天麻、白术、贝母、板蓝根、山药、金银花等药材,江苏省射阳县林场在杨树林(4米×8米)下套种药材菊花,每亩可获利800元。林下间作药材大多采用集约化的精耕细作,有利于改良土壤理化性状,增加肥力,促进林木速生。合理的林药复合经营，也能使林下套种的药材保持较高的产量。

"林—牧"型是利用林下空间种草养畜放牧。常见的林-牧草-鹅（牛、羊、兔、猪）模式，林下套种多花黑麦草、紫花苜蓿等耐阴性牧草，选择合适的放养品种，可获取较高的经济效益。如意杨林（5米×8米）间作5年，每年每亩可养鹅50只，收入远远大于种粮收入。

"林—渔"型多见于水网地区，利用低洼滩地开沟抬田，建成30~50亩的微型林网，利用周边水沟以及水稻田搞养殖，前茬为小麦，后茬为水稻或浅水藕，农田种植利用率为77%，养殖利用率为93%，亩均植树5~8株，亩均农田粮食和水产纯收入800元左右。

三、生产过程管理

在确定经营对象和发展模式之后，家庭、企业、政府在以下几个方面加强林下经济的生产管理：

（1）制定林产品采集计划。要对林下产品实现统一的调查，统一管理，做到有组织、有秩序、有机会的开采。通过统一管理，达到对林下资源的有效利用。

（2）选择优良种苗、优质肥料（饲料）。种苗是生产的关键环节，一定要选择优良品种，政府可以加大良种的推广力度；规范生产要素市场管理，确保肥料、农药、饲料的质量。

（3）合理安排季节性采收。林下资源的产品种类很多，包括浆果类、菌类和中草药等，并没有得到充分的开采和利用。积极掌握市场信息，开发新产品，按照市场需求和客户需要，有目标地组织精细加工生产，逐步形成产供销一体化和产业化。

（4）努力打造独特品牌。品牌是产品的规模化、产业化的必然结果，也是产品和产业得到发展的支撑。要通过精细加工、产销一体化的规范管理、规模化生产和统一规范的质量管理体系，努力打造自己的品牌，形成产品的竞争实力。

（5）积极培育种植基地。随着林下资源的产品开发和产业化生产，势必导致野生产品产量不足而影响规模化生产，因此，还要有计划地开展人工培育，发展种植业，培养特色产品和生产基地，从而在更加有效地保护林下资源的同时，保证特色产业得到稳定、顺利发展。

（6）加大资金投入，促进林下资源开发。森林是大自然的产物，向大自然的索取是简单地、无止境的。多年以来，我们始终在延续着单一的营林和木材生产模式，缺少不断创新的动力和科技投入，这些都是制约我们林业经济发展的瓶颈。加大科技投入、加强林下资源的合理开发利用，努力创造新的经济增长点，是林区推动科学发展的迫切任务。

第三节 林下经济的成本管理

林下经济基本成本主要包括整地、肥料/材料、人工、种苗、农药、饲料等，另外，还包括产品宣传、品牌创建、产品检测、信息平台构建与数据维护等，如图8-2所示。

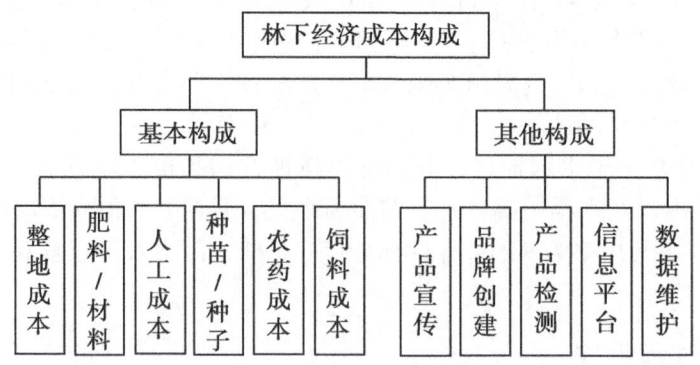

图8-2 林下经济成本构成

湖南科技学院和湖南大自然茶油有限公司共同研发的《发展油茶林下经济、提高种植效益》，新建油茶林下经济成本效益分析如表8-1所示。可见不同发展模式的成本收益具有较大的差异，种植金银花的成本、收益均远高于其他套种模式，这意味着种植金银花的风险比较高，而成本利润率最高的是林蜂结合模式。

表8-1 油茶林下不同模式下的成本收益比较　　　　　　　　单位：元/亩

项目 \ 名称	新种油茶	套种西瓜	套种白术	套种金银花	套种蔬菜	林禽结合（100只土鸡）	林蜂结合
整地	300	300	300	300	300	300	—
肥料/材料	800	200	200	300	400	—	50
人工	500	400	400	1 100	300	—	50
种苗	200	300	1 100	1 100	300	200	—
农药	150	130	100	100	—	—	—
饲料	—	—	—	—	—	2 500	—
成本合计	1 950	1 330	2 100	2 900	1 300	3 000	100
收益	2 950	2 330	5 000	8 000	5 000	4 500	400
利润	1 000	1 000	2 900	5 100	3 700	1 500	300
成本利润率（%）	51.28	75.19	138.10	175.86	284.62	50.00	300.00

数据来源：湖南科技学院和湖南大自然茶油有限公司共同研发的《发展油茶林下经济、提高种植效益》，其中成本利润率由编者计算得到，成本利润率＝利润/成本合计

表8-2显示了各地区中规模养殖肉鸡的成本收益情况，从地区分布来看，云南和宁夏回族自治区（以下简称宁夏）每百只鸡的产值大幅度高于广东，主要原因在于其产量高。比较表8-1和表8-2可以发现，林禽结合的养殖模式要优于中规模肉鸡养殖，林禽结合的成本利润率50%，远高于中规模肉鸡养殖地区平均的11.46%。

表 8-2　2009 年各地区中规模肉鸡成本收益情况　　　　　　单位：元

项　目	平均	北京	吉林	浙江	湖南	广东	海南	云南	宁夏
每百只									
主产品产量（千克）	231.69	266.50	304.09	278.33	188.33	169.13	131.43	241.20	274.53
产值合计	2 267.07	2 780.05	2 385.97	2 144.38	2 489.00	1 347.25	1 805.93	2 688.89	2 495.07
主产品产值	2 237.26	2 746.80	2 354.18	2 144.38	2 458.33	1 303.10	1 764.64	2 653.53	2 473.11
副产品产值	34.07	33.25	31.79		30.67	44.15	41.29	35.36	21.96
总成本	2 033.96	2 760.69	2 165.29	2 061.81	1 807.39	1 372.40	1 497.70	2 324.17	2 282.21
生产成本	2 014.32	2 633.25	2 153.66	2 056.67	1 807.39	1 370.29	1 497.70	2 316.65	2 278.93
物质与服务费用	1 897.29	2 474.44	1 965.23	1 972.15	1 692.49	1 321.76	1 356.79	2 259.83	2 135.64
人工成本	117.03	158.81	188.43	84.52	114.90	48.53	140.91	56.82	143.29
家庭用工折价	96.81	151.16	156.76	75.22	42.48		140.91	32.93	78.24
雇工费用	36.93	7.65	31.67	9.30	72.42	48.53		23.89	65.05
土地成本	26.19	127.44	11.63	5.14		2.11		7.52	3.28
净利润	233.11	19.36	220.68	82.57	681.61	-25.15	308.23	364.72	212.86
成本利润率（%）	11.46	0.70	10.19	4.00	37.71	-1.83	20.58	15.69	9.33

数据来源：全国农产品成本收益资料汇编 2010 年

第四节　林下经济的质量管理

质量管理包含产品品质和安全两个方面，前者强调提高林下经济产品的消费者满意度，例如通过放养肉鸡，增强其品质；后者则是强调所生产的产品不能给消费者带来健康隐患。发展林下经济是一项复杂的系统工程，目前，林下种养殖品种选择、种植方式、养殖规模、技术手段和林副产品的综合利用等均处于探索阶段，产品品质的提高依赖于相关研究的推进，包括品种改良、营养管理措施改进、病虫害防治措施改进、加工工艺优化等；产品安全则是要加强生产过程的标准化管理，不使用过量的农药或劣质肥料，逐步开展林下经济产品的安全风险评估，建议产品质量安全追溯体系。同时，要加强现有林业系统和立地环境对产品品质和安全的影响，如西南山地，由于区域环境、发展水平、经济条件等差异，在发展模式、产业链发展、生态影响等方面没有统一的标准，在大规模推广林下经济之前，必须对发展林下经济的关键技术进行研究。

为了加强林下经济产品的管理，应做好以下几个方面的工作：一是加强林下经济发展工作的组织协调，政府加强规划管理，组织开展前期研究，为农户、企业提供可选择的发展模式，同时加强协调林地和生产过程中遇到的情况和问题，及时为农户解决问题；二是加强林下经济的研究和科技服务，组织多方面的研究力量，对可能的发展模式进行评估，并进行改进，结合农业科技服务队伍建设，联合林业、畜牧兽医技术人员，深入田间地头，为林下经济生产提供技术服务；三是加强对农民的技术培训，让农民掌握更多技术，一方面规范的林下种植、养殖技术能提高产品品质，另一方面能够降低出现食品安全事故的风险；四是重视示范带动，为推动林下经济的快速健康发展，应建立一批林下经济发展的示范区，供广大种植户参观学习；加强农户、企业的组织化程度，如发展合作经济组织，把千家万户的林下种植和养殖组织起来，联合闯市场，形成规模优势和产品竞争优势，确保林下经济的质量。

第九章 林下经济与环境资源管理

第一节 林下资源概述

　　林下资源是森林生态系统的一个重要组成部分，占据着生态链的重要一环。林下资源具有较高的经济价值，如药用、食用、纤维、染料、香料、油料、鞣料、淀粉、蜜源、经济昆虫寄主、牧草和观赏等多种用途。林下资源不仅与人类生活息息相关，而且在人类经济发展的进程中也起着十分重要的作用。种植的种类、数量及开发利用度直接影响着林区林农的收入，从而影响着整个林区经济的发展进程。

　　什么是林下资源？顾名思义，林下资源可理解为分布于森林乔木层以下的森林资源，是除去乔木以外的森林资源的其他部分，应包括林地、林木及其空间范围内生长着的一切动物、植物、微生物和其生存发挥作用的自然环境因素的总称。广义的林下资源，包含了生存与林下的动物、灌木、草本植物、藤本植物、微生物及林地等内容。因而，林下资源开发研究的对象不应是森林资源中除林木资源以外的其他的所有内容，而应只包括目前已发现的可在人类的生产、生活直接被利用的部分，即分布于乔木层以下的资源植物、资源动物和大型经济真菌。

　　林下资源具有多种功能和效益，如涵养水源、保持水土、调节气候、减少水旱风沙等自然灾害、净化空气、防治污染、庇护野生动物等。林下资源管理是指为实现国家经济、社会可持续发展的战略目标，对林下资源的开发、利用、治理与保护等进行计划、组织、指挥、协调和监督等活动的总称。

第二节 林下资源的利用和管理

　　我国有丰富的林地资源，林下经济具有巨大的发展空间。林地资源开发利用是发展循环经济、调整茶叶结构、节约林地资源、建设环境友好产业的重要举措。充分利用森林资源和林地资源发展林下经济，建立以林为主，林下种植、林下养殖、采集加工，以及森林景观利用等相结合的复合经营林业，可为社会提供丰富的多种可再生资源和产品，改变林业单一木材经营格局，延伸林业产业链，实现近期得利，长期得林，以短养长，加快农村林业经济结构调整，促进林业可持续发展。

一、林下资源可开发利用的主要种类

林下资源可开发利用的主要种类可分为如下几类：

（一）野生经济植物资源

野生经济植物资源是指森林中除目的用材料种以外可利用植物的总和。即它们的某一部分含有某一类或几类特殊的成分，直接或经加工提炼后制成人们生产或生活中有用的物质；或由于它们株型美观、花色艳丽，具有观赏价值和美化环境的意义。林下蕴藏着丰富的经济植物资源，可供开发的绿色食品种类很多，包含果品类、森林蔬菜类、饮料类、食用油类、色素类、花粉类、淀粉类等。

主要有药用植物资源、食用植物资源、蜜源植物资源、纤维植物资源、芳香植物资源、油料植物资源、鞣料植物资源、树脂树胶类植物资源、色素类植物资源等。

随着人们对绿色纯天然食品的需求日益增长，应该对林区山野菜、食用菌、松仁等实用价值高的绿色食品加工业加大扶持力度，努力提高产品的产量和质量，开发系列产品精加工，延长产品销售时间，扩大产品销售范围。制造各种高档的果酒、果酱、饮料、罐头食品、保鲜野果、保鲜野菜、保健食品以及中药材等，逐步退出具有林区特色品牌的产品。

根据当前国内外对纯天然植物药材的青睐，需求量大增的形式，有计划地大力开展药用植物的开发，以天然为主体，人工促进培育，有条件的地区可建立中草药原料基地，做大中药材产业，可以结合实际条件进行工业原料的生产和深加工。野生经济植物如果产量不足，可以通过种植业弥补，达到规模生产，满足市场需求。

（二）野生经济动物资源

野生经济动物资源是指除人工饲养的家禽、家畜外的一切对人类有用的野生动物。野生动物一般泛指陆栖脊椎动物的兽类、鸟类和两栖爬行类（广义的还包括鱼类、昆虫和无脊椎动物）。有些野生经济动物经济价值十分显著，肉、乳、毛皮等和人类的衣食住行密切相关，一些兽类的角、牙、蹄、内脏、毛皮等均可作工业原料，鸟类可作肥料，有些可以为人类提供药物。开发林下野生经济动物资源，一方面可以直接利用林下昆虫开发森林昆虫产品，有的昆虫含有高价值的营养成分，既是食品又是滋补和保健良药，可以食用。有的昆虫在医药上的进展很快，可以开发出畅销海内外的药物。将森林昆虫的合理开发利用与森林害虫的防治有机地结合起来，不仅能使植物的害虫共同成为人类可利用的资源，而且能够杜绝农药。另外，也可根据林区面积广，林下野生昆虫、微生物多的优势，发展林下养殖业，依法驯化繁殖野生动物，发展林区家禽家畜、野生禽兽的养殖，打造林下养殖产品品牌，争取进行绿色食品、有机食品认证，为社会提供绿色肉类及其深加工制品。

（三）森林旅游资源

利用森林旅游资源，因地制宜发展旅游业。森林旅游资源主要指利用林下的生物景观，其中包括：珍稀植物、奇花异草、珍禽异兽等，它往往是与其他自然资源、人文资源和社会资源相互融合在一起，如原始森林、火山遗址、人类历史遗迹、民俗风情等自然和人文景观，使人们在观赏自然风光景色、聆听鸟声、开展娱乐活动、享用林产品等行为的同时,还达到修身养性、放松身体机能、旅游休闲目的。回归自然是当今人们的一种生态需求,根据林下资源的种类特点,所处周边环境,结合当地风土人情,人文地理等因素,合理开展森林生态旅游业,展示出森林生态景观优美、自然景观奇特、野生动物资源富集、生物多样性丰富的特点。也可以探索野生植物园、野生动物园、人工狩猎场等项目建设,进一步完善旅游功能,提升旅游开发水平。森林旅游业应统一规划、合理布局,避免重复建设与项目单调,做到旅游景点、旅游线路、旅游空间的"点、线、面"互相协调统一。

(四)林下养殖资源

利用林下大面积的空间间隙,用围栏发展禽畜养殖,既节省饲料成本,又为林地除害去杂,提供粪便营养,提高果园、林地单位面积的收入,解决农村部分剩余劳动力的就业问题,实现林牧和谐发展。

二、林下资源的管理

林下资源的管理是指为实现国家经济、社会可持续发展的战略目标,对林下资源的开发、利用、治理与保护等进行计划、组织、指挥、协调和监督等活动的总称。以下将从林下植物资源管理、林下动物资源管理、林下旅游资源管理、林下种养殖资源管理、林木资源管理、水资源管理六个方面展开叙述。

(一)林下植物资源管理

随着林下经济的不断发展,人们对林下植物资源的需求量也越来越大,对林下植物资源的过度集中采掘,使得供需之间矛盾越来越突出。因此,合理地开发利用和保护现有植物资源,是林下植物资源管理的两个基本方面。具体的植物资源管理工作应包括以下基本内容:

1. 组织开展林下植物资源调查

为了有效管理和合理开发利用某一地区的植物资源,首先应在该地区范围内,进行一次全面的森林植物资源调查,包括主要品种的蕴藏量、生物量、开发利用价值、是否濒于枯竭,能否人工栽培或人工栽培后能不能代替天然品种的有哪些品种。摸清资源家底情况,为保护和开发利用提供资料和依据。

2. 建立林下植物基因库和信息库

随着人类活动的加剧,使生态环境不断受到干扰和破坏,植物种类在逐渐减少和灭绝。为保存野生植物的基因资源,应有计划、有布局地建立基因库,还应将基因库与菌种库以及标本库的建立统筹考虑,以集中处理和保存野生植物基因、标本和菌种,并将建立植物资源及其各项研究的信息库,以便于调用和信息交流。

3. 建立林下植物资源保护工作机制

在林下植物资源管理工作中,为了保持植物资源的基本生态过程和生命保障系统、保持林下植物资源遗传多样性、保证物种和生态系统的持续发展,必须加强和完善林下植物资源的保护管理机制,依据国家制定有关法律和政策,加强保护管理队伍和自然保护区建设,开展保护野生植物行政执法,切实保护管理好我国野生植物资源和它们赖以生存生长的环境,以防止野生植物资源,特别是国家和地方重点保护野生植物资源造成严重的破坏。

4. 加强林下植物的研究

生物科学的研究领域是当代科学研究的重要前沿阵地之一，切实组织林下植物资源的综合考察和课题研究，以掌握国民经济发展对森林植物资源需求量的预测及资源保证程度、林下植物资源的保护和增值的方法与技术、如何发挥林下植物资源的多层次利用和综合效益、人类活动对林下植物环境的影响等。

（二）林下动物资源管理

国家对野生动物实行加强资源保护、积极驯养繁殖、合理开发利用的方针，驯养繁殖是保护和发展野生动物资源的一项重要措施。人工饲养和繁殖林下动物，通过家养获取林下动物产品，是林下动物资源合理开发利用的内容之一，而且也越来越引起人们的重视。我国近年来野生动物饲养业发展很快，饲养品种包括鹿类、毛皮兽及鸟类等数十种。在一些地方，野生动物饲养业已发展成为重要的家庭产业，这是振兴林区和农林经济的一条致富之路。

驯养和繁殖林下野生动物由于其特有的特点，适应人工环境的能力也有差异，还有一些野生动物，在人工饲养条件下很难成活或很难繁殖，还有些单位或个人，借养殖之名从事非法收购、贩卖野生动物活动，这些都会对野生动物资源造成极大的破坏。目前，我国驯养繁殖国家重点保护野生动物的原因之一就是以生产经营为目的从事驯养繁殖，如养熊、养鹿、养猕猴等，这类驯养是通过人工驯养繁殖，以达某种预期的目的产品，以盈利为目的，他们除接受野生动物行政主管部门的管理外，同时还需接受工商行政主管部门的管理。

（三）林下旅游资源管理

由于我国旅游资源数量大、层次多、质量良莠不齐，单一的模式难以适应各种旅游资源开发保护的要求，因此，应对林下旅游资源进行分级管理，不同级别采取不同的管理模式。根据林下旅游资源的级别，目前应采取以下三种管理模式：

1. 直接管理模式

该模式是指旅游景区管理机构作为政府的派出机构代表中央对其直接控制的旅游资源进行直接管理，适合于对国家级重点林下旅游资源的管理。采用景区门票收入、特许经营收入等一律上缴财政专项账户，对管理人员以及资源管护人员定编定额，工资由政府拨款，日常管理支出纳入政府年度预算，旅游设施、森林培育、防火、病虫害防治以及环境保护等建设项目单独申请，专项拨款。由于保护和开发所需的资源来源于一般财政预算，而不是营业收入，充分体现其社会公益性质，有利于协调开发与资源、环境保护的矛盾。

2. 授权管理模式

该模式是指政府旅游资源管理权授权给景区管理机构，经营权授权给国有旅游（集团）公司。管理权和经营权分离的管理模式，适合于除直接管理方式以外的国家级森林旅游资源的管理。森林公园、自然保护区和风景名胜管理机构只管理不经营，经费主要靠政府拨款；管理机构负责总体规划组织实施和详细规划的制定，门票价格的拟定、收管、景区内旅游开发进行监督管理和协调工作。旅游（集团）公司拥有景区经营资产，独家经营景区如饭店、交通、索道等经营性项目以及景区宣传和品牌打造等工作。

3. 委托管理模式

该模式是指对地方性林下旅游资源或部分国家级森林旅游资源，适当放宽政策，所有者将旅游资源全部或部分通过契约规定，在一定条件下和一定时期内让渡给受托方，从而实现旅游资源经营权的有条件转移，受托方是旅游资源经营的主体，在产权主体的授权范围内自主经营，并承担旅游资源维护改造的任务。资源主管部门或旅游主管部门负责监督管理，在政府同意规划下，向旅游景区内隶属单位的旅游经营者收取资源管理费，包括索道、宾馆、饭店、餐饮、运营车辆、经营零售点以及文化娱乐项目等，收取的资源管理费专用于旅游资源的保护和维护，保证森林培育及资源保护有固定的资金来源渠道，以有利于林下资源的扩大与保护。

(四) 林下种植、养殖资源管理

1. 林下种植

林下种植虽然有极大的发展空间，但毕竟与大田种植、常规种植有很大的差异。林下养殖作为一种生态的、可持续的、环保健康的生产模式，要提高林下种植的效益，其资源管理应注意以下几个方面。

(1) 选定林下种植品种必须适应当地的土壤、气候条件，适宜在林地生长。由于林地大都土层薄、肥力差、易干旱、易荒草，因此在种植种类选择上，总体应选择耐瘠薄、耐干旱、耐荒草的粗生易长品种，如林药模式中的柴胡、金银花等。除此之外，林下种植的目的是利用林下空旷闲地资源，实现农民增收，进而更好地保护林地，不可"舍本求末"或"本末倒置"。因此，在考虑品种时，首先应选择以收获茎、叶、花、果等地上部分为主，一年种植可多年受益的，还可选择种植需多年后才能收获或种后不必连年翻耕，地面绿色植被保持时间长的品种。

(2) 因地制宜。须考虑海拔、向山、土壤、湿度、树龄大小、树木种类等因素，如高山阳坡地可种耐寒喜阳的白芍、柴胡；低山阴湿的阴坡地可种耐湿的鱼腥草、绞股蓝等。树龄小的，可种植对光照条件要求较高的丹参等阳生植物；树龄较大的，则必须种植对光照条件要求不高的黄连、黄精等阴生植物。

2. 林下养殖

在发展的过程中，其资源管理应注意以下几个方面。

(1) 要坚持林养结合、适度规模、循环发展、提高效益的原则，养殖密度宜稀不宜密。

(2) 林下养殖不能等同于粗放散养。幼龄畜禽要先舍饲，然后再林下养殖，并注重补饲。更应加强对养殖户的技术培训和指导，切忌盲目发展。

(3) 为防止疾病的发生和传播，饲养场地使用 3~4 年后，要更换迁移到新的场地。一片林地几家同时进行养殖时，其相互距离至少 200 米以上。一批禽畜处理后和使用旧场地前，均应对场地进行一次全面的消毒处理，能移动的物品要移动林外消毒、暴晒处理。

(4) 夏季多雨，林下阴湿时间长，易引起畜禽寄生虫病，此时又是养殖的好季节，

（5）林下养殖所产生的粪便，除供树木利用外，多余的可通过发展沼气、堆积腐熟致肥等多种方式进行处理，防止污染和蚊蝇滋生。

（6）林下养殖在野外，易受猫、狗和其他兽类侵袭，所以要加强管理力度，同时也要提防人为偷窃、破坏行为。

（五）林木资源管理

林木资源管理是能实现对林木资源的宏观控制，促进资源增加。对林木资源管理，概括地说就是要：提高认识、完善制度、坚实基础、依法监督、科学求实、注重调控，以期达到切实保护林木资源、合理利用资源、维护生态平衡、促进资源增长。具体有以下几个方面。

（1）提高对林木资源管理重要地位的认识。发展林木资源、维护生态平衡、搞好环境建设、再造秀美山川，已成为我国实现经济社会可持续发展的关键因素之一。加强对林木资源管理的领导，进一步健全林木资源保护管理体系，综合运用行政、经济和法律手段，实现对林木资源的有效保护、合理利用和快速增长，是对全社会，尤其是林业部门最基本的认识要求。

（2）强化林地利用监督管理。林地作为林木资源的最基本、最主要的因子，是各种林下动物、植物和微生物得以生长繁衍的基础；以往人们对林地的认识，从概念到实际管理都被忽略，长期成为林木资源管理中阻碍因素之一。近年来，国家加强了对林地利用和相关法规政策制定，加大了管理的力度。各地也要制定、完善林地管理地方性法规和征用、占用林地补偿管理和植被恢复的力度。严格履行审核、审批手续，严禁乱批滥占林地。认真执行林地有偿使用、依法收取林地、林木补偿费，植被恢复费的政策规定，加大执法力度，切实保护和管理好林地。

（六）水资源管理

森林或林木与水有密切的关系，所以，在水资源管理过程中，要充分认识这种关系，将森林资源纳入水资源管理体系中，进行综合考虑。为此，在林下资源管理过程，注重对水资源管理是十分必要的。

在水资源管理过程中，应全面评估林下资源对水资源的影响，进行综合评估。例如，在泥沙严重地区，进行水土保持是非常必要的，可以减少径流泥沙，有利于改善水质。在干旱地区，森林或林木可能是一个抽水机，汲取地下水，引起地下水位下降，在这样的地区，发展林下经济更要慎重。

第三节　林下环境的保护和管理

林下资源，如果缺乏统一管理，资源环境遭受破坏，最终会影响经济效益。

一、林下经济产生的环境问题

同普通生态系统一样，林下经济由生物和环境构成，环境决定生物的种类结构和生存条件，而生物也会反过来影响环境，同时生物与生物之间存在复杂的相互作用。在人为干预下，利用生物间的有利作用，配置林木有利于改善自然环境条件，为作物生长创造良好的小气候。发展林下经济的目的在于持续稳定的生产力和保护生态环境，这也符合当前提倡的持续发展的环境保护策略。

林下经济对环境质量有一定的调控作用，林下经济系统大气中的 CO_2 浓度平均比单一的农业系统低，且对 N_2O 也具有一定的吸收作用。林下是畜禽生长的"天然空调"，空气流通顺畅，有利于气体交换；夏天林下的温度比外界普通的自然环境低 5~8℃，在凉爽的环境下，畜禽采食量不受影响，有利于提高生长速度，节约生产成本，提高饲养效益；充分利用林下闲置的空间发展养殖业，既解决了养殖用地问题，又节约了土地；林下养殖可实现林牧长短结合，优势互补；林木为畜禽的生长提供了良好的生态环境，林木光合作用释放氧气聚集在林下形成林下动物的"天然氧吧"；动物排泄物产生的氨气、二氧化碳等又作为林木的叶肥及光合作用原料促进其生长，两者结合，相互促进，可以实现良性循环；发展林下养殖，把庭院养殖转到院外林下，畜禽的粪便和气体不再污染村庄庭院，保持了村容整洁，同时还阻断了口蹄疫、禽流感等重大动物疫病对村民健康的威胁，为公共卫生建起一道有效的防护屏障。

但是，如果盲目发展发展林下经济则会对森林资源、林地生态环境造成不良影响。

林下种植、养殖对生态环境的影响如下：林下种植在坡度较大区域会加大水土流失，种植过程中使用化肥与农药会造成污染，种植过程中需要对林地进行清理，造成树木幼苗受损，种植活动对林地土壤的扰动可能促进碳排放和理化性质改变；在林下放牧和养殖，畜禽的啃食和践踏能够导致林下植被特别是幼树的机械损伤，可直接导致林地表层土壤结构和土壤含水量等方面的变化，对土壤种子库选择性采食和践踏会影响植物的生长和繁殖。

二、林下环境保护和管理

林下经济是一种环境友好型林业产业，它是以林业生态作为环境基础，两者互为依托共生共荣。从某种意义上说，林下经济与其他经济相比，具有更加直接、更加重大的保护生态环境的义务和责任。因此，我们要坚持在自然生态的要求下发展林下经济，以发展林下经济来护育生态、发展生态，不要出现"兴一个产业，坏一方生态"。

（1）设立林下经济发展模式环境容量研究专项。组织各方面力量开展联合科技攻关，确定不同林下经济发展模式的环境容量。科技部有必要组织林业、农业、畜禽和环保等方面的专家开展联合攻关，确定不同林下经济发展模式的环境容量，如林下各种种植模式的环境影响，林下养殖小型家禽（如鸡、鹅等）对林木生长、林下植被以及林内昆虫的影响；林下放牧和养殖畜禽对植被凋落物的影响；林下放牧和养殖畜禽对林地的土壤结构、土壤肥力和土壤生物化学性质等方面的影响。

（2）注意林下经济物种的共生性，坚持生态优先的原则。根据各地自然生态的特点，选择有利于当地生态协调发展的物种来作为林下经济的品种。杜绝外来入侵物种对当地生态环境的破坏和影响。在林下经济的经营发展过程中，要死守保护生态这根红线，例如，在建设禽棚畜栏办公楼、排灌防护蓄水池等基础设施上，要科学规划，尽量利用荒山秃岭，林中竹下，搞小房分散建设，不要损坏生态。在防护畜禽安全时，要防止设电网，搞捕猎射杀，保护好野生动物。在采集野菜等野生植物用于发展林下事物经济时，要"留一手"，注意防止"斩草除根"，做到"一岁一枯荣"，"春风吹又生"。

（3）要保护好森林或林木资源。林下经济是林业经济的"扩宽拉长"，是森林资源的开发与利用。因此，发展林下经济，不能以牺牲森林资源为代价。一是要保护好林地。不能把林下经济作为山地开发和种养基地来发展。在发展林下经济中，存在着少数打着林下经济的幌子，实际在圈用林地的行为。要么毁林开荒，转变了林地的性质；要么建设过量的养殖房舍和办公大楼，占用过多的林地；要么从林下养殖下手，慢慢耗费现有林木，逐步实现工厂化养殖，严重的还进行房地产开发。一旦出现类似情况，要及时清理整顿，不能姑息迁就。二是要保护好林木资源。在发展林下经济时，常常会出现一些急功近利、顾此失彼有害林木生长和破坏林木资源的行为。如在经营"林菌"模式时种植花、菇，要用杂木接种，必然要耗费天然阔叶林。如果经营"林禽""林畜"模式时，不采取生态环保式喂养，而是搞工厂式喂养，就会产生污水废水，污染林地，破坏林木生长，变"以短养长"为"由长变短"。此外，还应要注意野外用火，防止森林火灾。三是要保护好野生动植物资源。林下经济要进山入林，会影响野生动植物资源，不要让"护林"变为"盗林"，盗卖珍贵树种；不要"大户"变"猎户"，捕杀野生动物。在采集山蕨菜、黄花菜、四叶菜、薇菜、黄瓜香等野菜时，要采一留一，或割茬留莞，利于再生。

第十章 林下经济产业科技及管理

第一节 林下经济产业涉及的科学技术概述

林下科学技术简称林下科技，主要涉及用于林下农业生产方面的科学技术以及简单的生产配套加工技术。是一门研究林下经济发展自然规律和经济规律综合性的科学，涉及农业环境、种植和畜牧生产、农业工程和农业经济等多种学科的综合性科学。由于林下经济生产对象的多样性和生产条件的复杂性，决定了林下科技研究内容的广泛性和门类的繁多性。包括种植科技，养殖科技，产品加工科技，各种生产资料鉴别，林下生产模式等几方面。林下科技伴随着林下经济产业的发展而发展，林下科技是林下经济的第一生产力。

一、林下科技的性质

林下科技具有自然和社会的两重属性。自然属性是指人们在运用科技手段变天然自然为人工自然的过程中，科技无论作为劳动手段、工艺或技能，都必须遵循的自然规律。而社会属性是指人们在运用科技变天然自然为人工自然的过程中，科技严格地受到社会条件的制约。如果没有基于社会需要的科技将无法推动。任何科技目的的规定和实现，都要受到经济、政治、军事、科学、教育、文化、民族传统等社会条件的制约。

（一）林下科技的自然属性

1. 林下科学的自然性

林下科学表现为人对自然能动的认识和反映关系，林下科学属于社会意识形式，而不是意识形态。研究对象的客观性，不随经济基础的变化而变化。是"知识形态的生产力"，而不是直接物化的生产力，渗透在生产力的三要素中。是一种不以人的意志为转移的客观存在，具有重复性、再现性和可比性的特点。具有连续性、深入性和创造性的特点，继承前人成果并在此基础上创新。林下科学是一条没有止境的历史长河。因反映对象客观世界的不断发展，林下科学也应该随着变化而变化发展，是一个动态无止境的历史过程。

2. 林下技术的自然性

林下技术表现为人对自然能动的控制和改造关系。是人类运用科学知识，在改造、控制、协调自然的实践活动中所创造的劳动手段、工艺方法和技能体系的总称。是人类改造自然、利用自然规律的方式和方法，是构成社会生产力的重要部分。林下技术的发展程度是由人类对自然的认识程度而决定的，是物质因素和精神因素的统一，是直接的生产力。具有商品的属性，其价值的实现是通过商品化而实现的。

（二）林下科技的社会属性

1. 林下科技的公共性

林下科技在一定程度上具有公共物品的性质，即林下科技的非竞争性、非排它性。林下科技的非竞争性、高风险性、复杂性决定了林下科技主要应由政府供给。首先，林下科技作为一种公共品，仅依靠市场机制无法满足社会需求；其次，林下科技具有一定的风险性。林下经济生产要受自然、气候以及生物自身生长规律等因素制约。导致林下科技研发周期长、投资大、风险高，企业机构难以独自承担；最后，林下科技关系到林下经济生产的产前、产中、产后三个阶段，牵涉到经济社会中的第一、第二、第三产业以及多种学科知识，涉及政府、科研院所、高校、企业等多方参与主体，包含着林下科技的研发、转化、推广、应用等多个环节，是一项庞大系统工程，需由政府来协调统筹。

2. 林下科技的基础性

首先，林下科技支撑林下经济高水平的发展。林下经济产业发展又推动着农业产业结构的深化改革。农业稳定持续发展支撑起整个经济社会的长期高效运行，这种效用的传导体现了林下科技的基础性作用。其次，林下科研活动的内涵具有较强的基础性。林下科技的科研更多是基础性应用研究，既为林下经济发展提供基础性支撑，又为其他学科、其他产业发展提供必要的知识积累与技术支持。最后，林下科技的发展是一个长期、持续、渐进、连贯的过程，需要足够的人力、物力和学术积淀，需要保持工作的稳定性和连续性。

3. 林下科技的服务性

一方面，林下科技较强的正外部性决定了它的社会效益远远高于经济效益。林下科技的正外部性主要表现为：促进了林下资源持续高效利用，改善了生态环境，促进林业的可持续发展；强化了林业的多功能性，在解决能源问题、气候问题、环境问题等方面发挥了重要功效；拓宽了解决"三农"问题的渠道，增强了国家竞争力。另一方面，林下科技来源于社会，又服务于社会。林下科技是一种"社会模式"，主体包括科研院校、企业、政府机关、农民、社会团体、国外机构等多种社会力量。林下科技活动又影响到社会生活的方方面面，内容包含着社会政治、经济和文化等各种属性，以获取长期、持续的生态与社会效益为林下科技发展的根本目标。因此，它是一个庞大复杂的社会系统。

二、发展林下科技的原则、趋势及目标

（一）发展林下科技的原则

在林下科技的发展过程中，即要加大政府的支持力度，统一规划，又要充分发挥市场机制，调动企业、合作社、农民等社会力量的积极性和创造性。既要提高学术科研水平，又要注重解决林下经济发展的实际问题。既要适应世界林下科技的发展趋势，引进国外先进技术、经验，又要依据我国基本国情，发展具有中国特色、自主创新的林下科技。从而，推进林下科技革命，实现技术跨越，加速林下经济产业的集约型转变。形成

政府主导，多元参与，理论与实践并重的中国特色林下科技体系。

（二）发展林下科技的趋势

林下科技的整体化、技术综合化和科技一体化已成为现代科技发展过程中的主要趋势。一方面，揭示自然界更深远、更广阔的层次和各种极限状态下的物质运动规律。另一方面，在高度分化的基础上产生了高度的综合，表现为多层次、多维度的学科交叉与渗透，更表现为横断学科和综合性学科群的不断涌现。

1. 林下科技发展的空间分布趋势

林下科技的空间分布，一是沿着客观辩证法方向伸展的空间分布，即向符合研究和改造的物质层次结构由简单到复杂的发展顺序性的方向发展。另一方面是沿着主观辩证法方向延伸的空间分布，即向认识自然、改造自然的逐渐深化的方向发展。

2. 林下科技发展的相关生长趋势

林下科技出现了相关生长的趋势，大量边缘科学、综合科学、横断科学的产生都是这一趋势的具体表现。一些重大课题的解决，需要现代科学技术与社会科学知识结合起来。

3. 林下科技发展的不平衡趋势

林下科技的发展是不平衡的，不是各个学科或部门齐头并进的，总有一门或一组学科或部门作为先导带动其他学科或部门前进，这就是所谓带头学科。

（三）发展林下科技的目标

林下科技的发展要以推进林下科技革命，加快林下科技体制改革，提升林下科技创新能力为目标。提高林下科技水平，加强林下产业基础研究、高新技术研究与产业化，强化林下经济重大关键技术的科技攻关。加速林下科技成果产业化，造就一支高水平、高素质的林下科技队伍。直接为农民林下生产服务，面向市场实际需求，不断提升林下产品质量，融入国际市场。

因此，要优化林下经济产业结构，提高林下经济效益。必须建立健全与我国实际情况相适应、具有国际先进水平的林下体系；实现技术跨越，为林下经济产业提供技术基础；为林下经济发展服务，为调整农业和农村经济结构、提高农业整体效益、增加农民收入服务，为改善农村生态环境建设服务，为提高我国农业国际竞争力服务；培育一批具有国际竞争力的林下科技团队、高新技术企业和专业合作社。建成一批具有国际先进水平的林下科技、林下经济生产基地；建成一批农业重点实验室、工程中心、科技示范园区等科技基地。

三、林下经济发展与林下科技进步的协同作用

林下经济的不断壮大，促进了林下科技的迅猛发展。而越来越多的林下科技应用又将使得林下经济取得更多突破，迅速实现产业化、信息技术化。我国林下经济在未来的发展中，将对科学技术产生更多需求。随着人口增长、人民生活水平不断提高和农村人口向城镇转移，将对林下经济生产提出更高的要求。合理开发资源、保护环境，促进农业可持续发展，提高我国林下经济产业的国际竞争力，必须依靠科技进步。用科技的力量来解决我国农产品质量、生产成本等问题，在关键领域达到并保持世界先进水平，保

证我国林下经济迅速发展，提高国际竞争力。而林下科技革命也正在深刻改变林下经济产业。使得相关加工行业不断涌现，林下经济结构不断优化，改善和保护农业生态环境，实现林下经济的可持续发展。而高新科学技术也在林下经济产业的发展中得以应用和提升。

四、建立林下科技创新体系

新型的林下科技创新体系要有效促进林下科技与生产的有机结合，充分发挥市场机制的调节作用，调动科技人员和企业家、农民等社会力量的积极性，推动产学研、农科教相结合。建设具有国际先进水平的林下科学研究与技术开发体系，专业队伍与农民科技组织相结合的林下科技推广与服务体系，精干高效的林下科技管理体系，以及强有力的林下科技保障体系。提高林下科技对林下经济和农业增长的贡献率。以改革为动力，充分考虑林下科技自身特点和我国农村实际，科学规划、分类指导、试点先行、稳步推进，加强政府的政策引导，引入市场竞争机制，加速新型林下科技创新体系的建立。

（一）改革林下科技机构和服务体系

对林下科技机构进行分类改革。根据林下科技公共性、基础性和社会性的性质，将林下科技科研机构分为三类，采取不同的支持方式进行改革：

第一类，具有面向市场能力的林下科技机构。应逐步转变为科技企业或进入企业，做到自主经营、自负盈亏、自我发展。利用政府营造的良好发展环境，逐步使有条件的科技机构，如从事林下种子、化肥、饲料、农药和产品加工等技术开发机构，面向市场，依靠市场力量进行调节。

第二类，服务类林下科技机构。从事非公益性技术咨询服务的科技机构，应逐步转变为企业或实行企业化管理。如从事农业技术咨询、技术服务、技术培训的单位，可转为企业或进入企业，也可转为中介组织。

第三类，基础性、公益性为主的林下科技机构。从事林下基础研究、高技术研究和林下资源保护等林下基础性科研单位，在优化结构、分流人员、转变机制的基础上，经国家有关部门认定后，按非营利机构运行和管理。

（二）改革林下科技推广体系

积极稳步地推进林下科技推广体系改革，调动农民、企业等社会力量参与，逐步形成国家扶持和市场引导相结合、有偿服务与无偿服务相结合的新型林下技术推广体系，实行推广队伍多元化。在加强农业技术推广机构的同时，大力发展农民、企业技术推广与服务组织，支持农村各类林下专业技术协会的发展。充分调动科技机构、大中专院校和科技工作者积极参与推广工作，建立专业人员、农民、企业家等多元化林下科技推广队伍。将推广行为社会化，由各级政府提供推广工作的费用、条件以及发展公益示范推广。有市场前景的开发类林下技术，则支持企业、农民参与。鼓励推广机构、科研院所、大中专院校、协会、企业及农民，以林下技术开发、技术咨询、技术服务和技术转让等多种形式，从事技术推广服务工作。加快林下技术中介、咨询、信息服务组织的建设步伐。允许技术人员参与技术服务、转让、承包的效益分配。

（三）建立新的林下科技发展运行机制

提升林下生产企业的技术创新能力。支持企业采取多种形式参与林下科技工作，承担各级政府下达的科技任务和科技成果转化。建立开放、流动、竞争、协作的运行机制。科技项目的立项要根据林下产业发展新阶段的要求，坚持公开、公正、公平的原则，实行课题招标、择优委托。实行理事会决策制，科学技术委员会咨询制，职工代表大会监督制。改革分配办法，按岗定酬、按绩取酬。

第二节　林下科学技术管理

林下科技的发展离不开完善的林下科技管理。林下科技管理是林下科技发展的基础，也是推动林下科技发展的重要保障。加强林下科技管理，优化与整合林下科技条件资源，是保障和促进林下科技创新、培养凝聚林下人才的物质基础。加强林下科技管理，优化林下科技资源配置已成为亟待解决的任务。

一、林下科技管理概述

林下科技管理是林下经济发展的基础，也是推动林下生产力发展的重要保障，已成为林下经济发展水平的基本标志。是林下生产与管理部门在一定的环境和条件下，通过计划、组织、指挥、协调、控制等手段，运用信息网络等现代技术对林下科技资源进行整合和优化，促进林下科技资源的高效配置和综合利用，提高林下科技效益。

第一，林下科技管理的主体是对林下生产进行管理的行为主体，包括各级政府、农业企业、涉农科研院所、中介组织等各类组织和农民。

第二，林下科技管理的客体是林下生产所必需的资源，包括各类林下科技活动所需的工具、设备、林下科技试验示范场地，也包括林下科技数据、文献、情报信息。

第三，林下科技管理的目的是实现林下科技资源的优化配置，通过对林下科技资源的整合与优化，达到"物尽其用"，实现其价值的最大化，为林下科技创新和服务提供坚实的基础。

第四，林下科技管理是一项现代管理活动。需要信息化、网络化、数字化等现代技术，同时也需要计划、组织、指挥、协调、控制等管理手段。林下科技管理是将现代技术与管理手段有效结合的管理活动。

二、林下经济技术涉及的科学技术及类型

依据林下科技的性质、目标和发展原则，今后林下科技的工作重点应围绕调整林下经济结构、提高农民经济效益、改善生态环境和提高国际竞争力等几个方面。集中科研力量，攻克林下经济发展过程中的重要瓶颈。

（一）发展林下种植业田间管理及栽培技术

加大对林下经济作物的良种选培的科技投入力度。以优质高产的作物新品种选育及适合林下生长的经济作物培育为重点，加快林下种植业发展的结构性调整，发展优质高

产的林下作物，促进林下种植业作物的标准化、市场导向化和优势区域化。充分利用我国丰富的种质资源，以常规育种和分子育种为媒介，针对林下经济发展和市场需要，加快对有利于发挥区域比较优势和林下生产基地建设的新品种、优良品种选育。开发良种快速扩繁技术，建立完善良种检测标准和技术体系。依据林下种植的实际情况，科学合理的开垦、定植，为良种作物构建和谐的生长环境和独立的生长空间，减少作物间对阳光、肥料及水资源的争夺。加强施肥、灌溉及除草等田间管理的力度，以便适应多种作物在生长过程中对养分的需求。

（二）发展林下畜牧养殖技术

加速林下养殖业发展的规模化、产业化、标准化进程。开展林下畜牧优良品种选育、饲料开发、生产设施设备研制、疫病综合防治等技术研究，加快畜牧渔产业的专业化、规模化生产。严格控制畜牧产品质量检测，拓展国际市场。利用国内外优良物种资源，加速畜禽良种繁育体系建设。实施规模化饲养疫病监测和控制技术，降低畜禽死亡率，加速高效疫苗、新型兽药、疫病诊断技术的研究与产业化开发。拓展林下畜牧产业的饲料来源，研究林下环境的综合利用，建立健全畜牧养殖健康养殖标准体系。

（三）发展林下种植及畜牧业的病虫害防控技术

由于林下经济模式为多种作物种植或饲养的特性，林下经济的病虫害防治也呈现出独有的复杂性和特殊性。良好的林下经济模式有利于促进林下小环境的良性循环，减少病虫害的发生率和危害程度，而不科学的林下经济模式将使得病虫害在多物种间交叉传播，难以防控。病虫害防控技术可分为采用杀菌剂或杀虫剂等化学物质进行的化学防治；利用光或射线等物理能，或建造障壁的物理防治；改变作物品种、栽培时间或环境以减少危害的耕作防治；以利用天敌为主的生物防治等。

（四）发展与林下产品相适应的加工、保鲜技术

针对各区域林下经济生产特点，研发相对应的林下产品加工科技。培育新的林下经济增长点，增加农民收入。开发林下产品的加工储运、保鲜包装等技术设备。加速林下产品加工业科技推广，实现林下产品高效利用和生产规模化、技术装备现代化，大幅提高林下资源综合利用率和林下产品附加值，增强市场竞争力。培育区域性林下经济支柱产业，带动林下产业整体升级。保障林下产品加工质量标准体系和监测技术体系。建立新型林下产品加工业，借助林下科技园区、工程技术研究中心、技术市场、中介服务等机构，加速林下科技成果转化。

（五）培养林下科技的专业科技人员

实施林下科技专业人才的培养计划，造就一支具有专业素质的林下科技学术带头人、林下科技推广人才、林下科技企业家、科技农民和林下科技管理人才共同组成的林下科技队伍。通过农业重点实验室、重点学科建设，结合重大科技计划和人才培养计划，以任务带动人才培养，加速造就一批林下科技学术带头人和科研骨干。通过专业培训、定期进修、技术讲座、信息网络、远程教育、继续教育等多种途径，切实提高农民的科技文化素质。鼓励支持林下经济企业的技术创新，造就一支懂科技、善管理的科技型企业家队伍，带动广大农民致富。

三、林下科技管理的基本特征

第一,繁杂性。林下科技管理的工作较为繁复,既包括林下科研仪器设备的选购安装、使用管理,又包括科技活动场地的轮作分配、通讯设备的维护保养,还包括科技资料和信息的收集整理、交流发布,科研档案的收集整理、保存利用。

第二,基础性。林下科技管理是开展林下科技工作的基础,是促进林下科技发展的重要手段,是林下科技进步的一个重要组成部分。林下科技管理水平的高低将直接制约林下产业科技研发、林下科技成果转化、林下经济生产产业化等方面。

第三,服务性。林下科技管理就是要为林下科技研发服务,为林下科技成果转化服务,以及为林下产业化和产业发展服务。是出发点也是最终归宿,是林下科技发展的特征。服务的好坏是衡量林下科技管理水平的重要标志。

四、林下科技管理的意义

加强林下科技管理是促进林下科技创新的必然要求。林下科技管理是服务于林下科技进步与技术创新的基础,是对林下科技仪器设备、林下经济科技数据、林下科技情报信息资料和网络科技环境等方面进行管理,为各类林下科技活动提供物质与信息保障。

加强林下科技管理有利于提高林下科技及资源的使用效率。促进现代信息技术、网络技术等现代技术的充分运用,对全社会范围内的各类林下科技资源进行整合和优化,以提高林下科技资源配置效率,充分实现其价值。避免林下资源闲置、浪费等配置不合理状况。

加强林下科技管理是促进林下经济产业化和实现可持续发展的需要。是我国林下生产长期、稳定、持续发展的根本出路。发挥林下科技管理的力量,调整和优化林下经济结构,实现林下产业结构升级。促进林下生产基础条件建设,有效提升林下经济产业,推进林下技术水平。

五、加强林下科技管理的基本思路

林下科技管理要从国家农业科技发展总体布局出发,以提高林下科技创新能力为目标。遵循林下科技发展规律,运用现代化管理方法和手段,有效改善我国林下科技管理条件,为林下科技长远发展和重点突破提供强有力的支撑,为林业增效、农民增收、农村发展提供有效支持。

(一)更新管理理念,提高对林下科技管理的认识

理念是行为的先导,行为是理念的体现。长期以来,我国对林下科技管理的重要性认识不足,并未将其纳入林下科技范畴。多数科研单位及人员较为注重林下科技的研究过程及其结果,而忽视管理、推广及维护工作。导致林下科技资源不足与闲置并存。要改变这一现状,必须充分认识林下科技管理在林下生产中的重要地位。优化林下科技资源配置,树立科技服务于农的服务理念,促进林下科技的社会化和市场化。构建林下科技从规划、开发、推广到评估、改进,一套完整的管理体系。

(二) 完善法规制度, 对林下科技进行规范化管理

完善的林下科技法律、行政法规及各类规章制度是改善林下科技、林下经济生产的重要前提。在林下经济的生产中, 应依据我国林下经济自身特点, 引入国际上完善的林下科技管理制度规范, 明确林下科技管理规范的各项具体内容, 纠正现有问题, 实时更新。将林下科技管理纳入规范化、制度化、法制化轨道, 规范林下科技的研发行为, 培养适宜林下资源持续发展的管理模式。

(三) 明确管理权属, 逐步完善林下科技管理体系

根据林下科技的公共性程度不同, 可以将林下科技资源分为公益性、准公益性和私营性三类, 其管理主体分别为政府、非政府组织 (即农民专业合作组织等) 和林下经济生产者等。对林下科技产权进行界定, 依法划分各类林下科技资源的所有权、经营权、使用权等产权归属, 明确各类产权主体行使权利的范围及管理权限, 建立起政府、非政府组织和林下经济生产者相互合作、相互补充的完善的林下科技管理体系。

(四) 创新体制机制, 不断提高林下科技管理效率

以效率建设为核心, 以实施林下科技管理需求相应的管理体制和机制为保障, 在继续推进林下科技管理体制改革的基础上, 创新各种管理机制。主要包括创新林下科技投入管理机制, 调整林下科技资源投入结构, 形成政府、企业及其他社会力量等多元化的投入格局, 建立林下科技经费使用评估和监测系统, 完善林下科技配置机制, 实现林下经济的可持续发展。公开并整合现有的林下科技资源, 实现对林下科技资源科学、高效的使用和管理。由共享导向、汇交投入、有偿使用、风险分担、信息互动、高效服务和竞争激励等机制交互构成。

(五) 充实管理人员, 健全林下科技管理专门人才队伍

人力资源是提高林下经济生产及林下科技水平的基本保障。林下科技的发展需要大量既懂专业技术又会管理的人才。林下科技人力资源的增加不能仅依靠科研院校供给, 还应广泛培训林下科技的第一线使用者。通过改革人才评价办法, 创新人才管理和培养机制来培养、引导、激励、留住各类人才, 从事林下科技管理事业, 健全林下科技管理的专业人才队伍。

六、建立强有力的林下科技保障体系

(一) 加大对林下科技的投入力度

各级政府在大幅增加林下科技投入的同时, 还应调动企业、个人等社会力量投入, 从根本上改变林下科技投入不足的现状。推进对林下科技成果转化的支持力度, 允许企业、个人等社会力量捐资成立林下科技基金会, 专门支持林下科技研究、开发、推广和奖励林下科技人员。保护林下科技的科研成果, 加大风险投资对林下科技的支持力度, 探索建立林下技术推广与产业保险制度, 将科技含量高的农产品加工、综合开发等作为信贷支持的重点。

(二) 加强林下科技国际合作与交流

拓宽林下科技的国际合作领域, 保护林下科技的知识产权。林下技术引进工作应有科学规划, 注重对引进技术的消化和吸收。在学习国际先进科学方法和管理经验的同

时，应结合我国林下科技发展的阶段性及特性进行改进。进一步扩大国际学术和人才交流，坚持"支持留学、鼓励回国、来去自由"的政策，鼓励和引导留学人员、留居海外的林下科技人员回国工作。

（三）加强对林下科技工作的组织领导

争取各级党委和政府对林下科技工作的重视。抓紧制定、完善林下科技政策与法规，建立监督机制，保障林下科技投入，为林下科技创造良好环境，在项目、经费、人才等方面予以倾斜。坚持对林下科技管理的统一规划，地方和部门共同实施的原则，建立由科技、农业、计划、财政、金融、林业、水利、环保、气象等多部门组成的林下科技协商机制，对林下科技重大问题进行协调。

第三节　林下技术经济效果

林下技术经济是指在林下生产过程中，投入的劳动消耗与所取得的劳动成果之比。经济效益是指人们进行经济活动的效率、效果和收益。林下技术包括硬技术和软技术。任何林下技术的实施都可取得经济效果，即林下技术经济效果。林下技术经济是一门联系生产关系和上层建筑，研究农业再生产过程中生产力技术因素的合理运用及其经济效果的科学。存在于林下生产的多个方面，有体现在劳动工具、劳动对象上的物质技术因素，也有表现为劳动者本身技能、技巧的精神因素。为了形成生产力并增加经济效益，这些因素存在着合理组合、利用、布局和适时更新的问题。在理论和应用研究中，均占重要地位，是对某一林下技术措施在经济上目的性程度的评价，反映效果同劳动耗费之间的比较关系。

一、林下技术经济效果特点

（一）综合性和相关性

在林下经济的生产过程中，影响作物生长发育的因素较为复杂，或是相互促进或是相互制约。林下技术经济效果往往是各种生产因素在相关条件下，综合作用的结果。

（二）持续性

由于林下经济生产的特殊性，各种因素对林下经济生产的影响不仅表现于当时当季，而且会持续到以后的再生产过程，后效表现明显。

（三）有限性

任何一项林下技术影响因素所起的作用在时效及空间上都具有一定限度，因此其经济效果也具有一定的极限。

（四）不稳定性

由于自然条件对林下生产影响极为重要，所以，有些作用于经济效果的林下技术因素，难以人为控制。

二、林下技术经济效果原理

（一）技术经济矛盾统一原理

第一，林下技术和林下经济两者互相依赖，互相促进；第二，林下技术和林下经济两者在一定程度上相互矛盾，非同向同时发展；第三，林下技术、林下经济及它们之间的关系都是发展变化。

（二）经济效果指标原理

经济效果是产出和投入的比较，有除法和减法两种比较形式。除法比较形式是技术方案的产出与投入之比，又叫经济效率指标，如劳动生产率、资金报酬率；减法比较形式是技术方案的产出与投入之差，又叫经济效益指标，如利润、税收、增加值、国内生产总值。经济效率和经济效益属不同经济效果指标，需综合利用。

（三）经济增量原理

在林下经济活动中，人们总是增加技术投入，以追求经济效果总量的增加。但技术效果却满足边际效应递减定律，在一定条件下，单纯增加同一种技术的投入分为三个阶段。第一阶段，投入增加，经济效果递增；第二阶段，投入增加，经济效果仍然增加但经济效益却下降；第三阶段，投入增加，总体的经济效果也开始下降。

（四）六力替代原理

六力是指人力（劳动人员）、物力（能源、原材料）、财力（固定资产、流动资产）、运力（运输量、运输周转量）、自然力（水、土地、矿产、生物资源）和时力（时间）。任何林下技术方案都是由六力按不同数量、不同程度和不同结构构造而成。其技术经济效果也随六力结构的变化而变化，可相互替代，以达到优化组合目的。

三、林下技术经济效果分类

（一）农民经济效果和国民经济效果

从效果的受益者角度分析，由农民利益出发，为农民带来效果的技术方案称为自身经济效果；由国民利益出发，为整个国民经济、社会生产带来效果的技术方案称为国民经济效果。对同一技术方案的自身经济效果评价结果与国民经济效果评价结果可能会不一致，这就要求不仅要作自身经济效果评价，而且还要分析国民经济效果。对林下技术方案的取舍不应仅评估自身经济效果，更应提倡国民经济效果的评价。

（二）直接经济效果和间接经济效果

从效果的作用形式角度分析，由效果直接作用于林下经济产业的林下技术方案，被称为直接经济效果；由效果间接作用于林下经济产业的林下技术方案，被称为间接经济效果。一个林下技术方案的采用，除了会给受益者带来直接经济效果外，还会对社会其他部门产生间接经济效果。对林下技术方案的取舍不仅应追求直接经济效果，更应注意其对外部环境的间接经济效果。

（三）有形经济效果和无形经济效果

从效果的表现形式角度分析，由货币可以直接计量的经济效果，被称为有形经济效果；难以由货币直接计量的经济效果，被称为无形经济效果。一个林下技术方案的采用，除了要考虑其会给受益者带来有形经济效果外，还要考虑对受益者带来的无形经济效果。对林下技术方案的取舍不能只追求有形经济效果，更应考虑其无形经济效果。

四、林下技术经济效果评价

林下技术经济学的实践意义在于它为林下技术经济效果的评价规定了科学的原则、指标和方法。

（一）林下技术经济效果评价原则

影响林下技术经济效果的多种因素，包括自然因素、技术因素和社会经济因素之间的统一关系：一是技术效果和经济效果的统一性。即对某一措施技术上的先进性，及其对于增长产品使用价值的作用，与产品的劳动耗费水平以及推广应用的可行条件的统一。二是局部经济效果与全局经济效果的统一。林下技术的实施不仅要单一增加林下生产的收益，更应增进国民经济和宏观经济效益。三是当前经济效果与长远经济效果的统一。林下生产不应仅单纯重视经济效益，更要有利于改善生态环境。

（二）林下技术经济效果评价指标

林下技术经济效果指标是进行林下技术经济评价时用来衡量农业技术措施、技术方案的经济效果的一种尺度。不同的指标从不同角度和侧面反映经济效果的大小，既互相联系，又互相补充。由此构成的林下技术经济效果指标体系，主要包括效益指标、分析指标和目的指标3类。一是效益指标。是评价林下技术主体指标，用来反映经济活动中劳动耗费同效果的关系。如劳动生产率，物质耗费效果、单位产品成本、资金占用效果、投资效果以及净产值（国民收入）、利润、纯收入等。二是分析指标。是影响经济效果消长变化的因素，可分为林下生产条件指标、经济分析指标、技术分析指标。三是目的指标。用来反映林下技术生产经济效果的目的性，主要包括增强扩大再生产能力、改善生态环境和提高人民物质文化生活水平的程度。前二者为中间目的，后者为终极目的。

（三）林下技术经济效果评价方法

对林下技术经济效果评价的方法与一般农业技术经济效果评价方法一致。都是在充分进行定性分析的前提下，应用数学方法，对技术经济效果进行定量分析。主要数学方法有边际分析法、回归分析法、生产函数分析法、线性规划分析法等。对不同技术方案的评价选优一般可采用比较分析法。其中，最常用也是最重要的方法是综合评分法。既简便易行，又能将各个指标的重要性以数值形式体现。直观地从综合视角上，对各个不同方案的优劣作出概括性评价，便于操作者挑选相适用的林下技术方案。常用以下三种方法表示。

差额表示法，是用成果与劳动耗费之差来表示林下技术经济效果大小的方法。其表达式为：林下技术经济效果＝林下产出额－劳动消耗额。产出额和劳动消费的计量单位必须相同。若差额大于零，则该林下技术方案可行，若差额小于零，则该林下技术方案有待改进。

比值表示法，是用成果与劳动耗费之比来表示林下技术经济效果大小的方法，其表达式为：林下技术经济效果＝林下产出额/劳动消耗额。产出额和劳动耗费的计量单位可以相同，也可以不相同。若比值大于1，则该技术方案可行。

差额－比值表示法，是用差额表示法与比值表示法相结合，来表示经济效果大小的方法，其表达式为：经济效果＝（林下产出额－劳动消耗额）/劳动消耗额。

五、提高林下技术经济效果的途径

和我国农业科技发展趋势相吻合，林下科技的经济效果发挥也面临着两大主要问题。一是林下科技成果国际地位偏低、关键技术仍被外国公司控制。二是林下科技创新的有效供给不足。林下科技的经济活动在经费有限的条件下取得了丰硕的成果。但是选题与市场定位的脱离，导致科研成果有效供给不足，推广体系欠缺。解决以上问题，要从我国农业科技创新中的管理评价和激励机制入手。首先，应进一步完善林下科技经济转换项目的管理与考核制度，提升研发资金投入占GDP的比重。其次，鼓励涉农企业进行林下科技经济转换，直接进行研发，重点扶持龙头企业。

林下技术经济效果的提升取决于生产方式、生产内容等多方面因素。一切能够节约劳动力与劳动物资的措施，都是提高林下技术经济效果的途径。包括发挥社会经济条件、物质条件、自然条件、科学技术、组织管理、国家有关经济和技术政策等各种因素。例如对林下生产力诸要素的合理组织，对农民的学习和培训，对林下产品加工部门的技术改造，使用新的林下生产科技成果，综合利用林下资源等，都有利于发挥人力、物力和财力的作用，有利于节约劳动消耗，从而有利于提高企业和社会的经济效果。

第十一章　林下经济营销理论

市场营销是企业以市场为导向，以满足顾客需求，实现潜在交换为目的，来分析市场、进入市场和占领市场的一系列战略与策略活动。克服交换障碍，实现潜在交换是市场营销概念的核心内涵。发现市场需要，生产有价值的产品和提供物是为了实现交换，而一定的市场、关系、网络是交换得以实现的重要条件。

林下经济营销观念是在生产力高度发展，产品供过于求，竞争日益激烈的社会经济背景条件下形成的，它区别于以企业为中心的生产观念、产品观念和推销观念，具有以顾客需要的满足为中心，注重企业的长期发展战略，以整合营销为手段等基本特征。从本质上讲，林下经济营销是一种经营哲学。市场营销哲学随着社会经济环境的不断变化而发展。林下经济，主要是指以林地资源和森林生态环境为依托，发展起来的林下种植业、养殖业、采集业和森林旅游业，既包括林下产业，也包括林中产业，还包括林上产业。

林下经济是在集体林权制度改革后，集体林地承包到户，农民充分利用林地，实现不砍树也能致富，林下经济科学经营林地，而在农业生产领域涌现的新生事物。它是充分利用林下土地资源和林荫优势从事林下种植、养殖等立体复合生产经营，从而使农林牧各业实现资源共享、优势互补、循环相生、协调发展的生态农业模式。

发展林下经济是巩固集体林权制度改革成果、促进绿色增长的迫切需要，是提高林地产出、增加农民收入的有效途径，目前已经取得明显成效。要认真总结经验，科学谋划，加强引导，积极扶持，进一步加快发展步伐，确保农民不砍树也能致富，实现生态受保护、农民得实惠的改革目标。

林下经济投入少、见效快、易操作、潜力大。发展林下经济，对缩短林业经济周期，增加林业附加值，促进林业可持续发展，开辟农民增收渠道，发展循环经济，巩固生态建设成果，都具有重要意义。可以这么说，发展林下经济让大地增绿、农民增收、企业增效、财政增源。十年树木是林业生产的基本特征。相对漫长的林木生产周期，对林业发展以及对林改后农民发家致富是一个重要的制约因素。只有让林地早点下"金蛋"，才能更好地促进林业生态建设及产业发展，才能更好地以良好的经济效益巩固林改成果，在兴林中富民，在富民中兴林。

第一节　林下经济市场营销概述

人类的经济活动自从有了除满足自己需要之外的剩余产品开始，就出现了交换，从而也就产生了对于自己所难以控制的交换对象及影响因素进行研究的必要。研究的核心在于如何能按自己的理想实现潜在交换，使自己的劳动价值得到社会的承认，从而使自己的需求也能因此得以满足。市场营销的理论和实践，说到底，就是这种研究工作的延续。所不同的是，现代社会的交换活动变得更为复杂，交换的实现变得更为困难。这首先是由于现代化的大生产和专业化分工，使交换的双方——生产者与消费者之间的背离状况十分严重。企业很难立刻找到合适的交换对象；其次是由于现代生产力的高度发展，已使所供应的产品总量超出了消费者的需求总量，激烈的竞争，已使得相当一部分产品很难实现交换；再次是由于现代的消费需求及影响因素已变得越来越复杂，不认真加以研究和把握，也会影响交换的顺利实现。市场营销学就是站在企业的角度，以实现潜在的交换（或实现企业产品的社会价值）为目的，研究同实现交换有关的需求、市场、环境、战略与策略等方面问题的一门学科。

一、市场营销的基本概念

"市场营销"英文的原文为"Marketing"。我国在引进这门学科的过程中，对其翻译的方法有好几种。而一些翻译恰恰反映了当时人们对市场营销在理解上的偏差与局限。曾经有人将"Marketing"翻译为"销售学"，译者可能认为这门学科主要研究的是企业如何将生产出来的产品更好地销售出去。而我们在以后的分析中会看到这种认识是很不全面的，销售只是营销活动的组成部分之一；后来又有人将"Marketing"翻译为"市场学"，但是，这种译法也会使人产生误解，以为"Marketing"只是单纯从客观的角度研究市场的，同企业的经营决策活动关系不大；而"市场营销学"的译法，则比较准确地反映了"Marketing"这门学科是企业以市场为导向，以实现潜在交换为目的，去分析市场，进入市场和占领市场这样一种基本的特征，所以是现有的译法中比较能被接受的一种；此外，在我国的台湾，比较普遍地将"Marketing"翻译为"行销学"，而在香港，则曾经将其翻译为"市务学"，其语义也同"市场营销学"比较类似。讨论这一翻译方法的意义并不仅仅是语义学方面的问题。而主要反映了对市场营销概念的认识过程。

市场营销的定义，有不少人将市场营销仅仅理解为销售（Sales），从我国不少企业对营销部的利用中就可以看到这一点，他们往往只是要求营销部门通过各种手段设法将企业已经生产的产品销售出去，营销部的活动并不能对企业的全部经营活动发挥主导作用和产生很大影响。然而，事实上，市场营销的涵义是比较广泛的。它也重视销售，但它更强调企业应当在对市场进行充分的分析和认识的基础上。以市场的需求为导向，规划从产品设计开始的全部经营活动，以确保企业的产品和服务能够被市场所接受，从而顺利地销售出去，并占领市场。

美国著名的营销学者菲利浦·科特勒对市场营销的核心概念进行了如下的描述："市场营销是个人或群体通过创造，提供并同他人交换有价值的产品，以满足各自的需要和欲望的一种社会活动和管理过程"。在这个核心概念中包含了：需要、欲望和需求，产品或提供物，价值和满意，交换和交易，关系和网络，市场，营销和营销者等一系列的概念（图11-1）。

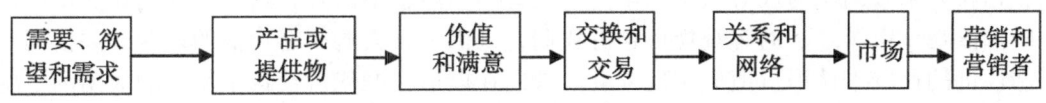

图 11-1　市场营销的核心概念

（一）需要、欲望和需求

市场营销的核心概念告诉我们，市场交换活动的基本动因是满足人们的需要和欲望。这是市场营销理论提供给我们的一种观察市场活动的新的视角。实际上，这里"需要"（Needs）、"欲望"（Wands）、"需求"（Demands）三个看来十分接近的词汇，其真正的含义是有很大差别的。"需要"是指人们生理上、精神上或社会活动中所产生的一种无明确指向性的满足欲，就如饥饿了想寻找"食物"，但并未指向是"面包"、"米饭"还是"馒头"；而当这一指向一旦得到明确，"需要"就变成了"欲望"；而对企业的产品而言，有购买能力的"欲望"才是有意义的，才真正能构成对企业产品的"需求"。有这样的认识对企业十分重要，例如，当我们看到有一个消费者在市场上寻找钻头时，会认为这个人的"需要"是什么呢？以一般的眼光来看，这个人的"需要"似乎就是钻头。但若以市场营销者的眼光去看，这人的需要并不是"钻头"，而是要打一个"洞"，他是为了满足打一个洞的需要购买钻头的。那么这同前者的看法有什么本质区别呢？区别在于，如果只认为消费者的"需要"是钻头，企业充其量只能在提供更多更好的钻头上去动脑筋，这样并不能保证企业在市场上占有绝对的竞争优势。而如果认为消费者的"需要"是打"洞"，那么企业也许就能创造出一种比钻头打得更快、更好、更便宜的打洞工具，从而就可能使企业在市场上占据更为有利的竞争地位。所以从本质上认识，消费者购买的是对某种"需要"的"满足"，而不仅仅是产品。

（二）产品或提供物

任何需要的满足却又必须依靠适当的产品，好的产品将会在满足需要的程度上有很大提高，从而也就能在市场上具有较强的竞争力，实现交换的可能性也应该更大。然而产品不仅是指那些看得见摸得着的物质产品，也包括那些同样能使人们的需要得到满足的服务甚至是创意，我们把所有可通过交换以满足他人需要的事物统称为"提供物"。如人们会花几千元的钱去购买一台大屏幕的彩电来满足休闲娱乐的需要，也可以花费同样的代价去进行一次长途旅游，以同样达到休闲娱乐之目的。而在当今的社会中，一个有价值的"主意"，也可能使创意者获得相当的回报。所以，如果仅仅把对产品的认识局限于物质产品，那就是经营者可悲的"营销近视症"。为顺利地实现市场交换，企业经营者不仅要十分重视在市场需要引导下的产品设计与开发，还应当从更广泛的意义上去认识产品（或提供物）的涵义。

（三）价值和满意

人们是否购买产品并不仅仅取决于产品的效用，同时也取决于人们获得这效用的代价。人们在获得使其需要得以满足的产品效用的同时，必须支付相应的费用，这是市场交换的基本规律，也是必要的限制条件。市场交换能否顺利实现，往往取决于人们对效用和代价的比较。如果人们认为，产品的效用大于其支付的代价，再贵的商品也愿意购买；相反如果人们认为代价大于效用，再便宜的东西也不会要，这就是人们在交换活动中的价值观。市场经济的客观规律告诉我们，人们只会去购买有价值的东西，并根据效用和代价的比较来认识价值的实现程度。人们在以适当的代价获得了适当的效用的情况下，才会有真正的满足；而当感到以较小的代价获得了较大的效用时，则会十分满意；而只有在交易中感到满意的顾客才可能成为企业的忠实顾客。所以企业不仅要为顾客提供产品，更必须使顾客感到在交换中价值的实现程度比较高，这样才可能促使市场交易的顺利实现，才可能建立企业的稳定市场。

（四）交换和交易

交换是市场营销活动的核心。人们实际上可以通过四种方式获得他所需要的东西：一是自行生产，获得自己的劳动所得；二是强行索取，不需要向对方支付任何代价；三是向人乞讨，同样无需作出任何让渡；四是进行交换，以一定的利益让渡从对方获得相当价值产品或满足。市场营销活动仅是围绕第四种方式进行的。从交换实现的必要条件来看，必须满足以下几条：①交换必须在至少两人之间进行；②双方都拥有可用于交换的东西；③双方都认为对方的东西对自己是有价值的；④双方有可能相互沟通并把自己的东西递交给对方；⑤双方都有决定进行交换和拒绝交换的自由。

于是我们可以看到，需要的产生才使交换成为有价值的活动，产品的产生才使交换成为可能，而价值的认同才能使交换最终实现。我们所讨论的前几个市场营销概念的构成要素最终都是为"交换"服务的，因"交换"而有意义的。所以说"交换"是市场营销概念中的核心要素。如何通过克服市场交换障碍，顺利实现市场交换，进而达到实现企业和社会经济效益之目的，是市场营销学研究的核心内容。交换不仅是一种现象，更是一种过程，只有当交换双方克服了各种交换障碍，达成了交换协议，我们才能称其为形成了"交易"。交易是达成意向的交换，交易的最终实现需要双方对意向和承诺的完全履行。所以如果仅从某一次交换活动而言，市场营销就是为了实现同交换对象之间的交易，这是营销的直接目的。

（五）市场、关系和网络

市场是交易实现的场所和环境，从广义的角度看，市场就是一系列交换关系的总和，市场主要是由"卖方"和"买方"两大群体所构成的。但在市场营销学中，对"市场"的概念有一种比较特殊的认识，其往往用来特指企业的顾客群体，如以后我们会讨论的"市场细分"、"目标市场"等概念，其中的"市场"就是单指某种顾客群体。这种对"市场"概念的认识是基于一种特定的视角，即站在企业（卖方）角度分析市场，市场就主要是由顾客群体（买方）所构成的了。

在现代市场营销活动中，企业为了要稳定自己的销售业绩和市场份额，就希望能同自己顾客群体之间的交易关系长期的保持下去，并不断地发展。而要做到这一点，企业市场营销的目标就不能仅仅停留在一次交易的实现，而应当通过营销的努力来发展同自己的供应商、经销商和顾客之间的关系，使交易关系能长期稳定地保持下去。从80年代开始，对顾客关系的重视终于使"关系营销"成为一种新的概念和理论充实到市场营销学的理论体系中来。"关系营销"和"交易营销"的主要区别在于其把研究的重点由单纯研究交易活动的实现转为研究交易关系的保持和稳定，研究顾客关系的维护和管理，我们将在第十八章中具体讨论这方面的问题。

生产者、中间商以及消费者之间的关系直接推动或阻碍着交易的实现和发展。企业同与其经营活动有关的各种群体（包括供应商、经销商和顾客）所形成一系列长期稳定的交易关系就构成了企业的市场网络。在现代市场营销活动中，企业市场网络的规模和稳定性成为形成企业市场竞争力的重要方面，从而也就成为企业营销的重要目标。

二、关系营销观念

关系营销（Relationship marketing）观念强调企业的营销活动不仅是为了实现与顾客之间的某种交易，而且是为了建立起对双方都有利的长期稳定的关系。"关系营销"观念起源于20世纪70年代欧洲的服务营销学派和产业营销学派（IMP, Industrial marketing & Purchasing），主要致力于实行顾客关系管理，通过发展长期稳定的顾客关系来建立顾客忠诚，提高企业的市场竞争力；以后，美国等一些国家和地区的学者对关系营销的思想进行了发展，开始对关系的赢利性、关系价值（顾客终身价值）、关系生命周期甚至关系资产等问题展开了研究，形成了比较完整的顾客关系管理理论（本教材第十八章将详细讨论）。关系营销观念的提出和发展使市场营销哲学有了很大的发展，其突破了交易营销的思想局限，而把企业在市场上竞争制胜的焦点着眼于忠诚顾客的培养和关系资产的积累。

进入20世纪80年代以后，有些营销学者提出了企业经营观念由以企业为中心、以顾客需求为中心发展到以竞争为中心的新阶段。其背景是进入20世纪70～80年代，寡头竞争的态势在全世界范围内基本形成，企业集团、跨国公司之间"捉对"竞争的情况十分普遍，对于那些处于激烈竞争的企业来说，竞争对手的策略变化比消费市场的需求变化，对其经营活动具有更大的影响力。因为消费需求的变化对竞争双方的影响是同时存在的，而竞争者对手的策略变化则可能改变双方的竞争位势。所以，企业在制定自己的营销战略和策略时，往往十分注意对竞争对手的研究。

进入90年代，更进一步提出了"基准营销"（Bench marketing）的概念，把研究竞争对手，并以竞争对手在一些经营要素上的做法作为企业制定战略和策略的基准的经营思想从理论上加以确定，所以说企业经营观念发展到以竞争为导向的新阶段并不是没有道理的。然而，从根本上讲，取得竞争优势的关键还在于能尽早地发现和满足市场的消费需求，及时地抓住市场机会，离不开以市场为导向这一核心。所以，有些人认为，以竞争为导向的本质还是以市场为导向，不大赞成单独列为一个发展阶段。

当世界进入21世纪之际，一个以数字化经济为代表的新经济时代开始形成，数字、网络、信息经济开始深入到社会生产和生活的各个方面，从而也对市场营销的理论和实践提出了挑战。以菲利普·科特勒为代表的一些营销学者开始对新经济条件下的市场营销哲学进行了新的探索，他们提出了新经济条件下的"全方位营销"的观念，认为在新经济的条件下，企业必须把重心由"产品投资组合"转向"客户投资组合"；将"客户价值"、"核心能力"、"合作网络"作为塑造市场的三大基本要素；营销过程表现为以价值为基础的活动，由"价值探索"、"价值创造"、"价值传递"等阶段所构成；企业的营销管理也主要由"需求管理"、"资源管理"、"网络管理"三方面所构成。其相互之间的联结与互动构成了"全方位营销"的架构（图 11-2）。

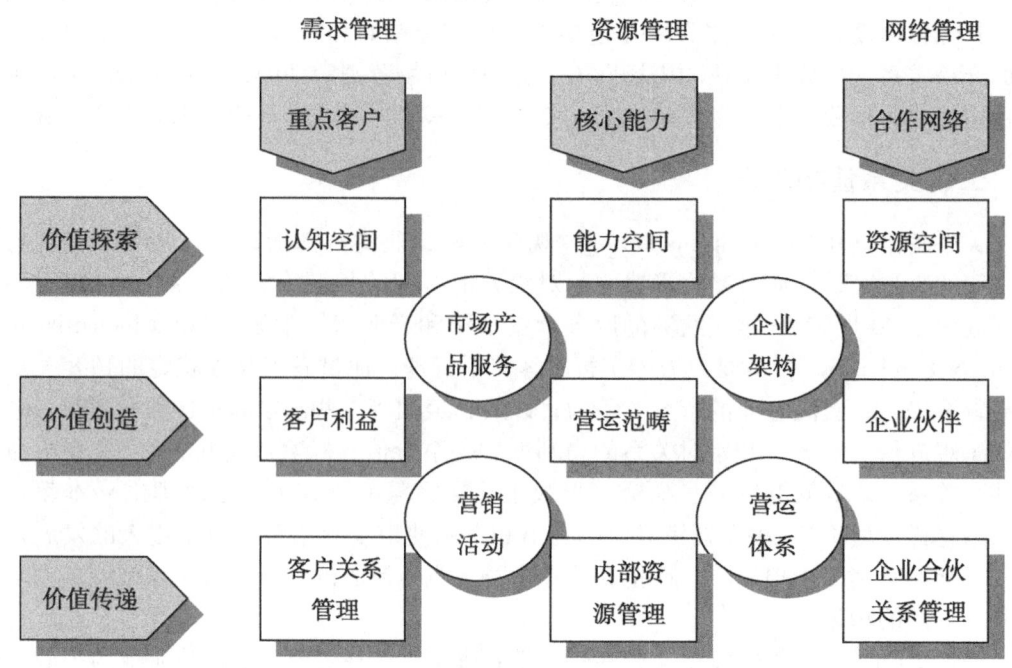

图 11-2　全方位营销架构

三、林下经济市场营销有待走向成熟

至今为止，虽然企业界已对市场营销学的理论和应用表现出浓厚的兴趣和高度的重视，但是在对于市场营销学的推广和应用上，特别是在林下经济领域表现出明显的不成熟。

首先，大多企业仍然停留在推销观念阶段，以推销的意识和心态来学习和接受市场营销。从而在实践活动中，仍以企业和自我为中心，以促进企业已有产品的销售为目的，在玩弄促销技巧上做文章。在很大程度上对市场营销本质观念进行了曲解和误导。如一些企业在招收推销人员时，却在广告中称之为"营销人员"，从而使不少社会公众往往把"营销"等同于"推销"。

其次，市场营销在不少企业内并没有被看作是最高层——经营者的经营理念和指导思想，并没有被看作是一种管理职能，而只是作为一种部门职能在发挥作用。企业的营销部（或市场部）往往难以对整个企业的经营活动产生较大的影响，营销部的功能不明确，从而使营销部门的作用受到很大限制，有的甚至形同虚设，或成为杂务部。

再次，很少有企业具有营销策划的意识和行为。经营的战略性很差。大多数企业仅注重短期利益而忽视长期的发展；很看重销售和利润，而忽视市场份额的占有；主要依靠自身经验进行决策，而忽视市场调研和市场分析。

第二节 林下经济营销渠道

美国市场营销学权威菲利普·科特勒:"营销渠道是指某种货物或劳务从生产者向消费者移动时,取得这种货物或劳务所有权或帮助转移其所有权的所有企业或个人。简单地说,营销渠道就是商品和服务从生产者向消费者转移过程的具体通道或路径。是整个营销系统的重要组成部分,它对降低企业成本和提高企业竞争力具有重要意义。是规划中的重中之重。它对降低企业成本和提高企业竞争力具有重要意义。随着市场发展进入新阶段,企业的营销渠道不断发生新的变革,旧的渠道模式已不能适应形势的变化。包括渠道的拓展方向、分销网络建设和管理、区域市场的管理、营销渠道自控力和辐射力的要求。

一、林下经济营销渠道特点

(一)因地制宜,科学规划

我国土地面积辽阔,自然条件迥异,资源禀赋不同,林产品市场需求也千变万化,发展林下经济必须因地制宜,科学规划。各级林业干部要深入基层,摸清林情,了解民意,在充分调查研究的基础上,根据当地自然条件、林地资源状况、经济发展水平、市场需求情况等,科学制定林下经济发展规划,并争取纳入当地经济社会发展总体规划。要结合实际,突出特色,科学地确定发展林下经济的种类与规模,允许发展模式多样化,防止搞"一刀切",避免盲目跟进、一哄而上。要坚持生态优先,科学利用并严格保护森林资源,确保产业发展与生态建设良性互动,绝不能因发展经济而牺牲生态。

(二)完善政策,积极扶持

各地要积极争取财政部门支持,设立林下经济发展专项资金,帮助农民解决水电路等基础设施落后问题。要大力培育主导产业和龙头企业,推进规模化、产业化、标准化经营。要通过财政投入、受益者和损坏者出资等方式,多渠道筹集生态公益林补偿资金,尽快提高补偿标准,调动农民管护生态公益林的积极性。要努力争取金融机构支持,充分发挥财政贴息政策的带动和引导作用,积极开办林权抵押贷款、农民小额信用贷款和农民联保贷款等业务,解决农民发展林下经济融资难的问题。要积极争取税务部门支持,比照农业生产者销售自产农产品,对林下经济产品免征增值税。有关林业发展资金和建设项目,要加大对林下经济的支持力度。

(三)强化服务,引导合作

各级林业部门要加强对林下经济工作的指导和服务,为农民提供全方位的科技服务与技术培训,帮助解决资金、技术、生产、销售等问题。要积极培育适宜林下种植、林下养殖的新品种和好品种,不断提高林产品产量和质量,为社会提供丰富的绿色健康的林产品。要重点研发林产品采集加工新技术、新工艺,延长林下经济产业链,提升产业素质和产品附加值,增加农民收入。要加强农民林业专业合作社建设,引导农民开展合作经营,提高林下经济的组织化水平、抗风险能力和市场竞争力。要建立信息发布平台，完善各种咨询渠道，及时提供法律政策、市场信息等咨询服务，为农民发展林下经济创造良好条件。

（四）树立典型，示范带动

各地要抓好试点示范，善于发现、认真总结、广泛宣传发展林下经济的先进典型，及时推广他们的好经验、好做法，充分发挥典型引路、示范带动的作用，推动林下经济全面发展。要通过新闻媒体、宣传手册、技术培训等多种形式，大力宣传发展林下经济的重大意义、政策措施和实用技术，做到政策深入人心，技术熟练掌握，信息及时了解，充分调动农民发展林下经济的积极性，形成全面推动林下经济发展的浓厚氛围。

二、营销渠道的特征（图11-3）

1. 起点是生产者，终点是消费者（生活消费）和用户（生产消费）

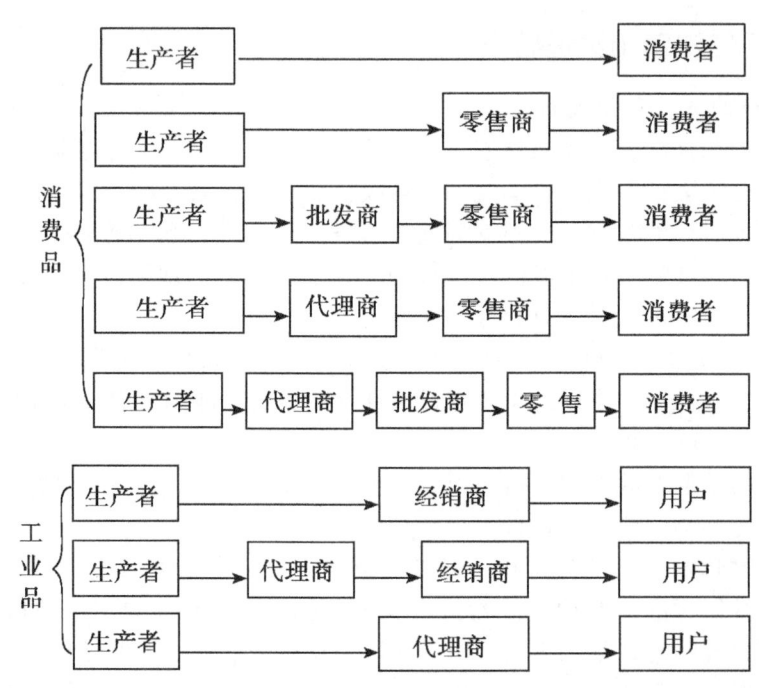

图11-3　生产者—消费者关系图

2. 参与者是商品流通过程中各种类型的中间商
3. 前提是商品所有权的转移
4. 系统性

从经济系统的观点来看，市场营销渠道的基本功能在于把自然界提供的不同原料根据人类的需要转换为有意义的货物搭配。市场营销渠道对产品从生产者转移到消费者所必须完成的工作加以组织，其目的在于消除产品（或服务）与使用者之间的差距。市场营销渠道的主要职能有如下几种。

（1）研究，即收集制定计划和进行交换时所必需的信息。

（2）促销，即进行关于所供应的货物的说服性沟通。

（3）接洽，即寻找可能的购买者并与其进行沟通。

（4）配合，即使所供应的货物符合购买者需要，包括制造、评分、装配、包装等活动。

（5）谈判，即为了转移所供货物的所有权，而就其价格及有关条件达成最后协议。

（6）实体分销，即从事商品的运输、贮存。

（7）融资，即为补偿渠道工作的成本费用而对资金的取得与支用。

（8）风险承担，即承担与从事渠道工作有关的全部风险。

三、营销渠道系统设计的步骤

斯特恩（Stern）等学者总结出"用户导向渠道系统"设计模型。将渠道战略设计过程分为以下 5 个阶段，共 14 个步骤。

（一）当前环境分析

步骤 1. 审视公司渠道现状

步骤 2. 目前的渠道系统

步骤 3. 搜集渠道信息

步骤 4. 分析竞争者渠道

（二）制定短期的渠道对策

步骤 5. 评估渠道的近期机会

步骤 6. 制定近期进攻计划

（三）渠道系统优化设计

步骤 7. 最终用户需求定性分析

步骤 8. 最终用户需求定量分析

步骤 9. 行业模拟分析

步骤 10. 设计"理想"的渠道系统

（四）限制条件与差距分析

步骤 11. 设计管理限制

步骤 12. 差距分析

（五）渠道战略方案决策

步骤 13. 制定战略性选择方案

步骤 14. 最佳渠道系统的决策

营销渠道结构设计中营销渠道结构的三大要素是渠道中的层次数、各层次的密度和各层次的中间商种类。

渠道层次是指为完成企业的营销渠道目标而需要的渠道长短的数目。

渠道密度是指同一渠道层次上中间商数目的多少。

中间商种类是指有关渠道的各个层次中应分别使用哪几种中间商。

四、渠道决策比较与评价

(一) 财务评估法

财务法（Financial approach）是兰伯特（Lambeit）在20世纪60年代提出的一种方法。此法指出，财政因素是决定选择何种渠道结构的最重要的因素。这种决策包括比较使用不同的渠道结构所要求的资本成本，以得出的资本受益来决定最大利润的渠道。

(二) 交易成本评估法

交易成本分析（TCA, Transaction cost analysis），最早由威廉姆森（Williamson）提出。该方法的重点在于企业要完成其营销渠道任务所需的交易成本。从根本上讲，交易成本与完成诸如信息收集、洽谈、监督表现等任务所需的成本关联。在TCA方法中，威廉姆森将传统的经济分析与行为科学概念以及由组织行为产生的结果综合起来，考虑渠道结构的选择问题。

(三) 经验评估法

1. 权重因素记分法

由科特勒提出的"权重因素法"是一种更精确的选择渠道结构的直接定性方法。基本步骤：

列出影响渠道选择的相关因素。

每项决策因素的重要性用百分数表示。

每个渠道选择依各项决策因素按1~100的分数打分。

通过权重（A）与因素分数（B）相乘得出每个渠道选择的总权重因素分数(总分)。

将备选的渠道结构总分排序，获得最高分的渠道选择方案即为最佳选择。

2. 直接定性判定法

进行渠道设计选择时，直接定性判定法是最粗糙但也是最常用的方法。

3. 营销渠道成本比较法

把各个渠道模式的成本与收益作为最主要的评估因素，通过对投入和收益的比较选择成本低收益大的渠道结构。

五、林下经济产品上市的渠道推广方法

林下经济产品上市的渠道推广首先要营造声势，抢占先机。在渠道促销开展的同时，还要配合投放媒体广告或者宣传活动，以拉动消费者的需求，策应渠道的推广活动，使产品能顺畅地流通到终端。避其锋芒，循序渐进。

1. 销售旺季的渠道推广方法

(1) 要趁热打铁，借机造势。

(2) 要强化市场基础，自然带动销售。

2. 销售淡季的渠道推广方法

(1) 挤占市场份额。

(2) 发动淡季攻势。

(3) 巩固市场基础。

3. 多产品的渠道推广方法

(1) 组合式推广。这是一种交叉营销方法,将不同产品组合起来,以畅销产品带动滞销产品或者畅销产品互相带动,目的是向同一消费群体销售尽可能多的产品。

(2) 分品类经营。目的在于使同一个企业的每个产品都能得到充分的重视,将不同产品分给不同的经销商经营,以集中经销商对产品的推广资源,同时对经销商也造成压力,促使其提高业绩。

第三节 林下经济营销策略

根据《国务院办公厅关于加快林下经济发展的意见》(国办发〔2012〕42号)精神,为进一步加快我国林下经济发展,我国各地充分利用林地资源、林下空间和森林生态环境优势,大力发展以林下种植、林下养殖、相关产品采集加工和森林景观利用等为主要内容的林下经济,取得了积极成效,对于促进农民增收、加快林业产业转型升级、巩固集体林权制度改革和生态建设成果发挥了重要作用。

林地是国家重要的自然资源和战略资源。国务院明确要求"要把林地与耕地放在同等重要的位置,高度重视林地保护"。为统筹林地资源的保护利用,国务院2010年正式批复实施了《全国林地保护利用规划纲要(2010~2020年)》,这是我国首个中长期林地保护利用规划。国家"十二五"规划首次确定了到2015年森林覆盖率达到21.66%、森林蓄积量达到143亿立方米的约束性指标。力争到2020年,全国林地面积由目前的45.6亿亩增加到46.8亿亩,林地占国土面积由目前的31.6%提高到32.5%。我国农村山区人口多。在广大山区大力发展林下经济,建立以林为主,林下种植、林下养殖、林下产品采集加工以及森林景观综合利用等相结合的立体林业经营模式,有利于促进资源优势转化为经济优势,发掘农村经济新增长点,拓宽农民就业、创业和增收渠道,带动山区扶贫开发;有利于改变过去单一木材经营格局,延伸林业产业链,加快林业经济结构调整;有利于发挥林下经济见效快的特点,克服林木生产周期长、见效慢的问题,实现林地产出长短结合,以短补长,提高林地综合利用效率,巩固林改成果;也有利于广大农民近期得利、长期得林,保护林业生态,巩固造林绿化成果,促进林业可持续发展。

一般来说,营销观念只有在市场经济发展比较成熟,市场竞争十分激烈的市场环境条件下,才容易被企业所接受。这是因为真正采用营销观念的企业会在原有的基础上增加很多新的工作和投资(如市场调研与营销策划等),以营利为目的的企业只有在其认为确实必要的情况下,才会接受营销观念并相应地增加这方面的投入;随着营销必要性的逐步增强,而提高营销在企业中的地位。图11-4反映了市场营销职能在企业中地位的变化。

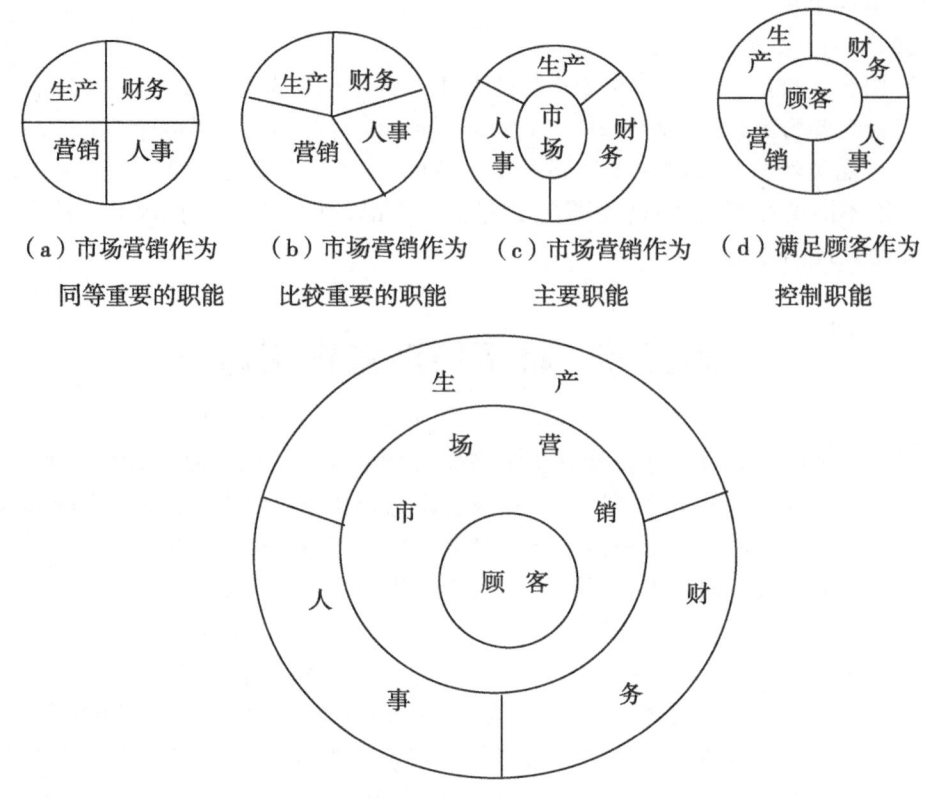

(e) 满足顾客作为控制职能而市场营销作为综合职能

图 11-4 市场营销职能在企业中地位的变化

一、加强部门沟通与合作，注重规划引导

没有合作，单凭林业一家之力，要说发展好林下经济，只能是纸上谈兵；没有规划，要想发展好林下经济，也只能是瞎子摸象。因此，必须将发展林下经济与林业产业化建设、农业产业结构调整、推进循环经济、扶贫开发和社会主义新农村建设等内容融合在一起。

二、创新发展模式，提高经济效益

一是大力发展林下种植。充分利用丰富的林下资源发展种植业，因地制宜开发林果、林草、林花、林菜、林菌、林药等模式。比如说林花模式。现在人们生活水平提高了，大家不仅仅满足于温饱，还在追求高品质的生活，对环境的要求越来越高。花卉、园艺、苗木就派上用场了，而且卖价好。中国台湾花卉产业做得很大，大陆已经从政府部门的层面加强了与我国台湾花卉产业的对接。在林下种植耐阴性的花卉和观赏植物，发展前景是很广阔的。

二是大力发展林下养殖。充分利用林下空间发展立体养殖，大力发展林禽、林畜、林蜂等模式。

三是大力发展森林旅游。充分发挥山青水秀、空气清新、生态良好的优势，合理利用森林景观、自然环境和林下产品资源，发展旅游观光、休闲度假、康复疗养等产业，大力发展森林旅游。

四是大力发展林下产品经营加工，拉长林下经济产业链，发挥集群作用，提高经济效益。

三、拓宽融资渠道，加大资金投入

规范森林资源资产评估，建立林权交易中心和林产品专业市场，大力开展林权抵押贷款，推进森林保险，拓宽融资渠道，支持林下经济发展。按照性质不变、渠道多样、捆绑使用的原则，发展林下经济与农业综合开发、经济结构调整、畜牧养殖、扶贫开发、科技推广等项目，在资金使用上完全可以有机结合起来。

四、加强技术服务，提高产品质量

积极搭建企业、农民与高校、科研院所、技术推广单位之间的合作平台；积极引进和推广适宜林间种植、养殖的新品种、新技术，加快科技成果转化步伐，建立林下产品产前、产中、产后的技术服务体系。严格实行标准化生产，确保林下经济产品质量。

五、建立销售网络，培育龙头企业

集中力量，引进和培育有实力、讲诚信、影响力大、辐射力强的企业，并通过龙头企业辐射带动，采取"龙头企业＋基地＋大户＋农户"等模式，引导农户组建林业专业合作社组织，建立市场销售网络。抓紧建设一批连片规模1 000亩以上的林下经济示范基地。

林下经济生产相对分散、利益主体较多，积极组建各类专业合作社、行业协会、中介服务机构，加强社会化服务体系建设，提高经营者适应市场的能力，才能更快更好地提高林下经济产业化、组织化程度。

第四节　林下经济产品开发的目标市场定位及细分

营销观念是以消费需求为中心的，整体战略性很强的企业经营观念，营销观念的产生和应用是对其以前的各种经营观念的一种质的变革。其核心是从以企业的需要为经营出发点变为以消费者的需要为经营的出发点。图11-5表示了营销观念与推销观念在出发点、中心、手段和目的等方面的差异。

一、目标市场：以海南为基本市场，以北京市场销售为重点

2013年林下经济产品产量估计在25万千克左右。因产量少，价位高（200元/千克），又处于新产品开发推广阶段，把主要消费市场定位在海南和北京两地，上海、广

州、深圳等地少量上市，2015年以后在全国宣传推广销售。

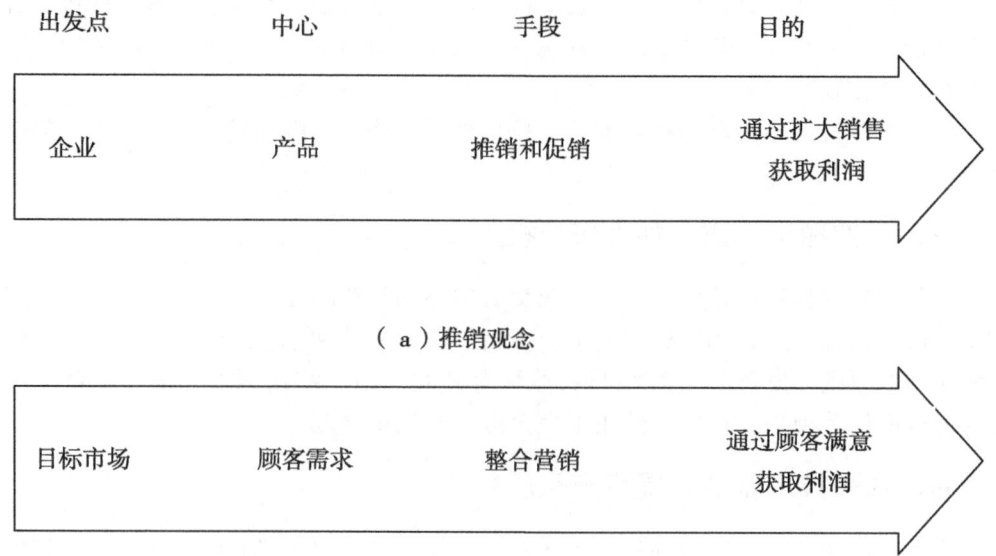

图11-5 营销观念与推销观念的主要区别

二、消费目标市场细分

消费目标市场主要定位在金融业、企业高管、离退休老干部、石化企业、IT企业、高级白领、老人和儿童等。全国的购买者主要定位在高端消费、集团消费和礼品消费为主。

以海南自然环境、富硒、有机认证、火山灰土、火山冷泉和热带林下经济产品概念，突出1~2个卖点，抓住消费者购买心理，逐步渗透到各个有能力消费阶层，扩大市场容量和市场需求。在广告宣传上向消费者渗透科学饮食、健康饮食新概念，向品牌差异化的市场营销方向发展。

三、林下经济产品开发的市场营销方案

（一）市场状态

海南林下经济产品属于新品种新品牌，没有市场知名度，在市场推广上会遇到很多的问题和同行竞争的阻力。因此，在初期推广上，特别需要有营销经验的营销专家或营销团队在战略上的谋划和指导，也需要有实践经验的人士在寻找高端目标消费团体上的支持和帮助，以高端消费为主，多渠道多方面推销林下经济产品，从市场推广的实践中找到最佳的消费客户。

（二）消费需求

以"高端消费"为主要目标消费群体。高端消费主体的人群，属于大众消费群体的小众，但其消费能力远远超出大众消费人群，消费人数少，消费价值高，市场份额少，在林下经济产品消费市场中属于最高端的精品消费。

（三）竞争状态

海南林下经济产品的市场竞争主要是价格和地域消费者饮食习惯的竞争。价格高也是优势，好的产品的市场价格也决定了它的市场地位，利用海南独有的自然环境优势，借鉴日本天价林下经济产品的成功经验，站在最高点走精品市场路线。

（四）市场机会

海南林下经济产品进入市场，没有走中低价位，而是直接走高端市场，有机会有风险。明确目标市场和市场定位，以健康、品质、质量为基础，以健康饮食概念为诉求，让消费者接受保健康、食营养的消费理念，从主食上引导和创新科学饮食新概念。

（五）市场策略

1. 团队营销

传统的营销团队营销，扩大市场影响面，提升产品知名度，在宣传和推广上增加市场的辐射面。

2. 高级顾问营销

聘请有活动能力、有影响力的人士作为高级营销顾问，从个人对饮食健康新概念的角度推介海南林下经济产品，从食用主食对身体健康的重要性出发，带动集团消费和礼品消费市场。

3. "夕阳"营销

"夕阳"营销主要是针对离退人员进行的营销。以离退老年人的身体健康需要为目标，在老同志集中居住物所开展营销宣传，以形成集团消费。通过食品全面调节，提升老同志的免疫力，并延缓衰老。以点带面，找新卖点，也可以考虑开发适合老年人食用的系列产品，使副产品找到市场，增加产品附加值。

4. 星级酒店营销

以精品的形式在五星级以上的酒店销售，提升产品的档次和品位，拓宽高端消费人群。

5. 网络营销

借助网络宽广的视觉平台，在网络上加大对海南林下经济产品的宣传力度，通过电视、报纸、pop广告和网络多角度全方位形成立体的宣传态势，用好用足媒体资源。

6. 特殊营销模式

开发林下经济产品套装系列产品，一袋林下经济产品配一块小的火山石，外加火山冷泉水，附产品使用说明。强调林下经济产品蒸煮的原汁原味的口感效果和食用吸收的妙处，强化火山矿物质的保健功能，用差异化提升品牌的精品定位。

（六）林下经济产品的产品诉求

从食品品种、安全、有机、富硒、火山灰土等卖点上突出产品诉求，从健康饮食上做文章，强调主食食补更有利于人体吸收，既满足消费者物质的需求，又满足精神上的需求，说服消费者接受新的饮食生活理念。

（七）产品包装思路

从外部包装设计要求突出环保概念、火山概念、礼品概念和热带林下经济产品概念，从形状上要求小而精，每件产品的重量要控制在1~5千克，色调色彩上简洁明快，突出海南热带有机富硒林下经济产品的元素。

（八）产品广告设计

广告语设计要巧用海南热带林下经济产品、富硒、有机、火山灰土概念，取一到两个作为主体广告语，如："物以稀为贵，热带林产品"等，并融合饮食健康新概念理念。

（九）渠道模式

以直销、高端超市、农副产品礼品市场（如北京锦绣大地农产品批发市场）为主。

（十）销售政策

1. 营销团队销售政策

制定全面的营销中心总监及团队成员的激励政策，明确市场销量、市场份额、市场价值和市场规模等量化标准，以底薪、提成为基本条件，采取传统的营销模式。

2. 高级营销顾问销售政策

营销顾问是指其本人不属于公司员工，有能力帮助公司促成产品进行大批量集团消费活动，并给公司带来实际收入的人。为鼓励营销顾问的工作成绩，根据实际销售金额从中给予高于超市返利的现金奖励。

3. 超市销售政策

按市场销售实际价格的 10%~30% 返利给超市，或按超市常规协商确定。

（十一）广告宣传策略

广告策略，突出的是目标市场定位、广告促销策略和广告心理策略。

前期的平面媒体宣传主要以报纸的隐形广告作为铺垫，以图文的形式让消费者从感知、认知到主动有意识有动机地尝试食用产品，先预热消费市场，再进入产品市场。

在宣传方面，公司计划聘请国内国际的知名营养专家学者、水稻专家和食品科研院所的专家对林下经济产品的食用价值作全方位的研讨论证，加大舆论宣传力度，以产品诉求为基础，从纯生态绿色农业、有机的原始耕作方式上做文章，使林下经济产品的概念更清晰、更明确。

公司计划在北京成立林下经济产品中国营销中心，以北京市场为重点，辐射全国市场，为后期开发林下经济产品系列新品牌奠定基础。

海南林下经济产品在广告宣传上要突出其稀缺性、产量有限和高端精品概念，概念点、利益点、支持点和记忆点要有高度。

第五节　林下经济市场预测

——以黑龙江省、江西省赣州市为研究案例

一、以黑龙江省为案例

——发展新型林下经济，助推黑龙江省林区产业转型

林下经济是以林地资源为依托，以科技为支撑，充分利用林下自然条件，从事林下

养殖、种植等立体经营，从而使农林牧等各业实现资源共享、协调发展的现代化林业生态经济模式。封山育林的战略实施，使得木屑原料紧缺，作为林区重要经济支柱的木腐类食用菌产业受到很大冲击，生产转型势在必行，而林下草腐菌生产、林下养殖作为新型的林下经济类型必将有力地推动黑龙江省林区的产业转型。

黑龙江省是我国森林资源最丰富的省份，拥有全国面积最大的天然林，是国家重点林区之一。全省林业经营面积3 127万公顷，林业用地面积2 389万公顷，其中，有林地面积1 895万公顷，活立木总蓄积15亿立方米。地方林业经营总面积952万公顷，有林地面积587万公顷，活立木总蓄积4.3亿立方米。由于受传统思想和习惯的影响及气候条件等因素的制约，相对于南方发达省份，黑龙江省的林下经济步伐相对滞后，还处于自发的、零星的存在状态，缺乏有效地引导和管理，林下草腐菌栽培和林下养殖发展空间广阔，发展潜力巨大。

选择适合林下生产的草腐菌种类和养殖种类，进行合理种、养殖，其主要意义和作用有：①可以构建稳定的生态系统，增加林地生物多样性；②适合发展特色食用菌业、生态畜牧业，实现健康种植、养殖；③可保证食用菌及动物产品品质，有利于打造无公害、绿色、有机等特色品牌；④为林业生产提供新的经济增长点，并为生态林的长期养护开辟新的经济来源。

（一）黑龙江省林下草腐菌生产的优势

多数林区透光率均在30%左右，形成了凉爽、湿润、氧气充足的林地自然小气候，为生产草腐类食用菌创造了良好的环境条件，食用菌需要荫蔽的生长环境，且不与树木争肥。如将草菇、褐菇、双孢菇等在畦中进行的传统式栽培，以1亩地为标准，采取林间发展的模式可增收10 000元左右。封山育林政策的实施，使得木腐类食用菌生产所需的原材料极度紧缺，栽培以粪草发酵料为主要原料的草腐菌，将是帮助林下经济走出窘境的有效途径。黑龙江省发展林下食用菌具有以下优势。

1. 原材料来源广泛

黑龙江省每年产7 000万吨的牛粪、1 000多万吨的鸡粪，全省秸秆产量达到7亿吨以上，其中，以玉米和稻草秸秆为主，除少量开发作为新型燃料外，其余的基本都是焚烧还田，不仅开发利用率低，还对环境造成了严重的污染。而草腐菌生产需要消耗大量稻草、麦秸、玉米芯等农业废弃物和畜禽粪便等畜牧业废弃物，变废为宝，在带来可观的经济效益同时，极大地缓解了生态和环境压力。同时采用一料多菌，一棚多菌，周年生产的栽培模式，既可实现资源的综合再利用，在较少的投资下，提高生产效益和资源利用率，又有利于改善农村生产环境。

2. 自然环境适宜

黑龙江省夏季进行草菇、双孢菇等高温菇类的生产，可以在林下种植。黑龙江省雨季降水均匀，夏季气候在30℃以下，给双孢菇的生产提供了清凉的环境，此时恰逢全国高温天气，黑龙江省此时生产草腐菌具有很强的市场竞争力，同时菇质优良、紧密，必将创造更高的经济效益。同时，林菌套作可增加空气湿度，迅速降低过分饱和的土壤水分，加上阔叶落叶树种树冠对阳光的遮挡，可以减少大棚遮阴材料，有利于食用菌生产。夏季树木光合作用释放的大量氧气，有利于食用菌的生长。食用菌生产过程中的水肥管理，产生的废弃料可作为树木的有机肥使用，可以加速林木生长，使单位土地面积农业产值大幅度提高，实现林地长期效益与短期效益的兼得。

3. 技术条件成熟

林下食用菌生产已取得了初步成效，受到一些群众的认可，部分农民群众表现出了种植积极性。但草腐菌的栽培工作还刚刚起步，如何扩大规模，以规模产生效益，尚需要进一步加大工作力度，但是此项技术在荷兰、美国等国家早已应用成熟，现在已经进行到工厂化的栽培阶段，我国南方的栽培产量也相对稳定，形成了半人工化半工厂化的栽培模式，所以黑龙江省开展双孢菇的栽培有着稳定的科技支撑。

4. 销售渠道畅通

黑龙江省紧邻俄罗斯贸易口岸，黑河、东宁等贸易早已形成规模，黑龙江省大力发展林下经济，以嘉荫—汤旺河—伊春的食用菌生产带可以由黑河出口；以海林—东宁为主要生产食用菌的基地可以由东宁口岸出口，同时将原生态无污染的食用菌产品进行深加工，树立品牌意识，借国家对外开放口岸的便利运输条件，大力拓展国外市场，"10+1"中国—东盟自由贸易区在2010年建成，从而成为世界上最大的自由贸易区。这些区域合作的发展将有利于黑龙江省食用菌产业对外市场的开拓，将会有广大的市场前景。

(二) 林下养殖的优势和适合种类

2008年黑龙江省森林面积为2 007万公顷，森林覆盖率为43.6%，森林面积居全国首位。林业资源广阔，正适合发展适宜的林下经济，林禽模式要求造林密度较小，林下透光性、空气流通性好、湿度低的环境条件。主要养殖鸡、鸭类。围网放养和舍饲相结合，使鸡肉口感好，林畜模式要求造林密度小，林下活动空间大，宜大小株行距培植，行间间种牧草，主要养殖羊、猪等，需要砖堵围栏或铁丝网围栏。林下混养模式是一种级别高、效益高的复合的经营模式。根据互惠互利原则，按照不同动物的特点和习性，采取灵活多样的混养模式，可以改善生物生态链，充分利用空间环境，取得更高的效益。如林—鸡—兔模式、林—羊—鸭模式等。

虽然放牧家畜对林木幼苗有一定的破坏作用，但是适度放牧和保护性放牧可促进苗木的生长，不但不会影响树冠生长，还有利于树冠生长扩展，同时还可以促进林木抽叶生长；另外，适度的放牧还可以有效增加林下物种的总数，提高林下物种丰富度，总之合理的林下放牧和养殖家禽有助于林地小环境的稳定，节省了耕地，提高了土地利用率。积极探索林下养殖的立体养殖道路，拓宽农民增收的路子，将对林地的合理循环利用及林产业、畜牧业的快速可持续发展具有巨大的推动作用。

1. 林下养鸡（鹅）

黑龙江省与南方不同，受自然条件限制，在夏秋两季，选择适合于林下养殖的鸡种（本地鸡、三黄鸡等）和鹅种；根据林下的自然地势条件，采用半简易塑料大棚舍或砖混结构舍，充分利用林下的杂草、野菜和昆虫等为饲料，适当补充精饲料。根据林地的大小确定饲养群体的数量。

2. 林下养羊

近年来，由于羊产品市场价格较高，养羊的经济效益较好，使养羊数量增长很快。

但在黑龙江省林区养羊主要是以放牧为主，在放牧过程中，羊对山坡、草场植被的破坏相当严重。为了保护生态环境，要从根本上彻底改变那种完全以放牧为主的饲养方式，而采取以半舍饲、半放牧或完全舍饲养殖的方式，使养羊业与生态环境协调发展。

羊属于放牧型家畜，它的生活习性就是适合在野外跑动、采食野草，一旦把它们圈起来进行舍饲喂养，会由于缺乏运动而发生一系列的疾病。如消化不良、口舌生疮以及呼吸系统的疾病等，所以，每天必须对羊进行一定量的运动，放牧时间不少于2~4小时，采取半舍饲、半放牧的饲养方式既能满足其生长习性，又可最大限度地利用林区的资源优势。

3. 林下养猪

选择山形坡度较缓，且是针叶和阔叶混交林，树木以柞树、榛子树、核桃树等为主的10年以上林地。林下植物资源丰富的地区。围栏区内应有充足的地下泉水，且水源地要方便猪的饮用及炎热夏季洗澡，同时要远离居民饮水区。放养密度不易过大，过大的放养密度在采食不足的情况下，不仅不利于林木生长，还有可能破坏林区生态环境，建议野家杂交猪2~3头/公顷，民猪或民猪杂交猪3~5头/公顷。

在放养区域内，为了猪的放养前驯化、过渡工作及日常的补饲工作，应根据放养数量，选择在围栏靠中心区临近水源，地势高、干燥、平坦、向阳避风的位置，建造简易猪舍。可选用扭花网等，不易变形，耐腐蚀性的材料，围栏高度应根据养殖猪品种设定，放养野家杂交猪围栏高度在1.2~1.4米为宜，养殖民猪或民猪杂交猪围栏高度在1米左右即可。围栏可依树围网，不仅节约成本且牢固。

总之，在黑龙江省大力发展林下草腐菌栽培、林下养殖产业具有得天独厚的地域优势和资源优势。合理利用林下资源，科学发展林下种养殖，实现近期得利，长期得林，以短养长，长短协调发展的良性循环，对提高农民营林造林的积极性，增强林业自身的竞争能力具有重要意义，有利于转变林业经济增长方式，提高林地综合利用效率和经营效益，推动林业产业快速、可持续发展。

（三）措施和建议

1. 开展技术指导和培训，提供技术支撑

组建专家技术服务团，构建技术服务网络体系，把从业人员培养成有较强市场意识、有较高生产技能、有一定管理能力的现代林下产业经营者。同时，提高林下产业的科技含量。加大林下产业研发的基础性建设投入，加强深加工研究，积极推动产、供、销、加工相结合，鼓励科企联合攻关，提升林产品的特色和传统优势，以科技链延长产业链，实现林下产品高附加值和高收益。做好技术推广服务，推进产业科技成果转化，大力推广市场前景好、产业化程度高的建设项目。

2. 因地制宜，适度发展

总结适合黑龙江省林下养殖的成功模式，并尽快形成技术规范，使林下养殖有样可学，使林下养殖形成规模化、标准化生产。林下经济发展一定要注重与生态环境协调，以生态为基础、以效益为目标，对林下资源，要采取"适宜、适当、适度、适用"的原则，根据纬度、气候、森林种类等具体条件的不同，确定养殖品种、规模、密度、区域等。设计流动式适合林下生产的设施和设备，降低林下生产成本，便于推广。确保林地可持续发展和永续利用,成为生态高效现代农业发展模式之一。

3. 打造名优特色品牌,实现产加销一条龙产业运作模式

林下生产要与生态无公害生产结合起来,与创品牌结合起来,生产绿色产品,提升产品质量,提高养殖效益。打造无公害、绿色、有机、地理标志等特色名优品牌。同时,构建完善的营销网络。一是加强职工合作经济组织建设,突出扶持、培育产品营销大户,着力规范发展林下各种产业协会,搭建平台,畅通渠道,切实解决产品"卖难"问题。二是加快林下产业信息化建设,积极搭建覆盖全国的林下产业信息化网络。

二、以江西省赣州市为研究案例

江西省赣州市是林业大市,全市森林覆盖率达 76.2%,林地面积达 4 596 万亩,林地资源丰富,自然条件优越,发展林下经济潜力巨大。为贯彻落实《江西省人民政府关于大力推进林下经济发展的意见》(赣府发〔2012〕10 号)和市第四次党代会精神,大力培育生态建设可持续发展与增加林农收入相结合的林下经济发展产业,现结合该市实际,制定《江西省赣州市大力推进林下经济发展的实施方案》。

(一) 指导思想

以科学发展观为指导,以赣南苏区振兴发展为契机,认真贯彻落实市第四次党代会精神,牢固树立"发展为先、生态为重、创新为魂、民生为本"的理念,紧紧围绕赣南苏区振兴发展总体目标,充分发挥林地资源和林荫空间优势,培育和发展林下经济产业,提高林地利用率和林业综合效益,推动林下经济规模化、产业化、集约化,促进林业经济与生态建设协调可持续发展。

(二) 发展目标

通过科学规划,合理布局,突出特色,发挥优势,着力培育集中连片千亩以上的生产基地,促进林下资源、技术、资本、市场有机结合,形成产业规模和特色品牌产品。培育扶持一批上规模、有潜力、辐射带动能力强的林下经济龙头企业,实现产前、产中、产后有机衔接,形成"龙头企业(公司)+基地+农户"的经营格局,提高产业组织化程度和抵御市场风险的能力。力争到 2015 年,全市林下经济发展面积 200 万亩,养殖家畜、家禽和野生动物 830 万头(只、羽),综合产值 86 亿元,产业农民人均增收 660 元以上。

(三) 发展模式

1. 林下种植

面积 196 万亩,年产值 44 亿元。

(1) 林—油。在赣县、上犹、崇义、信丰、于都、兴国、瑞金、会昌、石城、宁都 10 个国家油茶产业项目示范县(市),以及已向国家和省申报的大余、南康、龙南、全南、定南、安远、寻乌 7 个列入国家油茶产业项目示范县(市),实施新造高产油茶林和改造低产油茶林项目。到 2015 年,全市新造高产油茶林 40 万亩,改造低产油茶林 100 万亩。

(2) 林—苗。主要培育以桂花为主的绿化苗木产业。在赣县、全南两县各建 5 000 亩以生产 1~2 年生桂花小苗为主的苗圃基地。重点发展区的赣县、上犹、南康、大余、

龙南、全南、定南、兴国、石城9个县（市）建30.35万亩，一般推广辐射区的章贡区、信丰、安远、定南、寻乌、崇义、于都、瑞金、会昌9个县（市、区）建8.65万亩的大苗基地。在章贡区建设1个苗木繁育研发中心和1 000亩的苗木交易市场。因地制宜发展培育多种类的苗木花卉种植产业。到2015年，全市建设40万亩有南国特色的花卉苗木产业基地。

（3）林—药。以现有的安远"江西山香药业有限公司"、龙南"江西九连山药业公司"、信丰"信明银杏实业有限公司"、"江西江中制药"和全南"江西高峰良种苗木繁育中心"等企业为主体，引导带动山区农民发展培育山香园、绞股蓝、银杏、草珊瑚、石蒜、厚朴等制药和保健品原料产业。同时引导千家万户因地制宜的发展灵芝、田三七、葛根、杜仲、车前子、山药、茯苓、破叶莲、沙参等中药材产业。林（药）种植规模达到10万亩。

（4）林—菌。推广安远县蘑菇产业发展的经验，发展白玉菇、杏鲍菇、茶树菇、香菇、平菇、木耳、竹荪等食用菌林下栽培产业，有条件的山区农户发展林菌产业普及率达80%以上，栽培面积5万亩。

（5）林—菜。因地制宜，充分利用森林环境和林下空间资源发展野生蔬菜、高山蔬菜，面积1万亩。

2. 林下养殖

发展830万头（只、羽），年产值达12亿元。

（1）林—畜。利用林地丰富的饲草、饲料优势发展林下猪、牛、羊等养殖产业，既可圈养也可放养，发展市场前景广阔，产值高、效益好。养殖规模50万头。

（2）林—禽。借鉴兴国灰鹅、宁都三黄鸡养殖的成功经验，在林下发展灰鹅、三黄鸡、土鸡的养殖产业，规模750万只（羽）。

（3）林—驯繁。利用现有156家已核准的野生动物驯养繁殖户的养殖技术，引导带动更多的农户，开展更大规模的林下养殖华南兔、梅花鹿、果子狸、豪猪、野猪、中华竹鼠、环颈雉（野鸡）、蓝孔雀、鸵鸟、蛇类、鹰嘴龟、棘胸蛙（石蛙）等野生动物的驯养繁殖产业，养殖30万头（只、羽）。

3. 林副产品采集加工

各地根据林下产业的产品资源状况，发展加工、流通和销售产业，延长林下经济产业链，提高经济效益。主要发展酸枣糕、食用香精香料、竹笋等采集加工产业。培育5万亩南酸枣林，竹笋年产量达到10万吨，林副产品采集加工业年产值达15亿元。

4. 森林旅游

充分利用全市现有的27个森林公园、32处自然保护区、8个湿地公园、"森林十创"中创建的1 110个"森林村庄"以及8个省级风景名胜区的森林景观、自然资源和林下产品资源，科学合理地发展观光旅游、休闲度假、生态疗养等产业，年接待旅游客人500万人次，年产值15亿元。

（四）进度安排

围绕确定的发展目标，林下经济发展工作分3个阶段实施。

1. 第一阶段

试点开发阶段,已于 2012 年完成。主要工作是对辖区内林地资源现状进行了全面调查摸底,并有针对性地开展了面向群众的宣传发动工作,使辖区农民了解、支持、参与林下经济产业。并要结合辖区的实际,充分进行项目调研、市场调研,选定了一批适宜发展的项目,制定出了林下经济发展规划和措施,确立了项目发展工作目标,重点培育了一批具有一定示范带头作用的试点企业、基地和农户。

2. 第二阶段

为推广发展阶段,完成时间为 2013 年。主要工作是在试点的基础上进行规模化推广,力争在条件成熟区域的推广率达到 80% 以上,同时认真做好市场的培育工作,尽量减小市场风险。

3. 第三阶段

为提升发展阶段,完成时间为 2014~2015 年。主要工作是牢固树立提升发展的意识,通过健全各类专业组织,优化整合产业资源,形成林下经济发展合力,打造更具有市场竞争力的特色品牌,达到产品优良、市场稳定,真正把林下经济做大做强。

(五) 主要措施

1. 因地制宜,科学规划

各地要根据《中国农村扶贫开发纲要 (2011~2020 年)》及国家、省特色农产品区域布局规划等相关规划,围绕赣南苏区振兴发展,深入调查,摸清适宜发展林下产业的林地类型、范围,认真做好林下经济发展规划,做到发展林下经济与林业产业发展、农业产业结构调整、扶贫开发、城乡统筹和新农村建设相结合,并根据当地农民的生产经营习惯,选择、推广适应林下经济发展的模式。

2. 打造龙头企业,强化典型示范

各地要科学规划建设一批集中连片千亩以上的林下经济示范基地,要在现有林下经济发展规模较大、基础条件好、技术成熟、产品优良的企业或专业户中,培育一批起示范带头作用的龙头企业和大户,在技术和资金上给予重点扶持。以龙头企业为基础,利用企业的技术、资金、营销市场资源,实施"公司+基地+农户"联合经营的模式,努力营造企业带大户、大户带小户,千家万户共同参与的发展局面。

3. 实施品牌战略,提高市场竞争力

各地要根据林下经济发展条件、特色产品和市场需求,强化品牌建设,不断提升产品质量,积极打造一批具有赣州特色的品牌产品,加大对品牌和产品营销的宣传推介力度,不断拓展林下经济产品市场,推动林下经济规模化、产业化发展,形成种养一体化、产供销一条龙的经营体系,提高市场竞争力。

4. 强化科技支撑,搞好技术服务

各地要加强与有关科研、技术推广机构的合作,大力引进应用推广林下种养新技术、新品种、新模式,学习借鉴外地成功经验,系统整合人才技术资源,建立综合技术服务组织。广泛开展技术培训,充分利用远程教育网、电视、广播等多种形式,传授林下经济实用技术,培育农民技术骨干,带动千家万户发展林下经济。同时,邀请科技人才、专家、示范户深入农户进行技术培训,解决生产中的技术难题。

(六) 组织保障

1. 加强领导，成立机构

市政府成立由分管领导任组长，市林业、发改、财政、水利、农粮、交通运输、科技、扶贫、旅游、新闻以及驻市电力、金融、税务、保险等有关部门、赣南科学院为成员的全市林下经济发展工作领导小组。领导小组下设办公室，办公室设在市林业局，负责林下经济发展的组织协调、引导服务等工作。各县（市、区）也要成立相应的组织机构，切实把发展林下经济作为促进经济发展、拓宽农民致富之路的一项重要工作抓紧抓好。

2. 加强协作，落实责任

林业部门负责牵头组织协调林下经济发展工作；发展改革部门参与编制发展规划，支持项目建设；水利、交通运输、电力等部门要支持林下经济示范基地水、电、路等基础设施建设；科技、林业、农业、科研单位等部门加强新技术、新品种、新模式推广应用及政策、信息、市场等方面的服务；扶贫部门要将林下经济发展与产业扶贫开发相结合，加大政策扶持力度；保险行业将林下经济保险纳入农业保险试点，开发适合林下经济发展的保险品种，降低林农发展林下经济风险；旅游部门做好森林旅游的监督指导、服务协调等工作，加大对森林景观的宣传、森林旅游景点的建设力度；新闻单位加强宣传报道，营造良好的舆论氛围。各责任单位，要各司其职，通力协作，扎实推进林下经济工作。

3. 加大财税、金融支持力度

各县（市、区）人民政府要制定和出台扶持林下经济发展的优惠政策，整合发改、农业、林业、扶贫移民等相关专项资金，重点加大对林下经济公共领域的扶持力度。从2012年起，结合省财政统筹安排的资金，切实加大财政支持林下经济发展的力度，充分发挥财政资金的引导作用。对农业生产者销售自产的农产品和农民林业专业合作社销售本社成员生产的农产品，免征增值税。对农民林业专业合作社与本社成员签订的农产品、农资购销合同，免征印花税。对企事业单位从事种植、养殖和农林产品初加工所得，依法免征企业所得税。金融机构对具备发展潜力的林农、林业大户、林业专业合作社及龙头企业发展林下经济，在风险可控的前提下给予信贷扶持。稳步推行农户信用评估和林权抵押贷款相结合的免评估、可循环小额信用贷款，在贷款利率上给予适当优惠。

4. 加大指导服务力度

各级林业及相关部门要加大对林下经济发展的指导和协调力度，切实加强林下经济发展的宏观管理和公共服务，在林业规划设计、森林资产评估、林权流转、政策指导等方面为农民提供优质服务。

第十二章 林下经济的效益评价

效益评价是非常复杂的过程，一般情况下，从经济、社会、生态三个角度开展，经济效益（Economic benefit）是一切经济活动的核心，分析、研究在经济活动中各种耗费与成果的对比；生态效益（Eco-efficiency）是指人们在生产中依据生态平衡规律，使自然界的生物系统对人类的生产、生活条件和环境条件产生的有益影响和有利效果，关系着人类生存发展的根本利益和长远利益；社会效益（Social efficiency）是指最大限度地利用有限的资源满足社会上人们日益增长的物质文化需求。三者可以有机结合起来，形成共同发展的状态。除了以上三个方面的评价，对于林下经济的效应评价，还需要考虑到这一生产过程的特殊性。第一节将对林下的效益评价有关思路、方法进行一些概述；第二节将提出林下经济的效益评价指标选择的原则，并给出一套可行的评价指标体系；第三节重点论述主要的评价方法及其在林下经济评价中的运用设想，如灰度关联、系统工程法、统计学方法、模糊数学方法等；最后结合现有的研究成果，对发展林下经济的经济、生态、社会效益进行初步评价。受数据的限制，将不运用本章所设计的指标体系和方法进行评价。

第一节 林下经济的效益评价概述

林下经济属于复合式的立体农业，发展林下具有多功能性，评价经济效益、社会效益、生态效益之前，应当首先分析研究发展林下经济原有森林（人工林）系统结构以及能量流、物质流的情况，这两个方面的指标设计如表12-1所示。结构指标包含生态、技术、经济三个指标，体现发展林下经济对原有结构的冲击和影响；能物指标则是从林下经济的能量流、物质流进行分析。由于林下经济是在原有生态系统中进行的，所以效益评价相对复杂，既要考虑林下经济的可行性，又要重视对树林（树苗）生长的影响。因此，需要对发展模式、规模、技术等进行通盘筹划，避免出现为了发展林下经济，而出现抑制原有树林的生长，或造成较为严重的生态问题，或林下经济模式效益低下等问题。因此在评估生态、经济、社会效益之前，应当关注表12-1所显示的指标。

表 12-1　林下经济相关的结构和能量指标

总体指标	次级指标	具体指标
A 结构指标	A1 生态结构	生物资源结构、生物种群结构 农村能源结构、人口土地结构 食物链结构、经济能量投入结构 各种能量输出占总能量比重
	A2 技术结构	良种率、有机肥之化肥比率 生物防治与化学防治结构 各层次技术措施效益对比率 技术费用比率、纯收益增长率
	A3 经济结构	土地利用结构、劳动力结构 要素投入结构、成本收益率
B 能物指标	B1 能量转化	光能利用率、能量转换率 光能潜力发挥率、饲料转化率 农副产品利用率、可再生资源的再循环利用率
	B2 物质循环	系统物耗产值率、可再生资源的资源再生系数 有机物质有效利用率、土壤肥力升降状况
	B3 协调共生	土壤有机质平衡比率、土壤 N、P、K 平衡比率 多样性、持续性、稳定性

第二节　林下经济的效益评价指标体系构建

林下经济是一个多元结构，生产力的发挥及生态平衡的维持，依赖于其自身结构。系统内部与外部之间的关系是动态的，各有其随时间变化的内在规律和发展趋势，导致其功能的动态发挥，而系统活动功能发展规律性变化，是通过内在结构变化规律及其人为调控的反应而产生；系统的效益则是系统功能的外部表现。

一、指标选取的原则

林下复合经营模式在功能和结构上都比较复杂，单一的指标都不能很好地对不同模式做出综合的客观反映，必须采用多指标的综合评价。在确定比较评价指标上要把握以下原则：

（1）评价指标应该全面反映林下经济模式系统的效益，但不能重叠。
（2）设立的指标意义要明确，数据易得到，便于计算、比较和分析。
（3）尽量采用综合指标，指标之间应该尽量保持相互独立，无直接作用关系。
（4）指标应能够反应每个系统的长期行为和短期行为，并将短期效益和长期效益综合起来考虑。

二、指标体系构建

林下经济评价指标体系如表12-2所示。针对不同树林发展不同林下经济模式，选取的指标是有所区别的。应根据实际情况，在调查、讨论的基础上确定评价各层次的准则因素（指标层因子），建立评价指标体系。表12-2中的指标并不是一成不变的，应根据不同模式、不同地点、不同目标等具体情况而有所不同，同时还需要确定一级、二级指标的权重。

表12-2 林下经济的评价指标体系

一级指标	二级指标	备注
生态效益（权重）	水土流失面积指数 土地利用率 土壤沙化比率 土壤肥力变化 小气候变化 树木生长量 水分平衡比较值	主要评价发展林下经济对原有生态系统的影响，包括木材生长、土壤营养等
经济效益（权重）	产量 总产值 净现值 投资回收期 成本利润率 内部收益率 产出投入比 边际成本效益 劳动生产率 间作置换值 产品外销率	主要是林下经济开发项目的财务评价及辅助指标
社会效益（权重）	产品商品化率 就业量 劳动力利用率 林业劳动年生产率 单位土地面积人口承载量 劳动力文化素质 技术人才比例 农民增收幅度	主要是就业、生产率等社会指标

第三节 林下经济的效益评价方法

发展林下经济是农业、林业开发项目的一种类型，根据现有的效益评价理论，可以从系统工程学、模糊数学、统计学角度进行评价。根据林下经济系统的自身特点和以往的对林农、林牧、林养复合系统的研究成果，选择合适的评价方法，给出系统的、科学合理的综合评价。

一、灰色关联度分析法

灰色关联度分析的基本思想是出自灰色系统理论，是一种相对性的排序分析，再根据其序列曲线几何形状的相似程度来判断其相互联系是否紧密。如果一组几何曲线之间的形状越相似，则相互关联度越大，反之则就越小，通过此种方法即可从所考察的复杂系统中找出相对主次因素，为系统综合评价决策及可提高综合效益方法和对策提供信息。灰色关联分析法的基本是以灰色系统理论为基础，通过一定的方法计算相互关联系数和关联度指标，分析对各种不确定因素，得出指标因子对某一客观事物（系统）的影响程度，并确定哪些因子是主要影响因素，这是一种数量分析方法。一般包括如下步骤：

(1) 第一步，确定参考序列 X_0。

选择一种林下经济发展模式作为参考序列，各单项指标所组成的数列记为 $X_0(k)$，其中 k 为单项指标的序号，即 $X_0 = [X_0(1), X_0(2), X_0(3) \cdots X_0(n)]$，$n$ 表示指标个数；

(2) 第二步，确定比较序列 X_i。

试验的林下发展模式各单项指标所组成的数列称为比较数列，$X_i(k)$ 代表第 i 个试验的发展模式的各项指标数值，即 $X_i = [X_i(1), X_i(2), X_i(3) \cdots X_i(n)]$，$i = 1, 2, 3 \cdots M$，$M$ 表示试验的个数。

由于系统中各因素列中的数据可能因量纲不同，不便于比较或在比较时难以得到正确的结论。因此在进行灰色关联度分析时，一般都要进行数据的无量纲化处理。

(3) 第三步，计算相互关联系数。

相互关联系数的计算公式为：

$$\xi_i(k) = \frac{\min\limits_i \min\limits_k |X_0(k) - X_i(k)| + \max\limits_i \max\limits_k |X_0(k) - X_i(k)|}{|X_0(k) - X_i(k)| + \max\limits_i \max\limits_k |X_0(k) - X_i(k)|} \quad (12-1)$$

$\xi_i(k)$ 为 X_0 与 X_i 在第 k 个指标的关联系数，$|X_0(k) - X_i(k)|$ 表示 X_i 数列与 X_0 数列在第 k 点的绝对值，$\min\min|X_0(k) - X_i(k)|$、$\max\max|X_0(k) - X_i(k)|$ 分别为 $|X_0(k) - X_i(k)|$ 集合中的最小值和最大值，ρ 为分辨系数，用以削弱 $\min\min|X_0(k) - X_i(k)|$ 数值过大而失真的影响，提高关联系数之间的差异显著性，取值区间为 (0, 1)。当 ρ 大于 0.5 时，关联系数之间的差异较小；当 ρ 小于 0.5 时，关联系数之间的差异较大。ρ 越小，分辨力越大，一般 ρ 的取值可视情况而定。

(4) 第四步，计算相互之间的关联度。

关联度的计算数学公式为

$$r_i = \frac{1}{n} \sum_{k=1}^{n} \xi_i(k) \quad (12-2)$$

r_i 为比较数列 X_i 对参考数列 X_0 的关联度，是总体反映 X_0 与 X_i 数列之间关联性的量度。

(5) 第五步,关联度排序。

关联度按大小排序,如果 $r_1 < r_2$,则比较数列 X_2 比 X_1,与参考数列 X_0 更相似。评价结果为各种林下经济发展模式的相对综合效益。

二、系统工程法

系统工程方法可以分为层次分析法和最优综合评价模型法,均以工程论为基础。

(1) 层次分析法(AHP)。层次分析法(Analytic hierachy process),上世纪70年代由美国运筹学家 T·L·Satty 提出的,是一种定性与定量分析相结合的多目标决策分析方法论,被已经广泛应用于多目标、多层次、多准则的各种社会经济研究中。在现代农林复合经营方面,也有多数研究者将其应用于农林复合经营系统的比较评价上,并取得较好的效果。根据建立的多层次结构模型;构造总评价因子的判断矩阵;再根据层次单排序及对其一致性检验;得出层次总排序及其一致性检验。根据因子相互之间的权重得出。

(2) 最优综合评价模型法。假设有 n 个方案,m 个评价指标,对原始数据进行标准化的无量纲化处理,记为 $(x_{ij})_{n \times m}$,另矩阵 $W = X^{\mathrm{T}}X$,则 W 为实对称正定矩阵。计算 W 的最大特征值 $\lambda_{\max}$ 及其所对应的单位比特征向量,记为 b;计算各评价方案的综合评价集为

$$\{Y_i \mid \sum_{j=1}^{m} b_j x_{ij}, i = 1, 2 \cdots n\} \qquad (12-3)$$

三、统计学方法

运用统计学提供的方法进行综合效益评价、确定权重,是当前效益评价的重要发展方向,但一般要求要有一定的样本量。统计学方法主要包括总分评定法、多元统计法、综合指数法等。综合指数法是建立在已经建立上述指标体系基础上的一种综合评价法,并且根据复合系统结构决定功能,效益取决于功能,功能效益是原始系统结构和状况的最集中直接体现的原理,所以,以综合评价指标体系中最为关键的功能效益指标为基础,计算出综合指数,进而来综合评价林下经济系统的一种方法。多元统计法主要包括主成分分析、因子分析等。

四、模糊数学法

模糊数学又称 Fuzzy 数学,是研究和处理模糊性现象的一种数学理论和方法,能够很好地容忍人们的主观性。在运用模糊数学进行综合评价的方法中,模糊综合评判法是使用最多的。

综合评标方法根据模糊数学的隶属度理论把定性评价转化为定量评价,即用模糊数学对受到多种因素制约的事物或对象做出一个总体的评价。它具有结果清晰,系统性强的特点,能较好地解决模糊的、难以量化的问题,适合各种非确定性问题的解决。在林下经济的综合评价,部分指标需要进行专家评价,就存在难以量化的问题。

第四节　林下经济的效益初步评价

林下经济的效益评价需要收集有关很多的数据，受数据的限制，本节主要是运用现有的研究来阐述林下经济评价。彭领、张东升、蒋振山评价了早期银杏林下复合经营模式的综合效益评价*。

一、林下经济系统的经济效益

经济效益是林下经济系统存在和发展的基础，也是该系统的经济保障，对于一个存在的系统来说，如果不讲求产出的经济效益，其存在将不会长久。林下经济的一个特征是一地多用，可以在相同的时间内获得多种农产品的收益，因此这无论是在数量还是在品种上，比单一种植都有很多优越。在林业资源造林初期，林间种植粮食、特色经济作物可充分利用林下土地空间、土壤和气候条件等资源，达到以短养长的目的，可取得短期经济效益。同时对林下经济作物的中耕、除草、施肥等一系列管理活动也改善了林木的生长环境，提高了林木的成活率，达到以耕代抚的目的，可有效降低林木的抚育成本。

林下经济的经济效益有很多学者进行积极的研究。如冯耀学等人对在海南的橡胶林下间作茶叶的经济效益对比试验研究表明，该林下经济系统中的橡胶树的生长速度比一般的纯橡胶林的高出19%，提前1~1.5年可开割乳胶，同时橡胶树的干胶产量增加大约7.2%~20.9%，综合经济效益增加了72.2%（冯耀学等，2005）；唐光旭等人（1997）在对江西省广丰县乌桕林下经济的综合经济效益的研究表明，林下复合经营模式可提高林下作物乌桕籽的产量，增加单位的面积产值，结果显示试验地单位面积的纯收入是对照面积的1.5~2倍[1]，冯耀学（1992）、邓中美（2002）也进行了类似的研究[2,3]。

二、林下经济系统的生态效益

生态效益是林下经济系统必有的物质基础。如果一个林下经济系统没有生态效益，那么它就失去了其存在的基本价值。由此可见生态效益对一个林下经济系统的重要性。先前的研究对林下经济系统的产生的生态效益进行评价主要集中在以下几个方面[4]（余晓章，2003）：减少林下土壤流失，改善林地小气候，提高光合作用利用率，提高林下土壤肥力。

有很多研究学者都对林下经济系统的生态效益做过以下研究，如冯耀学等人（1992）对海南省林下经济系统橡胶林间作茶叶农林复合系统进行过对比试验研究[5]；丁王贞（2000）对福建省的合浦县油茶林下种植大豆、花生、绿豆的三种农作物复合

---

* 彭领，张东升，蒋振山. 早期银杏林下复合经营模式的综合效益评价. 中国科技论文在线，http://www.paper.edu.cn

模式进行过相关研究[6]；俞新妥（2001）、杨玉盛等（1996）、Paulchandler（1991）等学者对杉木的林下经济系统作过较为深入的研究。据俞新妥（2001）研究结果表明，农桐混合间作可使林地风速降低40%～50%，当地空气相对湿度提高7%～10%，绝对湿度提高2 000毫巴，树叶蒸发量减少34%，林下土壤含水量提高7%～10%，结果表明，林下经济系统显著地减少了当地的干热风对小麦的危害；减少地表径流和对土壤的侵蚀，有效防止表面土壤的流失。甘肃黄土高原旱作梯田当采用"低埂—花椒—小麦"复合的林下经济经营方式后，地埂的冲刷量便降低了86.9%，使地埂的稳定性大大加固。

阎德仁等人对农林混合系统研究结果表明，林下种植的豆科植物可以明显改善土壤有机质和速效性氮，相反可降低磷的含量，豆科间作0～10厘米土层速效氮含量提高到35.67%～133.4%，土壤中的有机质提高95.8%；王仲林（2005）对复合林农生态系统的研究结果得出，系统内作物光能利用率高于体系外的农田，而光能利用率体系内增长了52.64%，能量转换率增长了42.59%。

三、林下经济系统的社会效益

首先，林下经济系统有多种农产品输出，如粮食、畜禽、油料、蔬菜、果品、木材、药材等多种多样的特色农产品，这满足了全社会农产品方面的需求，提高了当地的生活质量。其次，林下经济经营具有劳动力集约性的特点，必须要求密集劳动力的投入。因此，林下经济的种植有利于安排当地农村地区的剩余劳动力，增加就业机会，稳定当地地区环境。另外，林下经济不但能够增加农民的短期收入，而且还可增加其长期经济收入，因此，这种经营方式更有利于调动农民的劳动和种植的积极性，增加农民经济收入。这便使得林下经济系统能得到较大的社会效益。据Meng Qingyan等人（1999）对海南省的热带地区胶—茶农林复合模式进行研究，试验结果表明，此体系可充分满足当地社会对茶、橡胶的需求，比单作胶园更具有社会意义；胶—茶林下经济模式所带来的劳力是单作胶园的2倍，较好地解决了农村的剩余劳动力，缓解了社会矛盾，稳定社会秩序。

第十三章 林下经济研究方法

第一节 林下经济研究方法概述

一、林下经济研究的一般方法

经济学的研究方法不外乎两种,即实证法和规范法。

(1) 实证法:只研究经济本身内在的规律,并根据这些规律分析、预测人们的经济行为的效果,也就是说它是要确认事实本身并根据经济本身的客观规律与内在逻辑,分析经济变量之间的关系。实证法研究的内容具有客观性,所得出的结论可以根据事实来检验。

(2) 规范法:是以一定价值判断为基础,提出作为分析处理经济问题的标准,确立经济理论的前提和作为制定经济政策的依据。也就是说,这种方法是用来说明事物本身是好是坏,是否符合某种价值判断,对社会有什么意义的。它本身没有客观性,所得的结论要受价值观的影响,谁是谁非没有绝对标准,从而无法进行检验。

二、林下经济研究的具体方法

(一) 调查法

调查法主要是运用统计调查、整理和分析方法研究与林下经济有关的各种信息,目的是了解林下经营活动的规模、种类、经营目标、效益,为经营决策提供依据,并保证其产品在市场上适销对路。

(二) 实验法

实验法是研究人员根据一定的研究目的,通过控制一个或几个生产要素或生产条件,改变某些社会环境或某种技术、某项设计模型,使实践活动在特定的环境下发生,考察其产量、成本、收益等变量的变化状况。但由于控制因素不可能像在实验室那样严格。因此实验结果有一定的误差。

(三) 定性和定量分析相结合的方法

定性分析是说明林下经济经营活动中诸多现象的性质及其变化的规律性,定量分析是从经济现象之间的数量关系方面进行研究。许多现象可以用某种标准来衡量,也可以用一定的数量来表示。研究各种经济现象之间量的关系,可以更为精确地反映经济运行的内在规律,因此我们提倡定性定量分析相结合的研究方法。

（四）静态和动态分析相结合的方法

静态分析是研究一定时期内林下经济发展中各因素的影响程度及相互关系，而动态分析是研究林下经济随时间变化而发展变化的过程。从动态角度分析，能反映现象在不同历史时期林下经济的发展变化，并能根据其现象发展变化的规律对未来发展趋势做出预测。二者相结合有利于研究现象变化的规律性及各因素的影响程度。

三、林下经济研究方法的特点

（一）用发展变化的观点来研究

运用发展变化的观点来研究林下经济，是符合历史唯物主义精神的，是林下经济不断发展变化的状态所决定的。只有对林下经济各种现象用发展的观点深入地进行分析研究，才能探索其变化规律，才能不断地解决经济活动中出现的各种问题，使林下经济有一个较大的发展。

（二）从庭院经济和社会经济的相互联系来研究

林下经济活动并不是封闭的，与社会隔离的，它是农林经济的一部分，它的生产经营活动与农业生产有直接或间接的关系。有的林下生产经营活动就是农业产业化链条中的一环，而它的生产要素的购置和产品的销售又与大市场相联系。因此，研究林下经济不能只局限于"林下"这块小天地，而应把林下开发与农业现代化、农业产业化以及农村小城镇建设等诸多经济问题联系起来进行研究，才有利于林下开发和规划设计，也更有利于增强林下开发的生命力，使林下经济在农村经济发展中发挥更大的作用。

（三）从经济理论和实际相结合来研究

从林下经济的发展过程中明显地看出，最初是从各家各户开发林下逐渐走向市场，又逐渐发展壮大的。在长期的实践过程中，通过不断地探索研究其产业结构在国民经济中的地位、作用、发展特点、经营管理的理论与方法等，并对这诸多方面加以总结，形成林下经济比较完整的理论体系。这些理论不仅可以指导林下经济进一步开发，而且还要在实践中进一步验证和发展。因此，我们研究林下经济时，必须坚持理论联系实际，从实践活动中发现并解决各种问题，使林下经济获得进一步的发展。

（四）从自然科学和社会科学交叉的多样性来研究

林下经济有各种科学技术的应用，有各种不同模型的设计，属于自然科学的范畴；但同时又有大量经济学、社会学的诸多理论的应用，又属于社会科学的范畴。这种自然科学和社会科学的交叉，决定其采用多种研究方法的特点。如在林下经济研究方法中有社会科学常用的调查法，又有自然科学常用的定量分析法；既要从微观上分析某项技术的经济效益，又要从宏观上分析庭院开发对农村经济发展的影响。这就是说，林下经济研究方法具有多样性的特点。

第二节 林下经济调查法及其应用

一、调查法的原则

调查法是运用统计的方法调查、整理和分析研究经济问题，为指导林下经济发展或做出相应决策提供服务。调查法主要遵循的原则如下。

（一）准确性

调查是搜集林下经济经营活动的各种资料和信息，这些资料是分析问题的基础，因此，必须遵循准确性这一原则，否则分析方法再科学，如资料有误也不可能会有正确的结论。影响准确性的因素很多，不仅与调查人员的工作态度、专业知识、水平高低有关，而且还与被调查对象的态度等多种因素有关，应遵循这条原则力求做到准确。

（二）科学性

调查法既有搜集资料信息的过程，也有利用资料分析问题的过程，无论是调查过程还是分析过程都要讲究科学性。例如，林下经营产品质量检测，可以用抽样方法选取部分产品，再根据部分产品的质量推断所有产品的质量。这就要遵循科学的抽样方法，保证样本单位的随机性，否则推断结论就不可靠。

（三）大量性

运用调查法搜集林下经济经营活动资料必须遵循大量观察的原则，因为只有大量观察考察不同产品的具体情况，才能从中找出发展林下经济的规律性。如果只调查少数农户就忙于下结论，以偏概全，误差较大。

（四）统一性

调查中涉及许多统计指标，对这些指标的含义、计算方法、计算范围、资料所属的时间等均应有统一的要求，这样不同地区的资料才能汇总。进行对比分析。如果指标口径不一致，就无法进行汇总。中国地域辽阔，同一现象在不同地区反映有很大差异，在调查中更要注意统一性的原则。

二、调查法的步骤

（一）预备阶段

这个阶段是为调查工作正式开始做好准备，主要包括两方面的工作。

1. 制订完整的调查提纲或调查方案

调查方案是调查工作的总体框架，是调查研究工作过程的行动纲领，其设计合理与否，直接关系到调查工作的效率和成败。调查方案的内容包括：调查的目的、调查的对象和调查的单位，调查的内容和具体的调查方法，调查的时间以及其他准备工作。

2. 调查人员培训

参加调查的人员要了解调查内容的具体要求，因此，调查前对工作人员应进行培训。让他们了解调查项目中各指标的含义、有关的计算方法，明确工作的要求和完成的时间,这样才能保证调查资料的一致性。

此外,如果是大型调查,应在正式调查之前进行试调查,因为内容重要、耗资巨大的调查,如果调查提纲中出现不足或缺陷会造成难以弥补的损失。通过试调查可以核对调查方案是否合适,发现问题及时修正,同时也可以使调查人员熟悉一下调查过程。

(二)正式调查

这个阶段主要是全面、广泛地收集与调查目的有关的信息资料。在实际调查中,应根据各种不同的调研方法,采用多种形式,如访问调查、电话调查、信函调查、个案调查等,由调查人员分头开展调查活动,搜集与林下经济生产经营活动有关的各种信息资料。

(三)结果处理阶段

这个阶段主要是对调查资料进行归纳、整理,并根据研究的不同目的采用不同的标准进行分组,将资料制成统计图表,使人一目了然。在此基础上再进行统计分析,写出调查报告。

三、调查法的应用

(一)调查的内容

林下经济调查的内容是调查方案中的核心部分。调查内容是由调查目的所决定的,目的要解决哪一方面的问题,就针对这方面设计其调查内容。要了解林下经济对新技术的采用情况及模式设计是否合理,就要调查该项技术采用后的经济效果,该模式设计对资源的利用状况,以及经济效益的高低,以评价该模式设计的优化程度;要了解林下经济的生产状况,调查内容就应包括生产类型、生产成本、产品质量的控制、产前产后服务等问题;要了解林下经济市场销售状况,其内容应包括产品是否适销对路,产品的市场占有率、库存积压状况,消费者对产品的满意程度等。总之根据不同的研究目的,调查内容可以从林下设计、开发利用状况、生产与经营状况,以及市场销售等多方面展开,以取得较完整的林下经济开发资料。

(二)确定调查户的方法

林下经济调查中常用的确定调查户的方法如下。

1. 抽样法

从调查对象中按照随机的原则抽选一部分农户进行调查。然后用这一部分农户的调查结果推断总体的有关数量的特征。比如,调查农户林下经济收入占总收入的比重、庭院产品质量以及林下经济开发中各产业比重等问题,都可以用抽样法确定调查农户。

2. 重点调查

从林下经济开发户中选取少数重点农户进行调查。所选择的重点农户必须在所调查的标志中占有绝对的比重,或者所调查的问题集中在少数的农户中,对这些农户进行调查就可以了解整体的大概情况。比如说,要了解林下产品销售方面的问题,虽然各家各户都可以直接进入市场销售自己的产品,但其中有几户是专门负责林下产品销售的,这几户掌握了市场行情,了解销售中的主要问题,我们就可以对这几户进行重点调查。

3. 普查

如果要了解林下经济全面的开发情况，如各户林地面积、经营种类、产品的数量质量、收入等基本情况，可以对调查对象中所有农户逐一调查。这种方法调查工作量大，费时，因此只有必须进行全面调查时才采用。

(三) 搜集资料的方法

搜集林下经济方面的资料，主要有以下3种方法。

1. 观察法

观察法是调查人员直接到农户家中进行观察并取得第一手资料的一种方法。比如观察林下开发面积、开发类型、设计模式和生产流程、林下环境等。这种方法可以由调查人员直接观察，也可借助于科学工具如照相机、摄像机、录像机等记录观察。

2. 访问法

访问法是调查人员有计划地通过访谈向被调查者提出问题，从他们的回答中来获得有关信息资料的方法。在实际调查中，访问法有多种，按访问内容的传递方式不同，可以分为面谈调查、电话调查、邮寄调查等方法。在林下经济访问调查中，主要是面谈调查，调查者到各调查的农户家中进行访问记录。电话和邮寄调查虽然各有优点，但对农户这个群体来说不太适合。尤其是调查林下经济的资料，到各户去边访问边观察，把观察法和访问法有机结合在一起，是常用的搜集资料的方法。

3. 报告法

报告法是由报告单位根据原始记录和核算资料按统一表格和要求填写。按一定报送程序提供资料的方法。报告法运用在林下经济调查中，主要是村、乡或县向上级单位报送本地区林下经济发展状况时才采用的方法，若是为了搜集各户的具体资料，不适宜用此方法。因为报告法必须建立健全原始记录，这点对不同地区的农户来说，不是都具备建立原始记录的条件，因此，采用这种方法有一定的局限性。

此外，通过实验法也可搜集到有关的信息资料，这个问题在实验法有关部分论述。

第三节　林下经济实验法及其应用

一、实验法概述

(一) 实验法的概念与特点

实验法是研究人员根据一定的研究目的，通过控制某些条件或改变某些社会环境，使实践活动在特定的环境下发生，以此来认识实验对象的本质及规律性的方法。实验法实际上也是调查法的一种形式，但它又不同于一般的调查方法。

实验法的逻辑是以因果假设为开端，通过某些条件，检验事物现象间或变量间的因果关系。与其他调查方法相比，实验法有自己的特点。

1. 实验法需要控制调查环境

其他的调查方法都是在自然条件下进行的，而实验法则是在经过加工的环境中，对实验对象进行调查。没有对环境的一定控制，也就不能称其为实验法。

2. 实验法可以重复进行

对自然科学来说，是在实验室里进行试验，重复试验的环境都完全相同。对社会科学来说，只能是创造出大致相同的环境，使实验活动在相同、相似的环境或条件下重复，从而总结其现象的内在规律，为验证结论或科学假设提供可能。

3. 实验对象具有明显的动态性

因为社会实践活动在不断地进行，社会环境也在不断地变化，实验对象本身也必然会发生不断的运动和变化。实验对象的动态性，导致了对实验环境控制的艰难性。

（二）实验法的类型

根据不同的标准，实验法可以划分为不同的类型：

1. 根据调查环境来分

实验法可分为现场试验和实验室试验。现场试验是被研究对象在现场进行的实验。这种实验一般是在接近现实、自然的生活环境中进行的，实验结果具有实用意义。实验室试验是在人工模拟的环境中进行的，对实验环境可以进行严格的有效控制，因此观察或测量结果较为精确，但把结果用于现实生活中往往具有一定的局限性。

2. 根据调查目的来分

实验法可分为研究性实验和应用性实验。研究性实验是为了揭示实验对象的本质及其发展规律为主要目的的实验，前面谈到的实验室试验大多属于研究性实验。应用性实验则是以解决实际工作中的问题为主要目的的实验，现场试验多属于应用性实验。这二者之间的区分只是相对的，因为研究性实验的结论往往对解决实际工作中的问题具有重要的指导意义，而许多应用性实验的结论也可以做出重要的理论概括，因此它们之间的界线并不是绝对的。

二、实验法的步骤

实验法的操作程序，由于研究目的和实验对象的不同而不可能完全相同，一般来说应包括以下一些步骤。

1. 将研究问题转化为有关的变量

能否将研究的问题转化为最恰当、最贴切的变量，是实验调查能否取得成功的前提。这个阶段主要是分析哪些变量与研究的问题有关，在实验中对多少个变量进行观察和测定，并确定如何对这些变量进行观察。

2. 选择实验对象

选择实验对象的关键是对研究的事物有较高的代表性，常用的方法有两种：一种是有意挑选，即研究人员根据研究的目的及对总体情况的了解，有意识地选择有代表性的单位进行试验；另一种是随机抽取，即按照随机原则从调查对象的总体中抽取实验对象。

3. 确定实验方案

实验方案是研究人员打算如何控制、操纵实验环境和实验对象，以便验证研究假设、达到实验目的的规划。实验方案选择得好，有利于实验调查取得更好的效果。

4. 控制实验环境

实验能否取得预期的效果,在很大程度上取决于能否对实验环境进行有效的控制。实验环境控制得好,实验结果才能比较精确地反映自变量和因变量之间的相互关系。

5. 搜集实验数据

搜集实验数据以便根据研究目的对有关的问题进行分析,寻找其中的规律性。能否有效准确地搜集实验数据,关系到实验法最后成功与否。搜集实验数据的方法很多,可以在实验中的观察记录,或通过实验后自我评估、访问测量等,根据不同的情况可以采用不同的方法。

三、实验法的应用

林下经济中实验法的应用涉及许多问题,比如应用的范围、实验方案的设计、实验法的评价等。下面重点阐述实验方案的设计。

(一) 实验法应用的范围

从搜集资料的角度来看,实验法也是调查法的一种,但它又不同于一般的调查法。

一般调查法属于记录性的研究,其结果主要是描述事物之间的关系,而实验法是为了验证某个假设,其目的是为了说明因果关系。具体到林下经济的研究中,实验法主要用于以下几个方面:

(1) 对某项技术或某一设计模式进行实验研究,说明其效果。林下经济开发中技术是很主要的内容,某项技术的采用是否能高产高效,某项设计模式是否合理,必须经过试验求证。事实上我们现在所介绍的某些新型技术及优化组合,都是经过反复试验所作出的总结。今后也将不断地用实验法试验新的模式、新的技术,使林下经济开发综合效益进一步提高。

(2) 林下本身可以作为大的试验田。许多新的品种、新的技术在全面推广以前,可以在某块林下进行试验,通过试验,掌握其栽培技术要领,或某项技术的关键所在,为大面积推广做好准备。

(3) 通过试验来分析变量之间的关系。林下环境和生产条件相对来说比较容易控制,这样我们就可以通过实验法搜集数据,分析某些投入要素和产出之间的关系。例如,当饲养条件不变时,分析不同品种蛋鸡对产蛋量的影响。由此看出,在研究类似问题时,可以应用实验法来取得相应的资料,作为研究的依据。

(二) 实验方案的设计

根据不同的研究目的、实验环境和实验对象,可以有多种林下实验方案的设计。这里介绍几种常用的实验方案设计。

1. 单一实验组设计

林下新技术试验常采用的是单一实验组设计方案。使用新技术的效果和原来技术的效果进行比较,说明改进技术后的效益是否有所提高。这种方法是最简单的实验设计,只选择一个实验组就可以进行试验。但是,试验所得出的结论可能并不完全正确,因为在试验过程中会有其他许多因素的干扰,无法完全排除种种非实验因素对试验过程及其结果的影响，这是需要注意的问题。

　　2. 实验对照设计

　　至少需要选择两个组进行实验。其中，一个组由实验对象所组成，为实验组；另一组由与实验对象相似的对象组成，称为对照组。实验中努力使二组处于相同或相似的条件中，最后比较两组的变化说明其实验效果。例如，我们要实验鸡饲料中某种添加剂对产蛋量的影响，可以选择两组实验鸡，这两组实验鸡的生长发育状况基本相同，饲养的其他条件都不变，两组饲料配方不变，只是实验组加上添加剂，对照组不加。在饲养一定时期后，对照两组鸡产蛋量的变化，检验其产蛋量的差异，说明这种添加剂是否对增产有显著效果。

　　与单一实验组设计相比，实验对照设计可以更准确地揭示实验效应。因为它可以大致消除非实验效应因素对实验效应所产生的影响，使实验结果更为准确客观。在林下经济研究中，采用实验对照设计是较好的方案。

　　3. 多实验组设计

　　多实验组设计是选择若干批实验对象组成多个实验组，分别进行试验，然后将多个实验结果进行综合比较、分析，最后得到总的实验结论。这种设计常用在较重大的实验课题的研究中，通过选择激发方式，最后得到各个不同方面的实验结果信息。这对于反映研究对象的本质及把握其发展规律都是十分重要的，不过由于这种设计相对来说较复杂，在林下经济的研究中用的还比较少。今后可以在运用中不断总结经验，使实验设计更合理、更科学。

　　（三）实验法应用的评价

　　林下经济研究中应用实验法，不是被动地消极地等待有关社会现象的发生，然后再观察、测量，而是主动地改变某些社会条件，来研究其现象发展变化的过程，因此它不仅能解决"是什么"的问题，还能解决"为什么"的问题。实验法是在有效地控制实验环境的条件下进行的，因此，不仅能揭示事物之间的因果关系，而且还可以探索解决问题的途径，其结论也具有较强的说服力。尤其是在林下经济研究中，有许多是技术性问题，对这些问题采用实验法研究是比较适合的。

　　当然在应用实验法研究中也有局限性，比如，实验调查要在实验活动结束后才能获得完整的信息。林下经济中不论种植业还是养殖业，生产周期都比较长，使实验活动时间也比较长，因此，实验提供的信息时效性比较差。另外，由于控制实验环境、排除非实验因素影响比较难，因此，实验效应从定性分析上有积极意义，但要进行定量分析却显得依据不足。

　　总之，实验法由于对控制实验环境有较高的要求，使这种方法的应用范围受到了一定的限制。在实践中我们在使用实验法研究问题的同时，要对这种研究方法不断地进行总结，使之更加完善，应用更科学、更合理。

第四节　林下经济定量分析法及其应用

一、定量分析概述

用数和量来描述分析社会经济现象，在今天已经应用很广泛，就连社会学和政治学等原先看起来似乎同数和量无关的领域，如今也受到数量化浪潮的冲击，大量采用定量分析林下经济当然就更不例外了。也就是说，定量分析法在私人经济中与其他公共部门一样得到普遍的应用。

定量分析是根据现实的统计数据，具体地估计由经济理论给出的经济变量之间存在的各种数据关系，进而根据估计的结果进行预测和政策评价。

（一）模型的含义

把计量的方法用于现实世界的分析，首先必须建立"模型"。我们常用模型这一词语，但很难说出它的涵义，因为由于科学领域的不同，模型所具有的意义和作用也不相同。理论物理学中有"基本粒子模型"，生物化学中有"分子模型"，而经济学、社会学是把经济现象、人员行为等加以模型化，来进行各种量的分析。因此我们可以概括地说：模型是现实某一方面的投影，同时也是解释现实的假说或理论的概括，理论只有成为模型，其内容才能明确。

在进行现实经济的数量分析时，无论哪个分析者都必然具有某种经济理论，或者即使还没有成为理论，但也有某种对现实经济的"设想"。数量经济分析的目的，无非是以某种经济理论为前提进行现状的分析、预测和验证；这时所采用的模型也不一定就都是非常复杂的、模型的种类很多，只要能表现理论的内容就越简单越好。

（二）定量分析的步骤

一般来说，定量分析的步骤如下。

1. 定性分析

定量分析必须和定性分析相结合，以定性分析作为基础，用量来说明某一经济理论。例如，当我们研究某一问题要建立模型时，遇到的变量很多，哪些变量与研究的问题有关系，哪些变量没有多大关系，就要由定性分析来决定。

2. 数据的归纳

怎样才能较方便地表示数据所包含的信息问题。这些数据有的是通过各种调查方法搜集来的，有的是从政府公布的资料或民间公布的资料上得到的二手资料。其中，有的数据是截面数据，有的是时间序列数据。应根据建立模型的要求对数据归纳整理，使有限的数据说明尽可能多的情况。

3. 建立模型

根据研究问题的目的不同，要建立不同的计量模型。可以是一个函数，也可以是联列方程组或是其他数学表达式，如利用指数形式进行因素的分析等。

4. 分析结论

利用模型进行定量分析，得出结论要进行检验。检验的方法很多，常用的是各种统计检验，主要检验误差是否在允许的范围内。另外，定量分析的结论还要结合有关的理论进行定性分析，方可作出决策。

二、定量分析的原则

定量分析通过对数字的处理来"让数字说话"，因此，要注意以下几个问题。

1. 尽可能地缩小模型与现实的距离

模型是对现实中存在的原型的某种结构和关系的描绘，要想得到严密的保持现实结构的模型是不可能的。定量分析要解决好模型和现实之间的距离，这就要尽可能地抽象掉对于假说内容来说是非本质的部分，只将本质的因素模型化。

2. 注重数据和信息的搜集

定量分析注重数据和信息的搜集，目的是保证数据准确、信息可靠。搜集数据的方法很多，但要采用科学的调查方法。调查方法不科学，数据不准或信息不可靠，定量分析的模型再好，计算工具再先进，也不过是做"数字游戏"，而且还会误导人们作出错误的决策。

3. 采用科学的分析方法

定量分析方法要科学，针对不同问题采用不同的方法。对林下某产品作质量抽样检测，测得合格率达97%，但是，能不能说所有该产品合格率都达到所要求的98%？要回答这个问题必须进行假设检验，由样本提供的信息对总体作出检验，若检验结果认为样本合格率97%与总体要求的98%之间误差是随机造成的，我们可以肯定这批产品质量符合要求，反之则认为产品质量有问题。经科学方法验证得出的结论才可信。

4. 定性分析与定量分析必须相结合

只注重定性分析，在当今科学管理中显然不适合。无论是生产行业还是服务行业，都必须具备数字信息处理能力，但是，只注重定量分析、忽视定性分析，同样会犯错误。比如，我们根据历年的数字和时间序列模型对未来进行预测时，其预测值要经过定性分析，分析一下目前的环境和未来的变化是否能达到或超过预测值，而不能认为定量计算结果就一定是准确的。我们在实践中既要重视理论规律的研究，又要重视理论的数和量的特征分析。

三、定量分析的应用

林下经济中定量分析已普遍应用，如前面有关章节中提到的生产函数、成本控制、效益评价以及市场预测等方面，都是定量分析的具体应用。这里我们着重介绍定量分析的几种简单的应用。

（一）生产函数的应用

生产要素的数量与组合和它所能生产出来的产量之间存在着一定的依存关系，生产函数就是表明一定技术水平下生产要素的数量与某种组合和它所能生产出来的最大产量之间依存关系的函数。如以 Q 代表产量，L、K、N、E 分别代表劳动、资本、土地、经营者的素质 4 种生产要素，则生产函数的一般形式为：
$$Q = f(L, K, N, E)$$

如前所述，林下经济中林地基本上就是树冠下的面积，可以认为是固定的，而开发者的才能对产量影响很大，但难以量化估计，因此生产函数中只分析劳动力和资本这两个要素，则可写为：
$$Q = f(L, K)$$

经济学中著名的"柯布—道格拉斯生产函数"就是研究劳动与资本量增加时产量的变化，即存在关系式：
$$Q = AL^a K^{1-a}$$

柯布与道格拉斯根据美国 1899~1922 年的工业统计资料，还计算出方程中 A 为 1.01，a 为 0.75，得出方程：
$$Q = 1.01 L^{0.75} K^{0.25}$$

显然，这个方程说明，在生产中劳动所作的贡献为全部产量的 3/4，资本为 1/4。我们同样可以根据自己投入的劳动与资本、产出的产量拟合生产函数，说明各生产要素对产出所作的贡献大小。

(二) 变量相关和因果的分析

众多的经济变量是由复杂的因果关系或相互依存关系联结起来的，在进行定性分析时只要将这些变量的符号或大小关系明确下来就可以了，但要进行定量分析时必须依赖现实中各变量的观察值来分析它们之间的相关和因果关系。例如，消费和收入这两个经济变量，从定性分析可以知道它们之间有相关关系，消费水平随收入增长而提高，也就是说二者之间同方向变化。但是，要知道这两个经济变量密切到什么程度，它们是线性关系还是非线性关系等，就必须根据不同的消费水平和可支配收入的观察数据进行定量的分析，也就是说，我们可以通过相关分析计算或检验二者之间的相关程度是否显著。还可以通过回归分析来模拟它们之间关系的数学表达式。

分析两个变量之间的相关关系，可用根据各组变量值做出的散点图，粗略估计其是否有相关性，是正相关还是负相关，还可以通过相关系数来计算其相关程度。从观察值计算的相关系数越接近于 1，正相关就越高，说明两变量是同方向变化；若相关系数值越接近 -1，负相关就越高，说明两变量变化的方向相反。需要强调指出的是，我们计算相关系数仅是说明两个变量线性相关的程度。换句话说，若两个变量是非线性关系，无法用简单相关系数来说明相关程度，对相关关系很强的变量，应拟合出简单线性回归方程。比如，消费和可支配收入二者之间可以用 $Y = a + bx$，线性一次回归方程来表示它们之间关系，通过观察值用最小二乘法拟合出系数的 a、b 的值。详细计算过程我们这里不再介绍。

(三) 时间序列模型的应用

1. 时间序列模型或动态模型

主要用于分析变量随时间变化而变化的程度。在林下经济研究中，应用时间序列模型也是很普遍的。表现在有许多变量对它作出决策时，不是根据变量的绝对水平，而是根据变量随时间变化的状况。例如，由于消费还依存于过去的收入（或消费）水平这一因素的影响,即使现在的收入相同,其消费水平也会有所不同。同样,即使收入一下子急剧增加,消费水平也不一定会相应急剧增加。因为人们的行为受期待或习惯的影响之大也是常常出乎意料的,通常从适应水平的变化到完全调整完毕,需要相当长的时间。研究这些现象时,时间或变量的时期起着"本质的作用",需要建立时间序列模型。以消费函数为例,假定为线性函数,则为

$$Y_t = a + p_1 X_{t-1} + p_2 X_{t-2} + \cdots + p_k X_{t-2} \qquad (13-1)$$

这就是说,本期消费 Y_t,依存于过去几个时期的收入变化,这是典型的分布滞后模型。

2. 研究现象的趋势变动

对未来作出预测要建立时间序列模型。例如,记录历年林下某一产品价格资料,可以通过移动平均法、扩大时期平均法或时间序列数字修匀法等方法,测定出价格变动的趋势,掌握其变动的规律,就可以对未来产品作出预测。根据预测结果,再妥善安排生产的规模。同样,对产品的销售额或庭院开发的收入等资料,都可以进行趋势研究。研究方法的共同点,都是用于分析过去的数据构成的模型并用此模型去预测未来。

3. 建立时间序列模型

研究某些随季节变动较大的现象时,要建立时间序列模型。如蛋鸡的产蛋量在夏冬季少,春秋二季比较多,作为养鸡户需要掌握不同季节产蛋量的差异有多大。一方面,旺季知道产品产量多多少,除供应市场外,还应搞好贮藏和加工,防止由于产量过高供过于求而价格下降。另一方面,在淡季时又要组织好生产,保证供应产品,因为这时由于产量少,可能出现供不应求,价格可以提高,增加利润。这样掌握季节变动的具体情况,来主动的安排生产与加工。同样,蔬菜季节性很强,很多农户利用林下种植蔬菜,在大田里的蔬菜上市前抢时间上市,价格就高。在大田蔬菜上市时,又改种其他品种的蔬菜,利用时间差既可以得到更多利润,又能够保证市场均衡供应,满足消费者的需求。总之,要掌握随季节变动的变化规律,需要根据多年的记录资料,才能计算出季节变动指数,从而解决问题。

(四) 指数分析模型

指数分析也用不同时间的数据,但它又不同于时间序列。指数多用于较复杂的社会现象变动中因素的分析。比如,在研究林下经济生产费用变动时,可以用指数进行分析。假定林下生产的总费用报告期比基期高,有两种可能造成:其一,报告期各种产品的产量比基期提高,产量提高必然导致费用增加,这是正常的;其二,单位产品的成本报告期比基期提高,这就要具体分析单位产品成本提高的原因。根据不同的原因采取不同的控制办法,才能降低成本。究竟是哪一方面的因素影响了总费用的变动,在分析这个问题时,由于林下经济开发的产品多种多样,不同的产品使用价值不同、单位不同,其产量不能相加,单位产品的成本也不能相加,就需要用指数分析法来进行剖析。类似的问题很多,林下经济开发者本身也是消费者,关心商品价格变动情况,就需要用价格指数来分析等。还有许多定量分析方法应用在林下经济研究中,这里不详述了。

总之,定量分析是研究林下经济的重要方法,尤其当今掌握数字处理技巧,掌握透过复杂琐碎的数字抓住问题的本质的定量分析方法,将帮助你做出正确的决策。

第十四章　林下种植模式及特征

第一节　林下种植模式概述

林下种植模式，就是充分利用林下土地资源，发挥林下空间优势，在进行林木种植的同时又在林下间套种其他经济作物，是一种立体复合种植模式。相对于林下养殖、林下休闲旅游等模式，林下种植模式是应用最广泛、发展最成熟的一种林下经济模式。

一、林下种植的意义

进行林下种植，具有以下几个方面的重要意义。

（1）合理利用林下土地资源，提高单位面积林地产出。首先，在林下进行间种套种，同样的土地在种植林木的同时，还可以种植其他作物，提高了林地利用率、产出率和复种指数，由单一林业变为复合林业，有利于提高林业的综合经济效益，提高林地综合利用效率和经营效益，推动林业产业快速发展。

（2）分散风险。林业的周期一般较长，如果仅仅种植林木，则单一的林木种植前期基本上是一种净投入而无产出的状态，待到林木采伐期，林木产品的价格也隐藏着较大的风险，这对于林农而言等于是把所有的鸡蛋都放在一个篮子里，如果林木价格低迷，其风险是显而易见的。

而通过林下种植，在不另外占用土地的前提下，可以实现林地不同时间、不同产品的产出，实现短期和长期利益的有机统一，有效规避风险。

（3）优势互补。林下种植的优势互补体现在：一是充分利用复合林业的生态优势，在单位面积土地上更加充分的利用林地的光、温、水、热等资源，实现林木与林下间作物的双赢；二是分散风险；三是以短养长。

（4）合理配置闲置劳动力。林下种植模式不但充分利用了林下大量的闲置土地，而且还可有效解决林区、山区富余劳动力就业问题，可拓宽农村就业、创业渠道，提高林地产出，提高农民收入，促进林区的经济社会发展。

二、林下种植对林地的要求

根据不同的林下种植作物，对林地的要求也不一样，一般有以下几点。

（1）除部分较耐阴菌类、中药材等作物外，一般选择中幼龄林荫蔽度较小的林地，以便于间作物能够获得足够的光照。

（2）道路交通便利，水源充足的林区较好。

（3）一般要求林木有一定的株行距，以便于耕作及管理。

（4）一般要求林地地势相对平坦、连片，不易于发生旱涝灾害。

第二节　林下主要经济种植模式及其内容

林下经济种植模式主要有林粮、林油、林菜、林药、林菌、林草、林花、林茶等种植模式，以下进行简要阐述。

一、林粮模式

利用林下空间种植旱稻、小麦、玉米、木薯、地瓜、土豆、绿豆等粮食作物，需要光照充足，一般要求在林木幼龄阶段进行。林粮模式只要严格按照有关种植技术要求进行管理，即可在同一土地上获得林粮双赢。

二、林油模式

即在林下种植大豆、花生、油菜、芝麻等一年生的浅根油料作物，一般要求在林木幼龄阶段进行，具有投入小，见效快，增加地面覆盖，与林木竞争性小、适应性广泛等特点。其中的大豆、花生等具有固氮根瘤菌，对保持和提高土壤氮素含量有良好作用。豆类收获后留下的根可作为林木根头覆盖的良好材料。

三、林菜模式

即在林下进行蔬菜种植，林菜模式可分为两类：一类是在林下发展常见的如绿色蔬菜及瓜类等时令蔬菜，投资少，易操作，见效快，精耕作，十分有利于林木生长，一般要求在林木幼龄阶段进行；另外一类是在林下发展野生蔬菜种植，满足市场对特色野生菜的需求，大部分野生蔬菜可在适当荫蔽度的林下种植，既可采用粗放式种植也可进行精耕细作的管理。

四、林药模式

即利用林下的荫蔽条件，进行中药材的种植。林下间种中药材有一年生及多年生。在北方林下种植的中药材主要有桔梗、当归、柴胡、白术、党参、茯苓、五味子、茯苓、黄连、板蓝根、天麻等；适合在南方南亚热带地区林下种植的中药材主要有穿心莲、砂仁、益智、巴戟、草果、地胆头、石斛、藿香、金线莲、重楼等。林下间种中药材通常需要精耕细作，这有利于改善土壤墒情及增加肥力，可促进林木的生长。

五、林菌模式

即在林下种植食用菌或者药用菌等大型菌类。适合林下间种的食用菌主要有竹荪、平菇、香菇、草菇、鸡腿菇、双孢菇、姬松茸、木耳等；药用菌的主要有灵芝、鹿角灵芝。林下种植菌类也是一项短、平、快的种植模式，可调节林下小气候，增加林下湿度及促进林木生长，其副产品菌糠可以作为林木的有机肥直接使用，或者用来发展黄粉虫、蚯蚓养殖等下游养殖业，进而进行多种经营，延长产业链。

六、林草模式

在林下种植紫花苜蓿、高羊茅、黑麦草、苏丹草、白三叶、柱花草、王草、象草等牧草。林下种草可增加林下覆盖，起到防风固土、减少水蚀、抵御自然灾害等作用，为林木根系创造有利环境，促进树木生长。林下种草可用来发展牛、羊、家禽、养鱼等。林草模式相对粗放，投入低。

七、林花模式

泛指在林下空地进行绿化苗木、花卉、盆景的培育。适合林下培育的苗木、花卉、盆景种类较多，主要是根据市场需求，选择适合当地气候的品种，只要选对品种，林花模式可以获得显著的经济效益。

八、林茶模式

茶树本身具有较强的耐阴性，林木与茶树间种具有互补性，利于茶叶产量与品质的提高。据研究报道，不同栽培模式茶园小气候因子有显著差异，相对于纯茶园，塑料大棚茶园、松茶间作茶园和林篱茶园能更有效地改善光照条件、降低环境温度、提高土壤水分和有机质含量、增加空气湿度，提高土壤养分状况，复合式茶园茶叶品质也较纯茶园显著提高，氨基酸和茶水浸出物含量显著高于纯茶园茶叶，而茶多酚含量却显著低于纯茶园茶叶，因此，林茶复合栽培模式比大棚模式茶园的生态环境更有利于茶树的生长和茶叶品质的提高。当然，林茶模式的"茶"不仅限于常说的茶叶，也包括其他功能性茶叶，比如中国热带农业科学院在橡胶林下发展种植的糯米香茶。

第三节 林下种植模式的特点与效益

一、林下种植模式的特点

（一）合理配置，复合种植

林下经济种植模式的特点首先体现在，通过合理选择搭配，它改变了原来单一种植树木或者单一种植经济作物的习惯，变成在同样的土地上进行两种或者两种以上的复合种植，在有限的土地上追求林木及间种作物的双丰收。

（二）长短结合，以短养长

林木的生长周期一般需要几年甚至十几年，即前期的净投入而无产出，这对一般的农户来讲是个极大的挑战，在无收入的情况下就很难保证对林木施肥、管理等的投入，也就很难保证林木的良好生长，长期投入，见效慢；林下间套种一般1~3年即可产生效益，是短期投入，见效快，其中有些林下特色产品或者名贵药材的效益实际上比林木的效益高得多；通过长短结合的模式，可以从林下间套种的创收中支出收入用于林木的投入，可以有效地保证对林木的投入长期。以短养长，长短结合，不但增加林农收入，改善林地土壤理化性质，也促进林木的生长。

（三）相对风险低

无论是林木种植还是经济作物的种植均有一定的市场风险，一个是供求关系带来的价格风险，另一个是遭受自然灾害带来的风险，这两个方面最终将影响种植者所能够获得的经济效益。进行林下间套种，一样的土地上，在不同的时间里产出不同的产品，相对来讲，则可以有效地分散种植的风险。

二、林下经济效益分析

（一）经济效益

现阶段，在林下经济种植模式中，人们首先关注的仍然是经济效益，某种林下间种模式的经济效益如何，直接决定其发展空间，经济效益是林下经济种植模式发展的直接推动力。

在林下进行经济作物种植的经济效益体现在以下几个方面。第一，如果没有进行林下种植，那么这些林下土地要么撂荒要么任凭杂草生长，对于林下种植的作物来说，其使用的是林下空余的土地，节约了对土地的占用。第二，在林下进行经济种植，种植的产品销售到市场，将直接产生额外的经济效益，这部分效益是林下种植经济效益的最直接体现，也是权重最大的部分，在经济林的价格低迷期或者经济产出不甚理想的情况下，林下种植可以弥补或者抵消这种损失，甚至部分林下种植的名贵中药材等产品的效益远远大于经济林本身的效益，这样林下经济种植模式的整体效益及其抵御风险的能力就要远大于单一的经济林。第三，在林下进行种植，可以有效地抑制林下杂草的生长，也在一定程度上节约了林下控草除草的费用，这部分的效益通常被人们忽略。

（二）生态效益

在进行林下种植时，对间种作物的选择通常要考虑在林下间种的作物与经济林之间在空间资源的利用上要尽量存在互补，或者两者间对空间资源能够尽量合理利用并且竞争性较小。比如，在橡胶林下间种益智就是很好的例子，如果单独种植益智，不但需要土地而且需要搭荫棚，如果利用一定荫蔽度的橡胶林进行间种，则不但可以利用空余的土地，也无需搭遮荫棚，而且林下的益智对保持水土、保持湿度及抑制杂草生长等也起到较大的作用，并且每年割下的老植株也可以作为橡胶树压青肥的良好来源，发挥了立体复合种植模式生态效益，整体上，两者间的互补或者说互利比竞争要大。

无疑，林下经济种植模式中经济林及其林下间作物之间存在一定的竞争关系，不过在对间作物进行选择搭配的同时我们一般已经考虑了这个问题，即如何把竞争降到最小，把它们的整体的生态效益尽量放大，以期达到我们的目的。生产上的大量林下经济生产模式已经证明，在一定竞争的前提下，只要做好搭配，其整体的生态效益仍然是十分显著的。

林下经济种植模式的立体复合生态效益主要包括以下几个方面：①光的合理利用；②水分的合理利用；③土壤养分的合理利用；④水土保持；减少病虫草害。

（三）社会效益

发展林下经济种植模式，其所起的社会效益也是不可忽视的。

一方面，林下经济种植可以一定程度地解决农村劳动力的富余问题，尤其是对于劳动力要求相对比较固定的经济林种植者，比如水果园、橡胶林，在果农管好果园、割胶工人做好割胶及胶园管理以外，也通常有一定的富余时间，但是这些富余时间通常不太适合让他们再去兼职果园或者胶园以外的其他工作，这是由他们的工作性质决定了的，如果在林下进行间种，则可让他们在不离开主要工作的同时兼顾间种，可以较为合理的分配好工作时间，并且较好地利用了劳动力。

另一方面，发展林下经济种植，同样土地上的产出由单一化变成多样化，林下间种作物的产出为满足人们的生活提供了更多的选择。

第四节　林下种植模式配套技术

各种林下经济种植模式要取得良好效益，必须做好前期准备，中期管理，后期的加工储藏及副产品的利用等几个环节。前期准备包括完善道路交通、节水灌溉等；中期管理包括科学施肥、病虫害的防治等；后期包括产品的加工、贮藏及销售，甚至是副产品的合理利用等方面。其中主要的技术如下。

一、节水灌溉技术

水是林木及作物良好生长的基础，没有足够的水分，就很难取得良好的效益，所以，在前期就要做好节水灌溉的准备。在地面水源充足的地方，可通过直接挖灌溉水沟或者铺设用水管道把水直接引到林地附近，再通过淋喷头、滴管带等引入林间进行喷滴灌；在地面水源不足的地方，要提前打好井，以备需要的时候可以抽取地下水。目前，有关节水灌溉的技术已经比较成熟，人们可以从农资市场上买到各种节水灌溉的设备。

二、林下水土保持技术

进行林下种植，做好林下水土保持，对各种林下种植模式的可持续发展至关重要。一方面，要做好地面覆盖，以防地面裸露的地方被雨水冲刷；另一方面，要合理开挖排水沟，在水土流失较为严重的坡地，还要把林下行间地面改为反倾斜面，再把雨水冲刷的破坏力降至最低。

三、科学施肥技术

林木与林下作物争肥是林下经济种植模式的常见矛盾，其根源一般是没有兼顾到林木及作物对肥料的合理需求。除了按照林木及林下作物常规生产进行施肥以外，可以采集土壤或者植株样品送至有关农机部门，检测土壤或者植株养分丰缺情况，以便对症进行配方施肥；还可以在淋喷、灌溉的同时对林下作物进行施用水肥或者叶面肥，不但满足林下作物的养分需求，同时林木根系也可以吸收到一定的肥料，也促进了林木的生长。

四、病虫害防治新技术

在病虫害的防治上，相对于传统的化学农药防治技术，可采用黑光诱虫杀虫灯、频振式杀虫灯、黄板诱虫、昆虫性信息素诱杀剂、生物农药制剂等物理或者生物防治新技术进行防治，以减少传统化学农药的施用，减少对环境的污染，节约成本，减少农产品的农药残留，提高产品质量。

其中，需要特别注意的是，在种植模式的选择搭配上，要首先考虑避免林木与间作物间存在共生病虫害，比如，在橡胶林下一般不主张种植木薯，因为有的研究资料指出，木薯与橡胶均可成为橡胶树紫根病的共同寄主，橡胶林下间种木薯可能会提高橡胶树感染紫根病的风险。

五、林下产品的加工储藏技术

包括林下产品的采收、加工以及贮藏、运输环节。做好林下产品的加工贮藏技术，可提高产品一致性，提高产品质量，延长贮藏运输时间，增加产品的附加值。

六、林下种植模式的副产品利用技术

林下副产品的利用技术包括林下作物秸秆、加工后的废料等的合理利用。比如，粮食、豆类作物的秸秆直接做林地覆盖或者粉碎还田，种植菌类后产生的菌糠作为有机肥或者养殖业的原材料，油料作物榨油后的油饼用作畜禽饲料或者沤制有机肥等。

第十五章 林下养殖模式与特征

第一节 林下养殖模式概述

林下养殖作为一种循环经济模式，是以林地资源为依托，以科技为支撑，充分利用林下自然条件，选择适合林下养殖的家畜、家禽种类，进行合理养殖。积极引导农民利用林下闲置土地发展养殖生产，使现代养殖技术与传统散养模式有机结合，充分利用林下空间、饲草等自然资源，有利于降低饲养成本，提高畜产品品质；同时，林下养殖畜禽能够抑制杂草丛生，减少虫害发生，增加土壤肥力，促进林木生长，从而达到以林养牧，以牧促林，林牧结合，循环发展的目的，是发展立体、高效、生态农业，增加农民收入的途径之一。

一、林下养殖的意义

（1）节省耕地。林下养殖充分利用了林下闲置土地，使养殖场建设少占或不占农田，有利于化解长期以来农牧争地的矛盾。

（2）有利于发展生态养殖。树林为畜禽生长提供了一个很好的自然生物屏障，空气新鲜，环境清洁，夏季遮阳避暑，冬季可减弱寒风侵袭；林地是畜禽最佳的活动场所；林下杂草虫类等野生资源是畜禽很好的食物，生产出的畜产品品质好、无污染，具有绿色、环保的特点。

（3）促进林业生产发展。林下养殖消除了林间杂草，减少了害虫滋生；畜禽粪便为林木生长提供了优质肥料，对提高林地土壤肥力，加快林木生长有明显的作用。林木生长周期长，林下养殖可缩短林业生产周期，促进林业健康可持续发展。

（4）增加农民收入。林下养殖提高了林地综合利用效率，成本低、周期短、见效快，产出的畜产品品质好、价格高，市场前景广阔；同时促进了树木生长，实现了林牧共赢。

（5）加快社会主义新农村建设。把千家万户分散的庭院养殖转移到村外林下，改变了人畜混居的传统的生产、生活方式，解决了影响农村环境卫生的粪便污染难题，美化村容村貌，可有效减少疾病传播，改善村民居住生活环境，对加快社会主义新农村建设、构建和谐社会具有积极的推动作用。

二、林下养殖对林地的要求

发展林下养殖要选择适合的林地，要做到：

（1）林地要有一定的宽度和规模面积，不要靠近交通要道。

（2）选择中成林，最好是树冠高、枝条稀，郁闭度在0.7左右，通气透光性能好，但已不适合种植农作物，林下有丰富的杂草和虫类等自然资源。低幼龄林地由于树木小，易被家畜损坏；该阶段林地郁闭度低，光照充足，可用于套种药材、蔬菜等，发展林下种植业。发展林下养殖一般树龄要在4年以上。

（3）林地中要有地势高燥、利于排水的地块，便于搭建畜（禽）舍，并要求交通便利，水电设施准备齐全。场地四周建好围栏或拉上拦网，防止畜禽走失或受到其他侵害。

第二节　林下养殖模式的内容

适合林下养殖的畜禽种类很多，鸡、鹅、鸭、羊、猪、牛等均可发展。要根据林地资源状况、自身资金、技术等多方面因素综合考虑，科学选择。按照科学发展观的要求，在保护好生态功能和管好生物资源的前提下，根据各地区的地形地貌特点、资源状况，综合考虑，林下养殖模式主要有以下两种模式。

一、林禽模式

在林下种植牧草或保留自然生长的杂草，在周边地区围栏，养殖柴鸡、鹅等家禽，树木为家禽遮阳，是家禽的天然氧吧，通风降温，便于防疫，十分有利于家禽的生长，而放牧的家禽吃草吃虫不啃树皮，粪便肥林地，与林木形成良性生物循环链。在林地建立禽舍省时省料省遮阳网，投资少；远离村庄没有污染，环境好；禽粪给树施肥营养多；林地生产的禽产品市场好、价格占优，属于绿色无公害禽产品。

林下养禽模式，适宜4米×7米株行间距的林地。可采取围网放养、圈养或棚养鸡、鸭、鹅等，该模式简便易行，投资少、周期短、见效快，充分利用林下杂草、虫类等自然资源，减少投入，提高产品品质，实现资源共享、林牧互补。鸡的品种以经过选育的地方品种鸡或地方杂交鸡为宜，"快大型"肉鸡不适宜林地养殖。林下养鸡密度不宜大，一般以1 500~2 500只/公顷，每群300~500只为宜。既便于管理，又能充分利用林地自然资源，达到生态养殖的效果。枝叶过于茂密、郁闭度过大的林地以及苹果、梨、桃等经济果林挂果期不宜养鸡。郁闭度大的林地透光通气性能差，不利于鸡的生长；果树挂果期会有果子脱落腐烂，鸡吃了易引起中毒。近水源的林地可以发展水禽养殖，比如沟河两岸、池塘周围都是养鸭、鹅的好地方。群体不宜大，禽舍要远离水面，尽量减少粪便对水源的污染。根据林地和水面状况，以50~300只为宜。鸭、鹅能够采食林下和水面上的杂草及水中浮游生物，不但生长快、肉质好，且产蛋多、蛋黄大、含油多、口味好。

二、林畜模式

林下养畜有两种模式：一是放牧，即林间种植牧草可发展奶牛、肉用牛、肉兔等养殖业。种植的牧草及树下可食用的杂草都可用来饲喂牛、羊、兔等，林地养殖解决了农区养羊、养牛的无运动的矛盾，有利于家畜的生长、繁育；同时为畜群提供了优越的生活环境，有利于防疫。二是舍饲饲养家畜如林地养殖肉猪，由于林地有树冠遮阳，夏季温度比外界气温平均低2~3℃，比普通封闭式畜舍低4~8℃，更适家畜的生长。

林畜模式利用中成林林下较大的活动空间，发展养猪、养羊、养牛等，均可取得较好的效益。林下养羊，实行圈养与放牧相结合，适宜3米×（3~10）米株行间距的林地；林下养牛，植树以大小行间隔为宜，3米×（3~10）米株行间距，可间作牧草；林下养猪，适宜4米×8米株行间距的林地，每年可出栏三茬。在林下饲养山羊，是当前许多农户发展林下经济的一种方式。一般十几只或数十只山羊组成一群，在林下搭建简易羊舍，邻近林地作为放牧场地，充分利用林间杂草、嫩枝树叶。但由于山羊具有就高性和啃食习惯，因此一定要做好树木的防护工作。林畜模式可扩展为"林—草—畜"模式，在林下种植柱花草、苜蓿、黑麦草等优质牧草，牧草养畜，效益更高。

第三节　林下养殖模式的特点与效益

林下养殖畜禽，树木可为畜禽遮阳，是畜禽的天然氧吧，通风降温，便于防疫，十分有利于畜禽的生长，而畜禽产生的粪便可为树木的生长提供优质的有机肥料，畜禽还能有效防止树木害虫，节约了饲料费、肥料费和病虫害防治费，形成了以草养牧、以牧促林、以林护牧的良好生态循环。在林地建立棚舍省时省料，投资少，畜禽粪便给树木施肥营养多，林地生产的畜禽产品市场好、价格占优。林下养殖是植物与动物、种植与养殖、天上与天下、发展与环保的有机结合。

一、林下养殖模式的特点

（1）畜禽食物资源丰富。首先，林地野草茂盛、营养丰富，使畜禽有了主要饲料来源；其次，林地是金龟子、金针虫、地老虎、蝗虫等林木及农作物害虫的孳生温床和藏身之地，它们是鸡、鹅的美味佳肴。

（2）畜禽活动场地大，空气新鲜。林地养殖采用的是舍饲与放牧结合的方式，空气流动性强，氧气充足，畜禽活动空间广阔，因而体质健壮，患病率低，繁殖快，克服了封闭式饲养畜禽密度大、粪便集中、通风不良、氨气含量高、臭气熏天、污染环境等影响畜禽生长的弊端。

（3）林木为畜禽创造良好的环境。林地温度适宜，据测定，由于林地有树冠遮阳，夏季温度比外界气温低2~3℃，比普通封闭式畜禽舍低4~8℃，更适宜鸡、猪等畜禽健康生长，从而使蛋鸡产蛋量提高，肉兔和肉鸡生长加快。林木是天然的灭菌能手和滤毒器，除了能制造氧气外，还可散发出植物灭菌素杀死结核、赤痢、伤害、白喉等多种病菌。林木是天然吸尘器，树木由于枝叶茂盛，对粉尘有很大的阻挡、过滤和吸收的作用。林木还可以减小阳光的有害影响，阻隔放射性物质的辐射。总之，林木可以为畜禽生长创造适宜的环境。

(4)饲养畜禽有利于林木生长。牛、羊、兔、鹅属草食动物，在林地养殖可抑制林中杂草的繁衍，既省去了人工灭草的劳动，又避免了化学除草所带来的环境污染；畜禽的粪便又增加了林木的养分；鸡、鹅是许多草木害虫的天敌，林地养殖围剿了它们的藏身之地，林木虫害自然可得以避免和减轻。这都说明，林地养殖为林木茁壮成长提供了有利条件。畜禽与林木相互依存，相得益彰，促进了生态平衡。

(5)饲养的畜禽为天然绿色食品。在污染严重、轻重工业发达的地区，如黄河滩区开展林地养殖，避开了工业、农药和饲料添加剂等污染，林地是天然的绿色食品生产地，饲养的畜禽为天然的绿色食品。

二、林下养殖模式的选择原则

优良品种是林下养殖的生命线，选择好的饲养品种是林下养殖模式取得经济效益的关键一步，畜禽品种选择要适合本地气候条件，同时也要符合市场消费需求，主要选择具有较强的适应性和抗病力的品种，林地养殖需要采用舍饲和放牧相结合的方式。应根据设施要求、当地条件、养殖规模及自己的资金情况来决定，建一个简易的棚舍既能挡风遮雨，又能在冬季保温。

三、林下养殖模式的效益

（一）经济效益

1. 林禽模式的效益

在郁闭的林下，充分利用林下昆虫、小动物及杂草，围网放养、圈养或棚养鸡、鸭、鹅等，该模式养殖技术简便易行，群众乐于接受。每亩可养鸡（鸭、鹅）500只，每年可养3茬，出栏1 500只，每只可获纯利润10元以上，每亩林地年纯收入可达1.5万元以上。同时，成鹅加工链条长，市场前景广阔，效益可观，是林下高效养殖发展的首选模式。

(1)林禽模式的优点。林下养禽，可以充分利用林下空间和林下杂草资源，起到控制杂草和增加土壤有机质的作用，此外，还能扩大家禽活动空间，提高禽产品抗病性和品质，收到双倍效益。

(2)林禽模式的缺点。家禽的粪便因散落面广，不便收集处理，易污染水源，传播疾病，不同禽类，有不同的环境要求，需要因地适宜地选择养殖种类。需要对养殖密度进行合理控制；家禽持续对林地踏踩，易致林地板结，尤其是鸡喜欢刨地啄食嫩根和地下昆虫，不利于林下植物多样性的维护。因此，必须采取错时轮牧的方式，缓解禽类对林地生态环境的不良作用。

因此，根据林地水源条件和树种类型，应选择相适应的家禽养殖种类，天然饲料与人工就地养殖蚯蚓等动物饲料相结合。要利用简易发酵床或沼气池，对饲养量大的家禽粪便进行无害化和资源化处理。

2. 林畜模式的效益

在林下可规模饲养牛、猪、羊等，实行放养或圈养均可，饲草、饲料来源广。技术易掌握，市场前景好，每亩年产值可达2万元以上，是林畜养殖的重要模式。也可在林下发展养蝉、青蛙、蟾蜍等特种养殖,效益会更高,但这种养殖模式技术要求高,有一定市场风险,需慎重从事。从总体上看,林畜模式经济效益优于林禽模式,每亩年产值可多达0.5万元以上。

(1) 林畜模式的优点。林下活动空间大,可为家畜提供自然、健康的活动场所,有利于提高抗病性;林下天然的新鲜饲料,也有利于动物自由生长发育,提高动物产品品质;提高林下CO_2浓度,有利于植物生长。牲畜踩踏,有利于地表枯落物进入土壤成为有机质。

(2) 林畜模式的缺点。牲畜践踏,易导致林地板结,不利于树木生长;牲畜啃食树皮、嫩枝、树尖等,妨碍树木正常生长;粪便不易集中处理,增加碳排放;容易导致面源污染,恶化水源等环境;需要专门的畜牧兽医知识和技能。羊等牲畜特别喜欢啃食树皮、草根,林下放养对林木和土壤有一定破坏性,须特别注意。总之,相比于有利的一面,林下牲畜对林木的健康更多地偏向于有害,经营时应设法趋利避害。

因此,林下养畜,应远离河流、溪水,但必须有供牲畜饮用和洗浴的必要水源;严格控制单位面积数量,分区圈养,轮圈放养;对树干基部做好防啃护套;合理处理好牲畜粪便,发展沼气,变害为利。林下养畜有别于草原放养和围栏饲养,林下空间有限、天然饲料不足,须人工种植饲料作物和药、饲两用植物,讲究集约化,小面积高效益,并做好疫情处理。加强畜牧兽医知识和技术普及与推广,提高当地畜牧农技服务专门机构的综合服务能力。

(二) 生态效益

林下养殖的大量畜禽粪便与其吃剩的草渣、树叶混合,促使两者快速分解,起到快速补充土壤养分的效果,宜于树下吸收,促进林木生产,解决了因土壤肥力下降而影响林木生长的问题。同时,养殖场内外大量造林或在林场中直接建养殖场,树林能营造一个空气清新的小环境,进而缓解了"温室效应"对农业生产的危害,同时为群众提供了非常好的休闲纳凉的场所。此外,发展林下养殖业,能显著减少粪便及气味对环境的污染和人的不利影响,形成良性的生态循环。

(三) 社会效益

发展林下养殖,有利于推动退耕还林项目的实施,并能巩固其绿化成果,符合国家政策,并享受国家立项后的资金政策等优惠。同时充分开发利用了林下土地资源和树木资源,退耕户农民年人均收入可比以前提高1~2倍,经济效益非常可观,既提高了人民生活水平,又推动了农村经济的又好又快的发展。同时,通过发展林下养殖,培养、锻炼和造就了一批专业技术人员和农民技术骨干,使一大批养殖户学习和掌握了更多科技知识和养殖经验,达到了出人才、长经验、增效益的目的。

第四节 林下养殖模式配套技术

林下养殖作为一种循环经济模式,能够充分利用林下空间发展林下养殖,既可以构建稳定的生态系统,增加林地生物多样性,又为农民增收开辟了新途径。林下养殖模式主要有林禽模式和林畜模式。林禽模式，适宜4米×7米株行间距的林地，实行放牧和舍饲饲养相结合，每年可出栏两茬。林畜模式，可分为林下养羊模式，实行圈养与放牧相结合，适宜3米×（3~10）米株行间距的林地；林下养牛模式，植树以大小行间隔为宜，3米×（3~10）米株行间距，可间作牧草；林下养猪模式，适宜4米×8米株行间距的林地，每年可出栏三茬。林下养殖模式配套技术集优良品种选择、棚舍搭建、饲料配制、饲养管理及病害防治等于一体。

一、挑选优质畜禽品种

优良的畜禽品种是林下养殖的生命线，选择好饲养品种是取得经济效益的关键一步。品种选择要适合本地气候条件，同时应符合市场消费需求；注意选择适应性强、抗逆性强、食性广、食量大、肌胃发达、消化能力强的品种，既适于圈养又可在林地放养。挑选优质的畜禽品种，为林下养殖模式提供高繁殖技术，有利于林下养殖业的发展。

二、修建高质量畜禽棚舍

场地宜选择地势高、开阔、干燥、无污染源、水源方便、避风向阳，距离主要公路500米以上的地方。棚舍设计要充分考虑地势、交通、排水及卫生要求，便于清理、消毒和防疫，而且能够有效地与外界隔离，减少外来动物的进入。棚舍修建应根据饲养畜禽品种、养殖规模、养殖方式等而定，修建高质量的棚舍，为林下养殖模式提供良好设施，有利于饲养管理，有效预防常见病害发生。

三、林下种植优质牧草

在郁闭度0.7以下的林地，有选择地种植不同种类的优质牧草。种植的牧草可直接用于放养畜禽，也可粗加工成鲜饲料饲养，节省了饲料开支。牧草的选择应具备：青绿期长，适口性好；鲜草产量高，营养丰富；具有良好的耐践踏性和持久性；每年可多次刈割；适合林地种植，如柱花草、紫花苜蓿、黑麦草等。

四、掌握畜禽饲养习性

掌握饲养畜禽的生活习性，有利于林下养殖的畜禽快速出栏。林下养殖畜禽种类多，每一个品种都有其独特的生活习性，应根据其生活习性进行饲料选购、饲料配制及科学饲养，并在棚舍内外准备足够的食槽和水槽，让畜禽自由采食，自由饮水，保证吃饱喝足。

五、做好饲养管理

林下养殖模式的饲养管理，应按照不同种类畜禽采取相应的饲养管理措施。为满足各类畜禽的营养需要，需喂给营养较为平衡的配合饲料。如畜饲喂应生拌料日喂1~2次，每顿喂量以吃饱不剩食为限，喂后饮水；禽饲喂干粉料，自由采食、饮水。在台风、暴雨等天气，畜禽应在棚舍内饲养；阴晴天放养，夜间进棚舍。各种畜禽棚舍内均应每周清扫2~3次，经常保持干净，保持棚舍内通风和空气清洁，降低棚舍内湿度。

六、做好病疫防治工作

畜禽病疫防治工作十分重要，是林下养殖模式的重中之重，应做好以下6点：一是注意健康状况。只有在动物机体处于健康的状况下接种疫苗，才能产生正确的免疫效果。因此，接种疫苗的前提是畜禽必须健康。二是注意防疫程序。由于畜禽的年龄、母源抗体、疫苗类型以及当地疫病流行情况不尽相同。因此，防疫时应按照畜牧兽医部门对当地疫病流行特点设计制定的防疫程序进行。三是选用优质疫苗。使用前应详细检查疫苗名称、生产厂家、批号、有效期、贮藏条件等，是否与说明书相符。对已失效、无批号、物理情况异常或者来源不清的疫苗，坚决废弃，严禁使用。四是注意使用方法。在使用前，应详细核对疫苗名称与所预防的疫病是否相符；使用的器械是否经过清洗、消毒；是否严格按要求使用指挥的稀释液和按规定的方法进行操作；稀释后的疫苗要在规定的时间内用完；接种的剂量是否准确无误等。五是减少应激反应。畜禽接种疫苗后，一般要经过7~21天才能产生免疫力。在此期间，若出现剧烈的应激反应将会直接影响畜禽免疫力的产生。因此，接种疫苗前后，要特别注意加强饲养管理减少应激反应。六是防止早期感染。早期感染会导致防疫失败。因此，要切实搞好环境卫生和消毒严防病原入侵。

第十六章 林下旅游观光模式与特征

第一节 森林旅游观光模式概述

近些年来，随着休闲时代的到来以及休闲旅游的发展，我国已开始出现由单纯的观光旅游向休闲度假旅游转型的时期。森林旅游作为一种新兴的但却蓬勃发展的绿色产业，吸引着越来越多的旅游者走进森林，森林旅游逐步形成一种世界性的、新的旅游时尚。森林旅游能使旅游者感受奇异的大自然风光、呼吸新鲜空气、享受静谧的环境，还能增进身心活力，陶冶情操，增长自然知识，森林旅游因其独特的功能而备受青睐。

随着时代的发展，科学技术的不断进步，人们的生活水平和审美观念不断提高，越来越多的人希望走进森林，享受自然，森林旅游市场潜力巨大。森林旅游是现代旅游业发展的大趋势，更是现代旅游业发展的必然结果。

近年来，我国林业产业的不断发展为林下经济的蓬勃发展提供了有利的空间条件，还为森林旅游等休闲旅游产业的发展奠定了基础。以林业培育和采运为目的的林业第一产业在培育森林的同时也为森林旅游业提供景观资源基础。森林旅游业通过合理规划建设和经营将其变成如森林公园、自然保护区、风景名胜区、植物园、国有林场、森林狩猎场等景观资源，提供给旅游消费者，以获得利润。林业培育和采运产业不单单为森林旅游业提供了植被、鸟语花香等自然景观价值，还间接的提供了一系列隐性功能价值。如果森林培育是在山中，则还给消费者提供了登山，修身养性，放松身体机能等间接价值；如果是果林旅游，会为旅游消费者提供采摘劳动的情趣价值，以及食品消费价值；如果是林下种植或森林采伐参观旅游，则会为旅游消费者提供科普教育价值。例如，林—菌—游模式就是在一些靠近城市的郊区，在林地种植食用菌的基础上发展旅游观光、采摘、观赏、盆景等。这种模式还能增加食用菌的外在影响力，增强食用菌文化底蕴，充分发挥食用菌文化，以吸引更多的游客到生产基地观光采摘，实现林区赏景、林地采菇、怡情尝鲜为特色的林业旅游，达到了旅客观光旅游和林下种养经济同步发展、相得益彰的良性互动。

一、森林旅游概念辨析

中外学者关于森林旅游概念的阐述很多，总括起来，其概念有广义和狭义之分。美国学者 R. W. Douglass 认为森林旅游是"在林区内发生的，不管活动主要目的为何的，任何形式的野游"。我国学者认为：狭义的森林旅游是指人在业余时间，以森林为背景所进行的各种游憩活动。综上所述，无论广义还是狭义，森林旅游都是野外游憩方式的一种，它与城市、海洋、田园等旅游环境相比较，是在特定的森林地域为旅游者提供游览观光、度假休闲、狩猎探险、健身疗养、科普教育等多种旅游产品和服务的一种特色旅游，具有使旅游者放松、怡情、猎奇、求知、健身等多种功能，是满足人们回归大自然，追求人与自然和谐，享受自然乐趣愿望的一种旅游方式。

二、森林旅游发展历程

1872年，美国建立世界上第一个森林旅游场所——黄石国家公园。100多年来，已有100多个国家和地区先后建立各类森林公园和自然保护区3 000多个，总面积达400亿公顷。1982年，我国建立第一个国家森林公园——湖南省张家界国家森林公园。截至2008年年底，全国各级森林公园总数已达到2 250处（其中，国家级709处），总面积达1 600万公顷，全国森林公园全年接待旅游人数达到2.77亿人次，占国内旅游总人数的16%，旅游直接收入183亿元，森林公园旅游活动所带动的社会综合产值达到1 400亿元。

森林旅游满足了人民群众多种层次的生态文化需求。建设森林公园、开展森林旅游已成为一种很有活力和潜力的新兴旅游业。据预测，国际森林旅游的人数将以每年两位数的百分比持续增长，全球旅游人数中将有一半以上的人走进森林。

三、森林旅游对环境的要求

森林旅游是以森林自然环境为依托，具有优美的环境和科学教育、游览憩息价值的地域，经科学保护和适度建设，为人们提供旅游、观赏、休息和科学文化活动的特定场所。森林旅游按其性质可分为自然环境、人文环境及其各要素有机形成一个相对封闭的系统，系统内部各要素有规律的独立运动又相互作用，保持长时间平衡状态。因此，环境对森林旅游起着十分重要的作用。在森林旅游过程中，铺设道路，构建建筑物，会造成景观破碎化程度的增加，动植物的生活环境发生变化。旅游者的践踏、采集、旅游垃圾堆放等的干扰和胁迫作用，会造成植被稀少，植物多样性减少。大量旅游者也会对土壤产生影响，如土壤裸露面积和板结程度增加，水土流失加剧等。当地居民的开垦种植活动也会带来一定的不良影响；一旦这些干扰的强度超过了旅游景观的承载能力，就会引起生态失调或失衡，甚至造成景观的不可逆变化，将严重地损害生态旅游的发展。

第二节 林下旅游观光模式的内容

一、森林旅游资源

森林旅游资源是林业部门的特有资源，是一类在特定的环境、气候、地质等条件下形成的以森林为主体，利用其自身的特殊自然属性吸引旅游者前来观光、旅游、消费以及产生购买行为的资源。它能给旅游消费者提供身心舒适的户外游憩环境，是集自然、社会、人文诸多因素为一体的统一体。通过合理开发利用，这类资源可以成为开展游憩、垂钓、疗养、夏令营和科学考察的首选场所，是一种具有特殊经济开发价值的资源。

（一）自然资源

我国复杂的地形地貌，奇特的森林景观，丰富的野生动、植物资源，还有很多名山大川，江河瀑布、温泉等资源，除此以外，还有溪流、峡谷、海滩、火山、矿泉等，都能够满足不同旅游者的需要。在我国广袤的林区，蕴藏着丰富的野生动植物资源，仅高等植物就有327万种，树木2 800多种，各类动物2 000多种，除此以外，还有无数的食用菌、野山菜、中药材、野生花卉等林副产品，这些丰富的自然资源都为森林旅游产品的开发提供了有效的保证。

（二）人文资源

我国具有五千年的悠久历史，拥有令世人瞩目的灿烂历史文化，而森林作为孕育这些历史文化的摇篮，在某种程度上可以说没有森林，就没有人类，更没有灿烂的文化。森林中蕴藏着丰富的人文景观资源，如帝王陵墓、名寺古刹、古遗址等，都为森林旅游资源增添了文化内涵和旅游价值。

二、森林旅游设施

森林旅游设施指的是直接或间接地为开展森林旅游活动、满足森林旅游者娱乐、保健和生活等需求而修建的各种设施，它分为森林旅游专用设施和公共设施两大类。森林旅游专用设施包括俱乐部、健身房、狩猎场、滑雪场、餐厅、商店等娱乐和服务设施；森林旅游公共设施主要是由交通设施、能源供应系统和废物处理系统组成。目前的森林旅游的基本项目和内容，主要有徒步观光、野营、野炊、篝火晚会、采集与钓鱼、森林浴、科学考察与实习、滑雪、划船漂流、探险、狩猎、登山与攀登、短期度假、森林疗养、参与和参观林业生产和森林野生食品品尝等。目前，我国的森林旅游设施还不完善，建设比较欠缺，由于森林旅游的特殊性，加之自然基础条件不利，致使一些旅游项目的开发不够，从而降低了成功开展森林旅游的可能性，或者限制了森林旅游业发展的速度和规模。

三、森林旅游产品体系

森林旅游产品的涵义与一般意义上的产品有所不同，它是一种以各种形式的服务表现出来的"特殊产品"，它是一种无形的、综合的、不可转移的，同时又具有时令性、生产与消费同步性的特点，这类产品既是无形产品，又是有形产品。作为森林供给一方，森林旅游产品就可分为森林旅游资源、森林旅游设施和森林旅游服务三部分。

从旅游经营者的角度看，森林旅游产品是指经营者利用森林景观资源或者以森林为依托的自然旅游资源经合理规划和开发而形成的旅游产品，通过对外开放或出售，经营者能够从中获得利益的媒介。从旅游需求者的角度来看，森林旅游产品是指森林旅游者为了获得物质和精神上的满足，通过花费一定的货币、时间和精力实现一次森林旅游的经历，与这次旅行经历相关的任何森林事物都可以称之为森林旅游产品。

我国幅员辽阔，森林旅游资源丰富，而且遍布各省、自治区、直辖市，这为我们开发森林旅游产品、开展森林旅游提供了客观条件。同时，由于我国居民在住房、保障等方面存在一定的压力，对森林旅游产品的需求目前大部分还是停留在观光阶段，森林观光产品还是森林旅游产品主要的形式之一。随着经济的快速发展以及生活工作压力的不断加剧，人们渴望能到大自然中欣赏美景、放松身心，随着消费能力不断提高以及这类需求不断升华，他们对森林旅游产品的需求已经上升到游乐、休闲等方面，他们希望在森林旅游的过程中能够更多的参与，如森林拓展、探险、养生等。还有较小的一部分具有极高消费能力的旅游者，他们具备很好的经济基础和较长、较宽松的自由支配时间，在森林度假方面存在需求。总体看来，森林旅游产品有沿着从观光产品——休闲、游乐产品——度假会议产品方向发展的趋势，这一趋势呈现出规模不断扩大、档次不断提升、要求不断提高等特点，这也是森林旅游价格及赢利能力逐渐上升的趋势。

四、森林旅游产品开发

（一）五个环节

针对观光旅游业的一支后起之秀——森林旅游业，从其兴起到现在已有 30 多年的历史了，在其刚刚起步并迅速发展的同时，森林旅游产品也迅速的丰富起来。而森林旅游产品则是成功开展森林旅游的前提和保证，为了吸引更多的旅游者和在激烈的市场竞争中获胜，森林旅游的经营者必须进行森林旅游新产品的开发。森林旅游经营者需要在充分认识森林旅游产品发展现状的同时，更加注重未来森林旅游产品开发的层次性和广阔度，同时在森林旅游资源的利用、森林旅游产品的开发等方面要朝着原始性和完整性方向发展。随着社会的进步和经济的发展，这种森林旅游产品的开发趋势，将更能够适应众多旅游者对森林旅游的日益增长的需要，同时也能够维持生态系统的平衡，从而使森林旅游业的发展更具潜力，更具前途。常见的森林旅游产品开发需要注意的五个环节，即以可持续发展为原则、以主题凝练为线索、以产品创新为核心、以休闲体验为重点、以本土设计为理念的 5 大环节。

1. 以可持续发展为原则

可持续发展是森林旅游产品设计开发的基础和前提。森林旅游产品的开发不能采用掠夺式、破坏性的方式，而应该全面考虑森林旅游产品开发的社会、经济、生态及文化的可持续性。从森林旅游产品的类型来看，游乐产品比观光、休闲、度假产品的体验性、参与性更强，可能对环境产生影响和破坏，因此，在开发游乐产品时要更加以自然保护为约束条件，开展低碳旅游，避免不必要的破坏。

2. 以主题凝练为线索

主题凝练是景区、产品等破题的有效方法。旅游区的主题凝练将起到统领全局、明确空间划分、完善内部功能空间组织的作用。对于旅游产品项目来说，主题就是一条联系各个具体单项设计的纽带，产品项目设计上一个合理而统一的主题是必不可少，否则，产品项目的开发就会散乱无序，削弱整个旅游区的资源和吸引力。

3. 以产品创新为核心

产品创新主要着力于森林审美功能的提高及项目创意设计。审美功能的提高主要是森林生态景观、大地景观等方面的营造；项目创意设计的范畴相对较宽，应用创造性思维创意与创新森林旅游产品，创造特色，使旅游者产生共鸣。产品创新要与提升传统产品相结合，快速适应游客需求多变、自主性强、兴趣多样化、选择个性化的特点，并将现代元素注入森林旅游产品开发设计，实施传统产品升级。

4. 以休闲体验为重点

据世界旅游组织预测，21世纪休闲将成为世界旅游的主流。旅游消费者将闲暇时间用于休闲，以达到放松身心、康体娱乐、自我完善等目的。旅游产品的价值大小取决于为顾客提供经历和体验的程度高低，参与体验型产品有更长的生命周期，森林旅游产品设计注重体验功能既符合旅游经济特点，也符合森林旅游市场的需求。

5. 以本土设计为理念

森林旅游产品特色化、个性化的最佳方法就是本土化。强化本土理念（当地生态、经济、社会和谐发展）、应用本土材料（石材、植物等）、挖掘本土文化（民俗节事、生产生活方式等）、利用本土建筑（小品等）、设计本土游憩方式（旅游六要素与本土相结合的游憩方式）。

（二）五种模式

我国地域辽阔，地形地貌复杂，从南到北跨越热带、亚热带、暖温带、温带和寒温带五个气候带，从东到西横跨平原、丘陵、高原和山地等多种地貌类型，海拔高差超过8 000米。不同的气候、地貌和水热组合条件，孕育了十分丰富、各具特色、风光旖旎的森林旅游资源，为森林旅游奠定了坚实的物质基础。自1982年我国建立第一个森林公园——张家界国家森林公园以来，森林旅游有了很大的发展，据统计，目前我国已建成各级各类森林旅游区超过1 700多处，总面积超过1 300万公顷。

目前，我国发展森林旅游的主要形式是建立森林公园、野生动物园、狩猎场以及自然保护区开辟旅游小区。随着旅游的日益大众化，人们回归自然、认识自然的愿望与日俱增，以森林公园、自然保护区为主体的森林旅游必将得到迅速发展。

根据当地森林旅游发展的特点、生态环境条件、区位条件状况以及客源市场条件，可以把森林旅游开发分为5种开发模式。

1. 森林休闲娱乐开发模式

这种森林旅游开发模式要求森林旅游区区位条件良好，有良好的可进入性，旅游基础设施与接待设施比较完备。一般位于大城市周边地区，附近1~2小时车程范围之内，以休闲娱乐、消夏避暑、周末度假为主要功能。这里的森林植被丰富，生态环境良好，适于开展森林游憩、野炊、野营等户外活动，如北京西山国家森林公园、黑龙江的牡丹峰、陕西的朱雀等森林公园。

2. 森林自然观光开发模式

这种森林旅游开发模式要求森林景观类型多样，森林风景、自然风光和人文景物都比较突出，自然生态环境保护较好，旅游吸引力强。这种森林旅游区以自然观光为主要功能，以其绚丽优美的森林风景取胜，有最为诱人的自然风光，适于开展风光游览、动植物景观观赏等旅游活动，如湖南的张家界、陕西的太白山、终南山等森林公园。

3. 森林度假疗养开发模式

这种森林旅游开发模式要求在森林中有能大量散发出挥发性物质芬多精的植物，如樟科、松科、芸香科植物，同时森林植被生长旺盛，树木高大、森林封闭度高。一般地处偏远的山区，受外界影响小，以温泉、海滨疗养和森林保健等为主要功能。这种旅游区内有丰富的空气负离子，具有防治高血压、冠心病、神经官能症、哮喘、气管炎等多种疾病的功效，有利于人的身心健康，适于开展度假、疗养等旅游活动，如肇庆鼎湖山自然保护区，威海海滨的森林公园等。

4. 森林生态体验开发模式

这种森林旅游开发模式要求森林生态系统完整，生物多样性丰富，并且在森林区范围内有民风淳朴的少数民族分布其间，一般远离大城镇或在偏远的乡村地区，以体验优美的自然环境和当地生态文化为主要功能。这些旅游区内自然景观与人文景观和谐统一，达到一种"天人合一"的境界，适合开展体验森林生态系统和当地文化的旅游活动，如湖北大老岭国家森林公园、辽宁旅顺口国家森林公园。

5. 森林秘境探险开发模式

这种森林旅游开发模式要求有大面积的原始森林或原始次生林，人迹罕至，以野、幽、秀、奇为特色，一般地处深山老林，远离大中城市，并且生态环境大部分处于原始状态，受人类的干扰较小，适于开展寻秘、探险等旅游活动，如湖北神农架、云南西双版纳国家级自然保护区等。

五、森林旅游产品的开发原则和趋向

随着社会经济和科学技术的发展，旅游者对旅游的需求也不断的发生变化，而森林旅游业正是旅游业的一个新的发展趋势。据统计，1902年时城市人口只占全球总人口的14%，到1980年这一比例达到了40%。在森林旅游中森林旅游产品丰富程度则是吸引旅游者的先决条件，因此，要成功地开展森林旅游并在激烈的市场竞争中取胜，就应该注重森林旅游新产品的开发。为了更好地满足众多的旅游者的特殊需求和更快的发展森林旅游业，森林旅游产品的开发应向着纵向和横向发展，即层次性、广阔性，森林旅游资源的原始性和完整性。

（一）森林旅游产品的层次性

随着森林旅游业的发展，森林旅游产品的开发在层次上将更为深入。在项目上，有为不同层次和不同年龄的旅游者提供的各种游憩项目类型，见下表。

表　森林游憩活动类型划分

类型	举例	类型	举例
观光型	观光、观山石、观日出云海、观林海、观人文古迹	尝购型	品尝野味（如野生动物、野菜）、购买地方特产
体力型	登高、攀岩、骑车、徒步穿越山林	狩猎捕捉型	狩猎、扑蝶、抓蝉
休闲型	散步、林中小憩、品茶、对弈、骑马	野营野炊型	野营、野炊
刺激型	蹦极、速降、速滑、跳伞、探险	体育运动型	打球、游泳、跑步、滑雪

（续表）

类型	举例	类型	举例
科普型	了解人文历史、昆虫习性、地质变迁	疗养度假型	森林浴、度假、练功
宗教型	朝觐	水上娱乐型	划船、漂流、划水、涉水
采摘型	采果、采花	领略民俗风情型	观看地方节日活动、观看山村风貌、了解地方饮食、起居、穿戴、劳作习俗
艺术型	摄影、写生	观赏野生动物型	观鸟、观兽

由此可见，深层次开发不同等级和不同规格的且有具特色的森林旅游产品，一方面可以吸引更多的旅游者，满足他们身体和精神上的特殊需求；另一方面，还可以增加旅游收入以取得更好的经济效益。

（二）森林旅游产品开发的广阔性

森林旅游产品的产品系列越多，产品的广阔性也就越大，拓宽产品的广阔度对吸引旅游者有着极其重要的作用。除了单纯的浏览山水风景或者利用林间小憩，升华到诸如"钓鱼闲情游"、"打猎冰雪游"和"森林浴"等高雅和惊险刺激的游乐产品。此外还有森林观光旅游产品、森林悠闲旅游产品、森林疗养旅游产品、森林冰雪旅游产品等，这一切森林旅游产品都在不同程度上以不同形式吸引着不同兴趣、爱好的旅游者。随着森林旅游的发展，未来森林旅游产品开发在产品系列的数目上将更为广阔，如在森林科普旅游产品中会出现关于生态资源系统知识方面的项目，而不是仅仅停留在表面的知识上，这样森林旅游产品开发才会更具潜力。

（三）森林旅游产品中的森林旅游资源的原始性和完整性

森林是人类诞生的摇篮，人类的祖先在森林中得到了庇护、食物和水，从而得以繁衍生息。作为森林古猿成员的弱者，人类的早期祖先不得不离开有限的森林，放弃了非洲热带丛林的树栖生活而下到地面上来，但是森林已经给人类打上了深深的烙印，热衷森林乃是先天赋予人类的禀性。

城市化进程一方面发展了生产力，提高了人民的物质生活水平，另一方面也对人的心理、生理、生活环境等产生了负面影响。人们在享受富裕生活的同时，发觉自己与自然的距离越来越远了，于是那份与生俱来的与自然和森林不能分离的禀性驱使城市居民冲出"围城"，去寻找那些只有在大自然中才能得到的满足感。

环境科学家对现代城市的评价是"城市水泥沙漠"，同时科学家还指出：人寿命的长短，健康状况的好坏与居住地物种的数量成正相关，居住地物种数量越多，人就会越健康长寿。此外森林还具有很高的医学价值。由于森林自身的净化作用，森林里空气清新，细菌含量少，含尘少，噪声小，大气和水污染少，物种数量多，是人类生存的最佳空间。在这些理论的指导下，城市里的居民，居民集中区都强烈呼唤"回归大自然"，到森林里去游憩。这是森林旅游的理论依据，也是生态旅游和回归大自然的依据，同时也是进行森林旅游产品开发的依据。因此，森林旅游产品的开发为了满足现代旅游者的需要、为了森林旅游业的迅速发展，应向着层次性、广阔性和森林旅游资源的原始性和完整性的方向发展。只有真实、全面、科学评价各类旅游资源，才能按社会经济文化发展趋势的要求，针对森林旅游资源的属性、特点和发展规律做出全面的分析和考证，从而制订出有价值的森林旅游产品开发的实施方案，尽量保持森林所特有的壮观、朴素、沉静的美，使青山绿水长在，使极具前途的森林旅游业能够永葆青春。

六、中国森林旅游主要产品形式

（一）林业与旅游业的融合——观光型林业

观光型林业是利用森林现有的环境、地形、气候以及动植物等形成的自然景观，以充分开发具有观光、旅游价值的林业资源为前提，林业和旅游业相结合的一种交叉型融合产业。观光型林业集产品生产、旅游观光、休闲娱乐、科学知识普及为一体，既可通过销售优质的林产品直接获取收入，又可通过旅游观光功能，利用林业的观赏性、科普性，提高林产品的附加值，创造比林产品自身更大的经济效益。同时，观光型林业由于关联度较大，其开发经营可以带动基础设施建设、食品加工、旅游工艺品加工、餐饮服务、交通运输与商业贸易等其他相关产业的发展，这不仅可以吸纳更多的劳动力就业，直接增加农民的收入，而且推动了农村第二、第三产业的发展，有效地促进了农村产业结构的调整和升级。此外，带有示范性质的旅游观光林业项目的开发，有利于林业生产技术手段的创新及林区的开放发展，加强城乡联系和林区精神文明建设，促进优良品种和先进生产经营管理方式的引进，提高当地林业生产效率，促进旅游产品的多样化与改善旅游线路网络布局，开拓更广阔的旅游客源市场，推动特色林业的发展。观光型林业不仅拓展了旅游业的产业边界，同时也充分地利用了林业资源，改变了单一的林业结构，带动了林业由弱势产业向强势产业的转变，是发展高效林业以及优化林业内部产业结构的一条重要途径。

（二）生态旅游

生态旅游具有三重含义。其一是哲学层面的，是指一种可持续发展的发展哲学；其二是科学层面的，指的是科学技术的研究，着重环境容量和旅游生态系统的变化规律；其三是商业意义的，指的是一种旅游产品。因此，生态旅游最大的特点是实现旅游资源和生态环境的可持续发展。生态旅游实质上也就是"在生态上可持续的旅游"。

生态旅游作为一种旅游产品，具有成本高、附加值也高的特点，同时要求有较高的教育功能，今后将向遗产旅游的内涵演进。生态旅游具有多种功能，其中包括科学考察、科普、健身、娱乐、体育、野营、夏令营、观鸟、观赏野生动物等，又以森林体育康体活动为最多，如野餐、游泳、垂钓、骑马、射箭、球类活动等。

经过适当的组合包装，生态旅游资源可以开发出5个系列的生态旅游产品：生态观光、生态保健、生态科研、生态娱乐、生态美食。

适合以分布有典型森林生态系统、珍稀野生动植物资源的森林旅游区为主，如湖南岳麓山森林公园、湖北大老岭国家森林公园、贵州省荔波世界自然遗产旅游目的地。

(三) 自然观光旅游

自然观光是森林旅游产品中开发最早、最主要的形式之一，它包括名山大川、峡谷湖泊、温泉瀑布、森林草原等。自然观光旅游具有良好的环境教育功能，同时可以为旅游者提供欣赏大自然之美、陶冶个人情操、锻炼人生意志的益处。自然观光的一个特点就是与多种旅游产品具有良好的兼容性。适合所有森林旅游区。

(四) 野营旅游

野营旅游虽然是一种便宜的度假方式，但它满足了旅游者接近大自然的欲望，因此受到客源市场广泛的欢迎。在中国，野营作为一种户外游憩活动，更适合于气候温暖的南方，主要为城镇居民的节假日和双休日提供度假、休闲、康健、娱乐服务。适合所有森林旅游区。

(五) 狩猎旅游

狩猎旅游是一种高层次、高消费的旅游活动。在中国的自然保护区、风景名胜区内禁止狩猎。但在经过慎重选择的游憩区可以限量开展。在有些情况下，狩猎区可以成为受保护的动物栖息地的有用延伸，还是当地人就业、创收、食肉及其他有用产品的来源。适合所有森林旅游区。

(六) 摄影旅游

摄影旅游是指旅游者前往自然景观独特、民族风情浓厚的地区旅行，并拍摄自己的作品的旅游方式。在以自然环境为主体的旅游过程中，旅游者对拍摄自然景观充满期望，并将自然旅游与摄影旅游视为一举两得的体验方式。一些旅行社将摄影旅游作为自己的专门经营业务，一般与狩猎旅游、生态旅游结合进行。摄影旅游接待地的概念十分简单，在风景如画的小河边修建的两三座自备餐饮的圆形茅屋、一座帐篷，从这里可以走进附近的丛林，在河滨垂钓，或者走访当地的村落。这种产品经济效益并不很高，但是它却为旅游者提供了很好的学习机会，并使附近的城市居民增加对家乡的自豪感。适合所有森林旅游区。

(七) 文化旅游

利用地方文化遗产和人文景观开展一般文化旅游是中国这个具有悠久历史文化传承的国家的重要旅游产品之一。1972年联合国教科文组织在巴黎通过《保护世界文化和自然遗产公约》。该公约对自然遗产的定义是："从审美或科学角度看具有突出的普遍价值的自然物质和生物结构或这类结构群组成的自然面貌；从科学或保护角度看具有突出的普遍价值的地质和自然地理结构以及明确划为受威胁的动物和植物生境区；从科学、保护或自然美角度看具有突出的普遍价值的天然名胜或明确划分的自然区域"。湖南张家界森林公园和四川九寨沟风景区便在此基础上发展森林自然遗产旅游业务。

(八) 民俗旅游与民族风情旅游

民俗旅游是以民俗事项为主要观赏内容的旅游活动，是以特定地域或特定民族的传统风俗和文化为资源而加以保护、开发并吸引外来旅游者，是一种生动活泼、强调参与的新兴旅游产品，民俗旅游具有质朴的民间性、鲜明的民族性和地方性、文化背景的可靠性、情趣的乐观性和时空的混融性。

适合少数民族集中分布区内的森林旅游区，如宁夏回族自治区六盘山国家森林公园、黑龙江街津山国家森林公园、内蒙古自治区（以下称内蒙古）满归伊克萨玛国家森林公园等。

（九）其他旅游

休闲度假旅游：适合以城郊型、海滨海岛型、温泉名山为主的森林旅游区，如北京西山国家森林公园、广西龙胜温泉森林公园、福建海岛国家森林公园。

商贸旅游：主要销售旅游区发展生产功能的产品。如盆景、标本、食用菌、笋类、竹制用品与工艺品等，还可以组织其他商品交易活动。适合以城近郊及名山型的森林旅游区，如福建猫儿山国家森林公园、安徽齐云山国家森林公园。

森林人家："森林人家"是福建省2007年推出的生态友好型旅游产品，是福建省独有的一个休闲健康旅游品牌，其以良好的森林资源环境为背景，以森林公园、自然保护区、国有林场和采育场优美的景观资源为依托，以林区农户为经营主体，充分利用林区动植物资源和乡土特色产品，融森林文化和民俗风情于一体。这种旅游方式属全国首创。

七、森林旅游存在的问题

由于我国的森林旅游业起步于八十年代，相对较晚，开发尚处于摸索阶段，理论研究落后于实践，缺少科学系统的规划，森林旅游服务设施的建设还不能满足人们的需求，服务质量相对较差。森林旅游资源是森林旅游业的发展前提和必要条件，没有森林旅游资源，森林旅游也就没有存在的可能。森林旅游资源的规模大小和丰富程度，直接影响着森林旅游市场规模的大小。目前，旅游区建设中亟待解决的问题如下。

（一）盲目开发，自然景观破坏严重

一些森林旅游区在进行旅游资源开发时，缺乏深入的调查研究和全面科学的论证、评估与规划。特别是新旅游区的开发，开发者急功近利，在缺少必要论证与总体规划的条件下，便盲目地进行探索式、粗放式开发。他们对旅游资源重开发轻保护或只顾开发，不管保护，破坏植被、地形，乱捕滥杀动物，污染水质等，造成了许多不可再生的自然景观资源的损坏与浪费。

（二）游客超载，生态环境受破坏

大量游客的涌入和游客留下的固体废物、噪声、废气对景区的水质、动植物等都产生直接影响，使有限、脆弱的旅游生态环境承受巨大的压力。据报道，目前44%的自然保护区存在垃圾公害，12%的出现水污染，11%有噪音污染，3%有空气污染。很多旅游区热衷于旅馆、餐饮、游乐等设施的建设，极少给予科研投入。以自然保护区为例，在已开展旅游的保护区，仅有16%的保护区定期进行环境监测工作，有的保护区连一台必需的测量仪器也没有，有的则会对旅游对生态环境造成危害一无所知，依据科学监测对保护区游客数量进行控制的仅有20%，甚至一些保护区在核心区也有旅游活动（23%），这些都严重影响了森林旅游的可持续发展。

（三）保护不力，文化景观受损

我国很多森林旅游区不仅具有生态、地理、地质等自然环境的文化特征，还具有人文景观的历史文化特征。如体现民族传统文化、宗教文化和建筑文化的古建筑群（佛寺、佛塔、古塔、牌坊、宫殿等）。但现在有的因地质条件、地形状况的变化而倾斜、裂塌；有的因地震、洪水而被损坏；有的因地质滑坡，多年风化失修而破旧不堪；一些名山的摩崖、石刻、岩画，由于流水、水劈、风化等地质作用，字迹模糊、残缺不全，甚至一些景区对名胜古迹随意修茸，在山林古刹安置电器设备，铺设人造大理石、地砖，人工修整痕迹过重，不仅使这些文化景观的美学功能下降，也导致旅游区自然和人文景观极不协调，失去了原汁原味，破坏了景观的整体性、统一性。长期以来，对自然资源保护和开发利用存在着尖锐的对立。然而令人欣喜的是，我国森林公园的开发建设，走的正是化解这对矛盾的可持续发展的生态利用之路。在有效保护我国多样化的森林景观和丰富的自然文化遗产的同时，有力地促进了国家生态环境建设，创造了巨大的生态效益，森林旅游资源的利用前景非常乐观。

另外，在森林旅游的经营管理方面，还缺乏相关的政策、法规；先进的管理经验和专业的人才；森林旅游资源的规划不合理，这些都对森林旅游服务起着直接或间接的作用。由此可见，森林旅游产品在深度和广阔度上都还不能满足众多旅游者的需求。

第三节 森林旅游观光的特点和效益

一、森林旅游的特点

近年来，随着森林旅游业的兴起，人们越来越多的涌向森林。相应地，为了满足人们的多种需要，森林旅游产品的开发也越来越有着更深的层次和更广阔的空间。现代都市的旅游者进行森林旅游的目的是为了亲近大自然、感受大自然的那种原始性和神秘感，从中充分享受大自然所带来的那种不同于城市的旅行游览享受。森林旅游作为旅游的一种，除具有一般旅游的共性外，还具有如自然性、保护性、景观多样性和健身性等多种自身特点。目前，我国的森林旅游产品在开发上还处于起步阶段，和世界森林旅游业发达国家的森林旅游产品的开发相比还有一定的距离。诚然，要成功地开展森林旅游，就要使自然因素不遭受破坏或只是轻微的破坏，通过人为因素极大程度上满足不同旅游者的需求。所以说，森林旅游产品的开发在注重层次性和广阔度的同时，也将注重森林旅游资源的原始性和完整性，即自然资源和人文资源，这样才能够满足人们对森林旅游产品的最终需求，从而使森林旅游业迅速地发展起来。

森林旅游是以森林生态系统为主的自然景观作为森林旅游的主要物质亦作为旅游观光主要对象的旅游形式，具有良好的旅游环境。其他类型的旅游也可能观赏到树木，甚至也有成片林和一些小的山体，但不能与森林旅游相比。因为它们虽有树木或成片林，但缺乏森林环境。如人们在城市公园的成片树木的林荫下散步，无论如何也感受不到大森林的特有气息。而我们一到森林公园，即使站在空旷地上，就立刻感受到大自然的气息。就是说，开展森林旅游不仅树木多，关键是有与之相应的特有的森林环境条件，包括地貌、岩石、流水、野生动植物和特有的气候条件等。

森林旅游区域内生态系统尚未由于人类的开垦、开采和拓展而遭到根本性的改变，区域内的动植物种、景观和生境具有特殊的科学、教育和娱乐的意义。

森林旅游除观光游览外，游客还可以利用森林及其环境条件，参与和体验更多的野外旅游活动。

森林景观资源因其具有季相性变化，具有很强的时间性限制，如观红叶时间等，因此森林旅游良机不能贮存，时间性很强。

森林旅游主要是一种疏散型旅游，它不同于城市文化公园的密集型旅游。要求参与者有较高的环保意识。它强调在体验自然的同时要对保护森林环境做出贡献。要求森林旅游者和经营者具有较高的环保意识，在旅游过程中，获取经济利益的手段方式与环境保护发生冲突时，应舍弃经济利益而保全生态环境，促进森林资源永续利用。

二、森林旅游的效益分析

发展森林旅游，能体现生态效益、社会效益和经济效益同步发展。对优化生态环境，为群众特别是城市居民提供一个舒适宁静、空气清新、景观优美的休闲游憩空间；为广大青少年、儿童提供一个既安全，又富于自然的野外活动和科普教育场所；为地方提供良好的投资环境，促进地方社会经济的可持续发展等方面都有着极其重要的战略意义。

（一）生态效益

森林是陆地生态系统的主体，是一项可再生的生物资源。随着森林的生物学特性和生态价值逐渐为人们所认识，森林已被放在环境建设中的重要位置。开展森林旅游就是给森林以休养生息的机会。

1. 保护自然景观

森林内景观类型多样，有以古树名木、森林季相、林相、奇花异草等组成的森林景观，也有生物化石、名山大川、奇峰怪石、溪泉瀑潭等组成的地质地貌景观。如张家界国家森林公园的奇峰秀水、千岛湖国家森林公园的湖光山色、火山口国家森林公园的地下森林等，是大自然留给我们的珍贵自然遗产，中国开展森林旅游，保护了这些自然遗产，使其自然性、科学性、观赏性得到充分发挥和合理利用，让我们每个人都有机会了解、欣赏和享受到大自然的神奇美景。

2. 保护和增加森林资源

发挥资源优势，坚持保护资源为人类所用是发展森林旅游的根本目的。在不破坏自然环境和自然资源的前提下，通过科学规划、合理开发、充分利用资源优势发展森林旅游，对区域内的森林停止商业性采伐，有计划的植树造林、封山育林、林相改造等技术措施，将优美的森林景观资源优势转化为经济优势，就可使森林的旅游资源持久、永续地为人类利用。

3. 保持水土、涵养水源、维护生态平衡

多数森林旅游地区处于河流发源地，对涵养水源、调节河水流量、减免中下游水患和保持水土，具有关键性作用。森林是多种动物的栖息地，也是多类植物的生长地，是地球生物繁衍最为活跃的区域，所以森林保护着生物多样性资源；森林改变低空气流，有防止风沙和减轻洪灾、涵养水源、保持水土的作用。

4. 有利于身心健康，陶冶情操

森林被誉为"绿色的海洋"，具有较明显的生态保健功能。植物通过光合作用，吸收二氧化碳放出氧气，如 1 公顷阔叶林 1 天可吸收 1 吨二氧化碳，放出 0.73 吨氧气。绿色植物能使人视觉舒适，安神明目，树木花草散发的芳香具有舒张支气管平滑肌的作用，能平喘定咳、治疗神经衰弱。森林植物可分泌某些气体物质，挥发出大量杀菌素，具有较强消毒杀菌作用。1 公顷松柏在一昼夜内可以分泌出 30 千克挥发性杀菌素；植物光合作用过程产生大量负氧离子，有利于人体健康，改善人体神经功能，促进新陈代谢，可使血压和心率下降，使人感到心旷神怡，精神振奋！并且还能增强人体的免疫功能。

（二）经济效益

健全与发展森林旅游有利于发挥森林在经济建设与社会发展中的积极作用，有利于促进区域经济发展，改善人民生活。

1. 开展森林旅游，增辟新的财源

因为美丽的森林风景，良好的休、疗养环境，可以吸引众多的游客和休、疗养人员，从而促进了旅馆、饭店等饮食服务业和林产品加工产品、旅游产品、土特产、林业工艺品等购买式商业的发展，由此带来城市的繁荣和纳税能力的增加，而这些间接的经济收入，不但可以补偿由于森林美化和木材收入减少造成的经济损失，而且还会产生远远高于木材生产的直接经济效益。

2. 发展森林旅游有利于地缘经济结构的改变

发展森林旅游可以实现社会财富的再次分配，包括在空间上的重新配置，改善了区域经济结构。世界旅游组织于 1980 年发表的《马尼拉世界旅游宣言》中指出，国内旅游通过国民收入的再分配，促进了国民经济更加平衡的发展。

3. 有利于提高当地人民的生活水平

发展森林旅游对接待地的经济社会发展起到促进及激活作用，其作用领域涉及知名度、交通业、邮电业、机遇等。茂密的森林大多位于偏僻的地区，经济比较落后，当地居民生活水平不高。开展森林旅游有利于改善当地投资环境，促进地方经济发展。许多地方通过发展森林旅游，培植了新的经济增长点，带动了贫困地区群众的脱贫致富。被联合国定为世界自然遗产保护地的中国九寨沟风景名胜区，过去是靠松油灯照明，过着原始生活的藏胞聚居区，发展旅游后，当地居民收入急剧上升，九寨沟一下子迈进了"电器化"时代。

4. 有利于促进相关行业发展

发展森林旅游，能刺激地方交通、运输、商贸、电信、餐饮、娱乐等行业的发展。如兴隆山森林公园兴建后，其所在地的宾馆由 1988 年的 2 家发展到 2000 年的 8 家，个体工商户也由 10 余户发展到 150 余户，县城通往公园的公共汽车由 10 年前的每天 2 班次，增加到目前的 20 余班次。当地农民还在景区附近开设铺面，销售旅游产品、土特产品等。

（三）社会效益

森林观光旅游业的兴起和发展，能够传承文明、传播文化，促进社会文化事业的发展，促进社会的和谐稳定，同时也能够提升一个国家的国际知名度。

1. 增加就业机会，促进地方社会稳定

开发旅游资源、发展旅游事业可提供比其他产业更多的就业机会。据世界旅游与观光理事会1992年年度报告，1990年旅游业为全世界提供了570万个就业岗位，占全球当年新增就业人口的6.50%，而且就业增长速度是任何行业无法相比的，同时旅游部门每增加1个直接就业机会，社会就能增加5个就业机会。

2. 普及科学知识，加强全民自然保护意识

森林具有比较丰富的森林资源和充足的科学内涵，示范了人与自然共生、共融的新型关系，是开展环境教育的天然课堂。发展森林旅游，可以吸引更多的人士进入森林中，领略大自然的野趣，陶冶情操，对获得林学、环境科学等方面的科普知识，提高社会环境意识，增强社会生态观念，动员社会参与环境保护工作，可收到事半功倍的效果。

3. 增进国际交流

森林内优美的自然景观是国家珍贵的自然遗产，在一定程度上反映出一个国家的国土风貌和社会经济及文化发展的水平，通过对外开放，吸引海外旅游者游览观光，使他们了解、欣赏了中国的锦绣山河和中华民族悠久的历史文化，增进了各国人民之间的友好往来、相互了解和友谊。

三、森林旅游的经济价值

森林旅游已经成为了我国乃至全世界新型的驱动经济社会发展的优势产业，随着森林旅游的不断开发崛起，在它取得可观的经济效益的同时，其对促进经济绿色增长也具有重要作用。据不完全统计，2001年，全国森林公园、湿地公园、林业自然保护区等森林旅游景区接待游客量不足1亿人次，实现社会综合旅游产值不足450亿元；2011年，森林旅游景区接待游客量达到5.4亿人次，实现社会综合旅游产值3 400亿元。数字的对比，让我们看到了森林旅游发展的步伐。而多年来我国森林旅游业一直保持着每年15%~20%以上的增长速度，这也让我们认识到森林旅游在促进经济和社会发展方面所具有的得天独厚的优势。

如今，森林旅游的发展，带动了交通、建筑、宾馆、餐饮、文化、种植、养殖、零售等相关产业的发展，取得了"一业兴而百业旺"的效果。这种效果突出表现在森林旅游能够"促就业、惠民生"上。由于森林旅游景区大多位于经济相对落后地区，因此它的发展对农民、农村、农业发展的关系最为密切，在加快农民脱贫致富步伐中具有天然的地缘优势。同时，森林旅游还具有就业门槛低、产业链条长、就业容量大的产业优势。据世界旅游组织测算，森林旅游每提供一个就业岗位，就可间接带动4.3人就业，景区周边百姓"不离乡、不离土"就能找到合适的工作和收入来源。据初步统计，我国森林旅游景区的直接从业人员达50多万人，带动社会就业200多万人，很大程度上消化了农村富余劳动力，促进了农民就业增收。

森林旅游在促进文化繁荣、社会进步中的功能也十分显著。森林旅游景区的建设，为国民接受生态文化教育、了解多元文化、维持良好的公民心态均提供了机会。对于景

区周边的百姓而言，森林旅游的发展为他们打开了通往外部世界的大门，他们在获得经济收益的同时，还拓展了视野，增长了才智。通过提供丰富多彩的森林旅游产品，使他们对本土文化的理解更趋深刻，对传承特色文化的信心更加坚定。因此，森林旅游的发展，不仅关系到国民生活质量的提高，也关系到国民整体素质的提高，更关系到社会和谐程度的提高。

森林旅游对于改善地方发展环境也起到了积极的促进作用。通过发展森林旅游，许多曾经无人问津的"穷乡僻壤"变成了闻名遐迩的旅游胜地，森林旅游景区已成为当地的一张名片，成为外界了解当地的一个窗口。丰富的森林旅游资源转变成经济发展的重要物质基础，潜在的巨大商机吸引了投资者的高度关注，并成为投资者竞相追逐的"香饽饽"，曾经"抱着金饭碗要饭吃"的日子一去不复返了。像浙江千岛湖、安徽马仁山、湖南天门洞、四川九寨、陕西黄陵等一大批国家森林公园在招商引资中取得了成功，社会资金的进入在推动地方经济社会发展中发挥了重要作用。

成绩有目共睹，但其普遍存在的基础服务设施薄弱、旅游产品单一等问题也不容忽视。这些问题使得我国森林旅游的发展潜力还远远没有发挥出来，森林旅游业的增长空间还十分广阔。

四、森林旅游的发展前景——已进入发展的黄金时期

"十二五"期间，我国的森林旅游业已具备提质升级的众多有利条件，其发展已经进入了快速时期。概括起来，可以从以下几个方面来看：

（一）森林旅游景区体系基本完善

截至2011年年底，全国已建立森林公园2 747处，林业自然保护区2 126处，湿地公园370余处。森林旅游景区已遍布31个省（区、市），已延伸到全国几乎每一个森林旅游资源富集的区域。

（二）森林旅游的行业管理架构初步具备

目前，各级林业主管部门都明确了相应的森林旅游管理职责，各森林旅游景区都设立了负责景区日常工作的管理机构。为进一步加强对全国森林旅游工作的组织领导，2011年，国家林业局与国家旅游局联合成立了"全国森林旅游工作领导小组"及其办公室，许多省份也相继成立了全省森林旅游工作领导小组，为谋划和推动森林旅游发展奠定了坚实的组织基础。

（三）国内森林旅游消费市场持续看好

现代旅游业发展规律表明，当人均GDP达到3 000美元时，就会出现旅游消费的爆发性增长。2011年，我国人均GDP已达5 184美元。城镇居民人均可支配收入首次突破2万元，达到2.18万元。居民全年公休假达115天，已具备开展旅游的充足的经济和时间条件。

（四）党中央、国务院高度关注森林旅游发展

《中共中央国务院关于加快林业发展的决定》《中共中央国务院关于全面推进集体林权制度改革的意见》《国务院关于加快发展旅游业的意见》等文件的下发，以及回良玉副总理在全国集体林权制度改革百县经验交流会上的讲话中指出的，要充分利用青山

绿水的资源优势，积极发展休闲林业和森林旅游，兴办森林人家、森林氧吧、森林疗养等休闲旅游项目，充分实现森林资源的生态景观价值等，这都表明森林旅游工作迎来了前所未有的良好的外部发展环境。

（五）发展森林旅游的扶持政策不断完善

近年来，国家陆续出台了一系列林业支持保护政策和产业发展政策，特别是随着集体林权制度改革、国有林场改革的深入推进，以及林业抵押贷款、森林保险、生态效益补偿制度等逐步建立健全，林区基础设施得到明显改善，森林旅游经营机制日趋灵活，市场在森林旅游资源配置中的作用也日益增强。

（六）各地发展森林旅游的热情空前高涨

加快森林旅游发展现已纳入许多地方的经济社会发展规划，许多省（市、县）也相继出台了鼓励、支持森林旅游发展的各种扶持性政策，为森林旅游的发展提供强大的政策保障。

总之，在经济社会良性发展的大背景下，伴随着林业生产服务能力的不断提高，伴随着森林旅游配套政策的日益完善，森林旅游必将成为促进绿色增长的一支重要力量，也必将迎来一个质变的飞跃期。

第十七章 林下综合利用模式与技术

第一节 林下综合利用模式概述

一、林下综合利用模式的概念及目的

所谓林下综合利用，是以林地资源为依托，以科技为支撑，充分利用林下自然条件，选择适合林下生长的微生物（菌类）和动植物种类，进行合理种植、养殖的循环经济模式。

发展林下综合利用的目的是实现以短养长，促进林业可持续发展的重要保证。通过林下种养，能够合理利用林下资源，科学发展林下产业，实现近期得利，长期得林，以短养长，长短协调发展的良性循环，对提高农民营造生态林的积极性，巩固已有的林业建设成果，增强林业自身持续发展能力都具有重要意义。

发展林下综合利用模式的核心在于，系统性的利用林地的小环境资源发展立体、生态、可持续循环的综合利用模式。

二、林下综合利用模式的类型

林下综合利用模式多种多样，系统结构越来越复杂，系统功能越来越丰富。按种养将林下综合利用模式分成四个类型：从单纯的增加土地利用率的林农模式；在产出价值和投入产出比上都有提升的林牧模式；系统结构和功能更加复杂，产出转化率更高的林农牧、林草牧复合模式。

三、林下综合利用模式的原理

马世骏（1984）指出生态农业工程的基本原理包括"整体、协调、循环和再生"，就本研究所涉及的系统而言，基本原理有以下几个方面。

（一）系统论原理

系统论的基本原理是有关系统的基本属性、共同特征和一般规律的理论概括，是一般系统论的基本观点和原则。这些原理主要反映在系统与要素、要素与要素、结果与功能以及系统与环境、系统与时间等关系上。整个系统是由相互作用和相互依赖的若干部分组合而成、具有特定功能的有机整体。在该系统中，经济要素起主导作用，其主要目标是在商品经济中，取得较大的投入产出比；其次，系统是生物有机体与其生存的自然环境相互作用或潜在的相互作用所形成的统一体，其生产的第

一对象是可再生的自然资源，在生态系统中起到基础的第一性的作用。在设计和组织与环境相协调的产业开发时，要尊重经济规律与自然规律作用，系统中的各个子系统相互联系，相互协调，其相互作用有利于系统的稳定以及有用产物的生产，从而实现农业的可持续发展。任何系统的功能皆由系统本身的结构所决定，结构优化必然会改善系统的功能。产业系统的功能一般包括投入产出（率）功能、投入物质有效利用（转化）率功能、系统的稳定性功能等。农业或农村可看成是一个"自然—社会—经济"系统，具有多种系统结构。

（二）生态位原理

生态位是指生态系统中各种生态因子变化梯度中能被某种生物占据利用或适应的部分。利用生态位原理，设计高效可行的套种、混播、多层栽培、立体种养的生产系统，使之成为具有多样性的、稳定而高效的生态系统，使有限的光、热、水、气、肥等资源得以合理利用。牧草与林木形成多层的生物结构，共同利用阳光，提供第一性产出（林业产出），从而有更多的饲草食料提供给家禽，以便后者将其转化为第二性产出（养殖业产出）。合理地利用生态位，使得"林—草—牧"复合生态系统比传统的单一种植系统有更高的产出以及更稳定的生态系统。

（三）生物种群之间的共生原理

共生是指不同的有机体或子系统合作共存和互惠共利的现象，其结果是所有共生者都大大节约了物质和能量，系统也获得了多重效应。因此，单一功能性的土地利用，单一经营的产业，条条块块式管理系统等，由于其内部多样性很低，共生关系薄弱，所以生态、经济效益不高。共生原则还要求人们善于因势利导地将系统内一切可以利用的力量和能量转到可利用的方向，以便为系统总体功能服务。

（四）边缘效应原理

边缘效应即指在两种环境的结合部或两类生态系统的过渡带，由于远离系统中心，往往潜藏着珍贵资源和具有特殊适应性能的生物物种的现象。在林农复合生态系统中，利用种间竞争、加成效益、协合效应和集肤效应等机理，通过水平布局，使林地、农地或草地等不同群落的交接边缘种群密度增加，生物活跃，生产力相互提高，促进林下综合利用。

（五）利用层原理

任何生物的生存都有一个合适的空间，凡超越于空间以外的物质和能量，人工管理的生物一般是难利用的。例如，作物和林木只能吸收冠层中的光和二氧化碳，以及根层内的水分和养分，而层外的部分则很难得到利用。我们把生物种群这种利用空间称为"利用层"。

（六）食物链原理

根据生态学原理，系统的食物链结构直接影响生态系统净生产量。食物链增加营养级是利用一些能生产为人类所需产品的新营养级，取代自然食物链中的原有营养级的具体措施，或是在原有简单食物链中引入或增加营养级。

四、国内外林下综合利用模式的发展与现状

(一) 我国林下综合利用模式的发展与现状

林农复合经营在国内外皆有悠久的历史。在我国,农、林、牧、副、渔综合经营的思想早在春秋战国时期就已形成了。在我国历代的农书中,大多论述了综合农业,把种植业、养殖业与森林资源的保护联系在一起,使各业之间"相继而生成,相资以利用",充分利用了农业自然资源和农业内部的自身循环。美国未来学家托夫勒认为,中国的农、林、牧、副、渔结合的"生态系统耕作制",若能和太阳能、沼气、遗传工程及计算机构成一体,将是一个巨大的突破。

我国的劳动人民在实践中创造出许多的模式类型。华北平原和中原地区是我国农业经营类型非常丰富的地区之一。如山东、山西、河北等省的许多地区实现了枣粮间作、条粮间作(指白蜡条、紫穗槐等与农作物间作)、杨树与农作物间作、柿粮间作、果粮间作(指苹果、红果、核桃等与农作物间作)、农桐间作、林草间作、花椒与作物间作等。复合经营不仅使土地的生产潜力得到充分发挥,光热资源和生态空间得到充分利用,还可改良土壤。

江淮地区的茶农间作、桑农间作以及水网地区别具一格的复合经营模式,广东等地的桑基鱼塘、蔗基鱼塘、果基鱼塘等基塘类型,都发挥了巨大的作用。最大限度的开发了生物资源和环境资源的潜力,取得了巨大的经济效益、社会效益和生态效益。

我国南方大面积的杉木人工林基本上都实行了幼林阶段与农作物的间作,以及丘陵山地各种类型的林农间作系统。又以其独特的方式充分挖掘了丘陵山地的自然潜力。

总之,复合经营分部广,模式多样,使自然资源得到充分利用,并对促进林业的发展起到了重要作用。但与世界相比我们的理论环节相对落后,实践中缺乏定量的评价指标。主要以归纳总结群众自发形成的模式为主,因此多样化的种植模式还有巨大的潜力可以挖掘。

(二) 国外的林下综合利用模式的发展与现状

林农复合生态系统,有着悠久的历史,是一门古老的实践,伴随着新理论和技术的出现,它又焕发了勃勃的生机,成为一门新兴的研究领域。

1966年,前联合国粮农组织总干事、林农组织林业部主任和国际农林研究委员会(ICRAF)第一任主席K. King博士发表了一篇题为"Agriculture in tropics"的论文,对以后的复合生态系统的研究和发展起到了巨大的推动作用。

复合生态系统的实践活动在国外也有较长的历史。1856年缅甸出现了一种叫塔亚的系统(Taungya system)。塔亚是缅甸语,山坡农业的意思。此系统是将农作物与幼龄的林木进行间作,并进行精细管理。后来在20世纪50年代,马来西亚政府引进这种塔亚系统,并对其进行改进,以适应本地区的需要。50年代初期,他们就建立了133公顷的柚木与水稻和烟草的间作。印度尼西亚在同时引进改技术,并取得了很好的效益。到20世纪70年代,世界各地都开展了广泛的研究,在理论和实践方面都取得了巨大的成绩。

近年来,国外主要偏重于基础理论的研究,如复合生态系统中种群的分布格局等。

美国的 L. L. Tieszen 则侧重于树木与作物生理变化的研究，指出 C_3 和 C_4 植物对环境因子适应不同，光合效率和生产力也不同。还有学者从生物量和能量的角度，研究如何解决发展中国家对燃料和粮食日益增加需求的问题。

五、林下综合利用模式存在的问题

（一）配套技术不够完善

林下综合利用是复杂的系统优化组合，单靠单个模块的技术叠加很难解决林下综合利用中实际的生产问题。如在林下养殖中养殖动物对土壤理化性质的影响、对树干的物理破坏、自然灾害的发生对整个模式的影响评估等。因此我们应尽快完善配套技术。

（二）农业废弃物处理的配套技术推广有待加强

林下综合利用模式中农业废弃物处理技术经过发展取得了不小的成绩，但农户认知水平有限，配套技术推广有待加强，新技术和方法的开发与利用将对整个产业有着重大的影响。

（三）政策扶持、资金支持力度不够

随着社会的发展，人口逐渐增多，我们不断的面临着新的问题，所以需要国家在资金上给予大力的扶持，不仅仅是在研究领域，推广和开发也是重要环节。同时给予政策法规的相关支持，使农户更安心可以放开手脚。

（四）缺少整体规划，没有形成产业

现阶段，我们以小农经济为主，没有形成有效市场，并且缺少对模式的整体规划，没有形成产业，干事一窝蜂，最后的结果可想而知。

总之，林下综合利用现在索取多，投入少；相关扶持政策不够；缺少长远规划；配套技术不到位等诸多问题。如何合理利用、保护和开发同步进行；增加对林业资源的投入，实现林业的可持续发展，将是我们在林下综合利用中面临的困难之一。

第二节　林下综合利用的特点与效益

一、林—农模式

（一）林—农模式的特点

林—农模式是以种植为核心，因地制宜的选择种植品种，以林—果、林—粮、林—菌、林—药、林—菜、林—花及林—草 7 种种植模式为主，在幼林中可以套种瓜果蔬菜、中药材等，随着树木的生长，荫蔽度增大，林下阳光不足，很多作物不能种植，林—菌、林—药、林—草及林—花模式成为重点模式。

模式特点：林内荫蔽度增大，种植作物可选择性降低，选择时以耐阴植物为主，农产品市场机制不完善，价格波动剧烈，成本控制困难。

（二）林—农模式对环境的要求

林农模式对环境条件有非常高的要求，幼林期，光照充足，林—农模式可以选择多种经济作物进行种植，如甘蔗、菠萝、花生等作物；成林期，林内荫蔽度增大，间作的作物种类就变成耐阴蔽作物，如砂仁、益智、巴戟等南药。

空间上，幼林期行间有大量剩余土地，并且光照充足；至成林期后，林—农模式中因为荫蔽度等原因不能种植，土地利用率降低，因此是否有合适的农作物与农产品价格成为林—农模式后期的主导因素。

（三）林—农模式的效益

社会效益：为劳动力提供就业岗位，促进社会和谐稳定。推进林业结构调整、促进林区及山林、经济林承包者增收的重要产业。每亩可以支撑 1 个农民全年的收入。

生态效益：林下综合利用是一种循环经济，在保证林木良好生长的同时，在林间多种作物的间作套种与适当轮作，不仅可以增加林段内物种的多样性，对林木害虫还有一定的控制作用。降低了病虫害的发生频率及强度。

经济效益：林—农模式效益主要来自于林木的收入和间作套种作物的收益。由于农产品价格波动剧烈，给林—农模式在经济效益方面带来了一定的风险。

二、林—畜、禽模式

（一）林—畜、禽模式的特点

此系统是在人造林下放养家畜和家禽，如林下放养山羊、牛、鸡等。也可以在林下饲养珍贵动物，如珍珠鸡、火鸡等。该系统有明显的经济效益外，还具有提高林地肥力，防治杂草竞争等优点。经过实践证明，林下放养肉鸡有以下好处：①鸡舍造价低，投资小，利润高；②空气新鲜，自然环境好，又易于防疫，疾病少，肉鸡成活率高；③肉鸡在林下放牧散养，活动多，光照充足，肉质好，深受消费者欢迎；④易于管理，工作效率高；⑤林下养鸡既增加了大量有机肥，又节约人工林地除草管理成本，促进橡胶速生快长。实行林下养鸡，鸡在林下吃的是各种昆虫和杂草，回报给林木丰富的有机肥料，促进了树体的速生快长。

模式特点：畜牧产品价格远高于初级的农产品价格，增收快，但此模式家畜需要取食额外的饲料，近年来饲料价格的上涨，也带来了成本的增加，并增加了食品安全的风险。

（二）林—畜、禽模式对环境的要求

随着林木的生长，林下荫蔽度增大，不能种植粮食及蔬菜，但行间会有自生杂草，此时林—农模式已很难实现，可以在林下进行养殖家畜。充分利用林下行间的空间成为家畜的天然牧场。

（三）林—畜、禽模式的效益

社会效益：提供就业岗位，促进社会稳定，并且对于促进林下经济的发展、职工与农户的增收有重要作用。每亩可提供 2 个就业岗位，以林下养鸡为例，每千克可以卖到50 元。

生态效益：林—畜、禽模式，在林—农模式的技术上是一种升级，把动物的养殖放入了林业系统中，在创造更大的经济价值的同时，增加了复合生态系统的复杂性和食物链营养级，使复合系统食物链更趋完善。

经济效益：林-畜、禽模式充分利用林下空间，以及郁闭林下昆虫、杂草多的特点，在林中形成一个简单的"林+草、虫+畜、禽+林"生态循环食物链，不仅降低了饲养成本，而且提升了林下农产品质量，提高了单位面积林地综合效益。以养鸡为例，每亩林地可以养殖200只鸡，每只鸡2.5千克，按每只鸡40元/千克计，每亩林地养鸡总收入可达到20 000元，除去购置鸡苗、饲料、疫苗、疾病防控等费用，每亩纯收入可以达到3 000元，经济效益十分显著。

三、林—草—牧模式

（一）林—草—牧模式的特点

林—草—牧模式指乔木或灌木下长有牧草（天然或栽培），牧草可采收后喂养牲畜或直接放牧。此类型还包括在原有草原或草地牧区系统上种植乔木或灌木等木本植物所构成的复合系统。它是对两元模式的升级，营养级上增加了地面生草，但系统的复杂性和稳定性及家畜的食源都得到了很好的改善，地面生草对土壤理化性质也有很大的提高，坡地和丘陵地还可以防止水土流失。

模式特点：营养级的增加对食物链上层的稳定性有极大的帮助，降低了畜牧产品的成本。地面生草可以很好的改善土壤理化性状，保护土壤微生物，防止水土流失。

（二）林—草—牧模式对环境的要求

不论是在幼树或者成林期，都可以实现此模式。幼林期可以种植牧草，解决养殖食料；成林期，草的选择尤为重要，不仅能为养殖提供食源，还需要有很好的耐阴蔽性。

（三）林—草—牧模式的效益

社会效益：解决农村劳动力的就业问题，提高产品附加值，使绿色农业深入人心，降低食品安全的风险。每亩可以提供2个就业岗位。

生态效益：使人与自然更加和谐，物质能量流动更趋合理，在向自然索取的同时，又保护了自然；其物种的多样性与系统产出量都比较高。

经济效益：地面生草在提高植物物种丰富度的同时，也为昆虫提供了栖息的场所，降低了病虫害暴发的概率，降低了农药的使用量和上层家畜外源食物的供给量，减少了饲料的用量，降低了生产成本。肥料、农药使用可以降低总成本的20%，且每亩收益仍能保持在3 500余元。

四、林—草—牧—游模式

在林—农模式、林—畜、禽模式、林—草—牧模式的基础上，充分利用该模式的优势资源，科学规划，合理布局，大力发展农家乐旅游产业。

（一）农家乐旅游的概念

随着现代旅游业的发展，旅游者不仅仅满足于普通的观光型旅游，而是希望回归自然、亲近自然，强调参与和体验，于是林下农家乐旅游应运而生。农家乐旅游的概念有广义和狭义之分，广义的农家乐旅游源于广义的农业的概念，包括农、林、牧、副、渔，它是以城郊农民家庭为依托，以田园风光和别有情趣的农家生活为特色，吸引市民来此休闲度假、观光娱乐、体验劳作的一种新型旅游活动。狭义的农家乐旅游可以从购买者和经营者的角度分别来讲，从购买者的角度来说，它是指游客在农家田园寻求乐趣，体验不同于城市生活的乡村气息；从经营者的角度来讲，它是由农民利用自家院落以及依傍的田园风光、自然景点，以低廉的价格吸引市民前来吃、住、玩、游、娱、购的旅游形式。农家乐旅游的兴起，是城乡消费方式改变的一种新的现象。

（二）农家乐旅游的特点

农家乐旅游是以"吃农家饭、品农家菜、住农家屋、干农家活、享农家乐、购农家品"为主要内容的一种新兴旅游活动，它凸现了现代农业旅游自然、纯朴、宁静的主题，满足了人们走出城市、亲近自然的心理。一般说来具有以下特点：

1. 乡土特征鲜明

这是农家乐旅游最为显著的特点，无论是作为旅游吸引物还是农家乐旅游的载体，村社组织、乡村生活和田园风光在农家乐旅游中都具有举足轻重的意义。农家乐不同于文化古迹和风景名胜点，农家乐是将农村风貌与乡土文化融为一体，展示的是现代农家特有的风貌，而非人工刻意雕琢的景观。通过农家乐的休闲旅游活动，让人们亲身感受现代农民生活和农村乡土气息。

2. 平民性明显

平民性特点强调，进行农家乐旅游活动的主体，是来自城市（或城镇）之中的居民，他们的身份和职业不尽相同，但收入水平和消费指向却有相同或相似之处。譬如，在旅游活动之中，他们都比较倾向于带有生活情调的大众化项目和大众性消费。因此，农家乐旅游要在大众化、参与性、愉悦感这三者之间，找到一个恰当的切入点和均衡点。

3. 原生美突出

农家乐旅游的目的非常清楚，这就是现实存在于某地、具有一定的旅游吸引力、属于某种社会类型的乡村社区模式以及质朴自然的乡村景物。旅游者来这里，就是因为这些东西对他们来说可能是新鲜的和有体验价值的，是值得他们一看的。如果缺少了这些实实在在的东西，旅游者的旅游动机和游兴就会大大降低，甚至彻底泯灭。因此，原生美特点要求农家乐旅游的吸引物应该是鲜明生动的和原生原味的，是真正农家的而非伪农家的或展览馆式的（如民俗旅游之中所呈现的那样）。

4. 参与体验性强

农家乐旅游有别于其他休闲旅游形式，农家乐旅游所开展的各种类型的旅游项目就是农村日常生活的一部分，游客可以亲自参加农业生产劳动，参与赶牛犁地、播种栽苗、浇水施肥、松土除草等农事作业，体验农耕生活的辛酸劳累，同时也可参与采摘、收获、品尝等农业生产活动，让游人感受农业丰收的喜悦。

5. 消费价格较低

农家乐旅游的背景是在农村，旅游的接待者主要是农民，旅游的内容也以农村生活的体验或观摩为主，这就使得农家乐旅游消费较低，价格低廉。价廉是与都市和旅游景区相比较而言的。农家美食都是就地取材，现取现吃，自产自销，成本相对较低；住的是农家小屋，游览娱乐活动主要利用庭院、果园、花圃、农场等农、林、牧、渔业的资源，吸引旅游者，投入相对较少；因此，农家乐旅游总体消费价格较为低廉，城市一般家庭都可以接受。这就使农家乐旅游成为了真正意义上的平民旅游。

(三) 农家乐旅游模式

根据地理位置、生态环境、乡土民风、主题特色等因素，农家乐旅游也表现出不同的类型。

1. 根据产品内容和类型分类

(1) 现代农业科技型。这种类型的农家乐以现代农业技术、生产示范园地为题材，向游客展示现代农业科技成果，让游客参观林下或生产大棚中的蔬菜、苗木、水果、花卉，得到一种全新的感受，对农业工业化的科技知识也有了一定的了解。

(2) 农村度假型。利用农村良好的自然环境优势，加以改造，辅以度假设施，完善吃、住、游等服务项目，让游人有一个休闲度假的场所，让游客感受贴近自然、回归自然的乐趣。

(3) 农家庄园型。有较为明确的庄园范围，庄园内农、林、牧、副、渔并举，集农田、草地、森林、果园、蔬菜、花卉、鱼池、农舍于一体。这种类型的农家乐充分利用农户庭院空间以及周围的鱼塘、树林、果园、菜地等农家资源，增设耕地种菜、现场采摘、自选自做等服务项目，让游客吃农家饭、干农家活、当农家人、享农家乐。

(4) 民族风情型。以展示农村古朴的民族风情为主题，从农家美食、农家院落、农舍建设、民间装饰等入手，辅以纯朴的民间歌舞表演、休闲娱乐项目，向游客展示出乡土民俗文化，吸引游客休闲娱乐，体验农家风情。

2. 根据农业性质分类

(1) 农家乐：以大众乡村文化为主的农家乐。

(2) 渔家乐：以渔村文化为主的农家乐。

(3) 牧家乐：以畜牧文化为主的农家乐。

(4) 林家乐：以农林文化为主的农家乐（包括花乡农家乐、竹乡农家乐等）。

3. 根据其所处地域情况分类

(1) 城郊农家乐。位于市区周边，多乘公交车与自驾车抵达，经营者以郊区农民与城乡结合部个体工商户为主，客源主要是本城各色居民，以工薪阶层为主。不分四季，多为周末一日游，渐渐融为百姓的生活方式。

(2) 农村农家乐。位于广大农村地区，主打当地的特色风光、田园气息，古朴的民居，当地特产与民俗，地方政府规划性强。自驾车、中短途客运及火车抵达，经营者以当地农民为主，客源主要是附近城市中档消费者。根据当地农业旅游产品的不同，淡旺季分明，含有分时度假性质，旅游黄金周人气旺。

(3) 景区农家乐。位于成熟景点附近，多种交通方式可达，经营者以附近农民为主，游客主要是景区散客与避暑度假的中老年人。散客随意性大，中老年度假者停留时间较长，多以夏季为主。此类农家乐并非专业化的操作，当作小型客栈，对景点的依赖性强。

4. 根据农业主题特色分类

(1) 果农乐：以果文化为主的农家乐。

(2) 花农乐：以花文化为主的农家乐。

(3) 茶农乐：以茶文化为主的农家乐。

(4) 酒农乐：以酒文化为主的农家乐等。

（四）农家乐旅游实例

南京市浦口区乌江镇茶棚村，位于浦口区乌江镇内，从南京主城沿宁乌路西行约50千米即可到达，全村有村民26户，2 223人，2003年实现三业总产值1 080万元，全村以苗木、花卉为主导产业，经济发达，2000年以来，乌江镇在农业结构调整中创新农业运行机制，沿宁乌线积极推进土地流转，大力发展农庄经济，目前，已建成的农庄有10家，初步形成了连片开发的十里庄园经济带，各农庄内种植有国内外名特水果、各类苗木，养殖有野鸭、野鸡、火鸡、孔雀、贵妃鸡等特禽品种，并建有科研、生产、生活及休闲观光用房，旅游农业发展已初具规模。

乌江镇茶棚村的农庄经济已有一定规模，帅旗、中马、圣玛田、森友苗木园艺场等农庄已有一定的接待能力。其中，帅旗农庄占地300亩，是"十里庄园经济带"发展最为成熟的一个农庄，整个农庄划分为"八园四区"，分别是：休闲服务区、水上垂钓区、接待区、农业生产区和观光葡萄园、桃园、秋果园、杏园、李园、梨园、枣园、食用笋兼观光竹园等，还建有办公房（聚贤阁）、餐厅（倚澜阁）、停车场等，是一个集种植、养殖、农业旅游、观光、餐饮为一体的现代绿色农庄。

乌江镇茶棚村的农庄旅游富有特色，不仅可以为城市游客提供新的旅游空间，而且还能通过提供的参与性、体验性强的农事活动，领略乡村田园生活。未来茶棚村的农家乐的发展将以"乡村田园，绿色农庄"为主题，突出生态农业观光、休闲度假，辅以娱乐、体验、采摘、健身等专项旅游活动，力争成为国家级农业旅游示范点，并逐步建设成为集生态观光、休闲度假、农产品加工、农业科技示范等旅游活动为一体的重点农业旅游区。

五、林下综合利用的特点与效益总结

林下综合利用的特点：随着新理论和新技术的出现，林下综合利用的模式也在逐渐的发展和更新。复合系统中保证土地的利用率的同时，系统功能正在被优化，产出量也在增加，林农复合经营系统也在朝着可持续性的方向在发展。人类社会发展越来越重视环境，林下旅游业的兴起是依靠产出的农产品，并提高了农业的附加值，实现与自然环境的和谐，带来了巨大社会效益、生态效益和经济效益。

第三节　林下综合利用模式配套技术

一、林下综合利用模式配套栽培技术

根据林木的生长情况选择林下综合利用的模式，根据林木生长情况将林木分为幼龄林和成龄林，幼龄林行间阳光充足，荫蔽度低、湿度小，而成龄林内荫蔽度高，湿度大，因此应根据林木的生长阶段确定可以采用的利用模式。

当种植模式确定后，选择合适的农作物最为关键，如果农作物选择不合理，也将使我们的劳动打了水漂。如在幼龄林行间，光线充足，我们可以间种蔬菜或者果树；当林木达到成龄林时，荫蔽度增大，即便种植蔬菜也基本处于停止生长的状态，果树也没有产量，此时我们应该根据实际情况变更种植模式，在地面种草，为养殖家禽家畜，奠定基础。

二、林下综合利用模式配套养殖技术

林下养殖是一种充分利用青粗饲料发展林下自然经济的方式，适合分散经营，可有效缓解"人畜争粮"的矛盾。我国大部分地区都有适宜发展的自然环境条件，加之中央"退耕还林还草"政策的推动，种草养殖家禽家畜符合国情和国家政策。而且以青粗饲料为主生产的家禽家畜产品具有安全、无污染的特点，能为人们提供高营养的绿色食品，具有良好的经济效益、生态效益和社会效益。

饲养管理措施根据饲养目的选定饲养品种，而且家禽家畜要来自健康无病、打过疫苗的种群。

三、林下综合利用模式配套废弃物转化技术

随着我国集约化农业和加工业的迅速发展，大量农业和加工业的固体有机废弃物被浪费掉，如水稻、小麦、玉米、油菜等作物秸秆就地焚烧、规模化养殖后的畜禽粪便和加工业的下脚料等随地弃置，这不仅严重污染了环境，也极大地浪费了有机肥产品的原料。同时造成大量的养分资源（C、N、P、K、S及微量元素）流失于土壤—植物系统之外，明显地削弱了我国农业可持续发展的能力。自20世纪90年代中期以来，露天焚烧作物秸秆和自然排放畜禽粪便已成为我国广大农村生态环境所面临的严峻问题，并波及城乡居民的生活环境。进入21世纪之后，问题更加突出。

（一）农业废弃物综合利用技术

例如：收获根茎作物会产生大量的茎干和叶片，如将废弃的茎干叶片晒干后被工艺品加工公司收购，经过能工巧匠的加工，并辅以竹子、线绳等饰品，就会成为出口国外的精美艺术品；这些茎叶经过适当的处理又可作为食用菌的培养基，充分挖掘其中有机养分的潜力。藤蔓的处理：其中绝大多数没有得到利用，而这些堆在地头慢慢腐烂，如将其粉碎并拌以畜禽粪便，将是非常好的有机肥料。

堆肥化（Composting）是在微生物作用下通过高温发酵使有机物矿质化、腐殖化和无害化而变成腐熟肥料的过程。在微生物分解有机物的过程中，不但生成大量可被植物利用的有效态氮、磷、钾化合物，而且能合成新的高分子有机物—腐殖质，它是构成土壤肥力的重要活性物质。传统有机肥料堆置技术，体积庞大，养分含量低，无害化程度差，生产应用受到很大局限。现代农业条件下，如何迅速而有效地处理作物秸秆和畜禽粪便等农业固体有机废弃物，是科技工作者面临的新挑战。根据国际公认的废弃物"减量化、无害化、资源化"综合治理原则，生物堆肥处理是在人工控制条件下依靠细菌、放线菌等微生物，通过有目的的降解作用，把有机物转化为腐殖质的生物化学处理技术，从而达到原料的无害化和资源化。这是促进有机废弃物在农业生产中良性循环并使

环境污染问题得以真正解决的有效途径，是符合我国国情的最佳处理方法。

堆肥化处理是农业固体有机废弃物无害化和资源化利用的有效途径。目前，我国总有机固体废弃物年排放量约为41.3亿吨，其中蕴含粗有机质为12.3亿吨，氮、磷、钾总储量约为0.873亿吨。在这些有机固体废弃物中，从氮、磷、钾养分资源来看，占主要地位的是畜禽粪便，产生量占固体废弃物的一半左右，其氮、磷、钾储量分别相当于0.49亿吨尿素、1.19亿吨过磷酸钙和0.34亿吨氯化钾。作物秸秆则是当前我国第二大类农业固体有机废弃物，其氮、磷、钾总储量约为914万吨。从有机质养分资源来看，占主要地位的是农作物秸秆。作物秸秆和畜禽粪便就好像是农牧业生产中两把双刃剑，科学处理就会成为很好的、有利用价值的资源，处理不当就会造成环境危害。

"十五"期间，农业部推荐的作物秸秆综合利用技术包括秸秆青贮、堆肥、气化、养菇、用于建材和直接还田等；畜禽粪便的处理和利用方式主要有固体圈肥、高温堆肥、膨化处理、水解处理、蚯蚓处理或是不加处理直接用作肥料等。在所有利用方式中，高温堆肥以其无害化程度高、腐熟程度高、堆腐时间短、处理规模大、成本较低、适于工厂化生产等优点而逐渐成为作物秸秆和畜禽粪便的首选处理方式。此外，以优质的腐熟堆肥作为基料，配制高附加值的多功能复混肥料和微生物有机肥料的前景也相当广阔。

（二）沼气综合利用技术

沼气是有机物质在厌氧条件下，经过微生物的发酵作用而生成的一种可燃气体。由于这种气体最先是在沼泽中发现的，所以称为沼气。人畜粪便、秸秆、污水等各种有机物在密闭的沼气池内，在厌氧（没有氧气）条件下发酵，即被种类繁多的沼气发酵微生物分解转化，从而产生沼气。沼气是一种混合气体，可以燃烧。沼气是有机物经微生物厌氧消化而产生的可燃性气体。沼气是多种气体的混合物，一般含甲烷50%~70%，其余为二氧化碳和少量的氮、氢和硫化氢等。其特性与天然气相似。空气中如含有8.6%~20.8%（按体积计）的沼气时，就会形成爆炸性的混合气体。沼气除直接燃烧用于炊事、烘干农副产品、供暖、照明和气焊等外，还可作内燃机的燃料以及生产甲醇、福尔马林、四氯化碳等化工原料。经沼气装置发酵后排出的料液和沉渣，含有较丰富的营养物质，可用作肥料和饲料。目前，中国农村户用沼气池的数量达1 300万座。而高速率厌氧消化工艺生产性试验装置已在糖厂和酒厂正常运行。

沼气发酵的优点：①沼气发酵后残渣中有机物含量减少；②消化后残渣是一种气味很小的固体或流体，不吸引苍蝇或鼠类；③可产生有用的终产物——甲烷，它是清洁而方便的燃料；④在沼气发酵过程中杂草种子和一些病原物被杀灭；⑤发酵过程中N、P、K等肥料成分几乎得到全部保留，一部分有机氮被水解成氨态氮，速效性养分增加；⑥发酵残渣可作为饲料；⑦沼气发酵在处理有机物可大量地节省曝气所消耗的能量；⑧厌氧活性污泥可保存数月而无需投加营养物，当再次投料时可很快启动。

物质多层次利用、能量合理流动的高效农产模式，已逐渐成为我国农村地区利用沼气技术促进可持续发展的有效方法。通过沼气发酵综合利用技术，产生的沼气用于农户生活用能和农副产品生产、加工，沼液用于、饲料、生物农药、培养料液的生产，沼渣用于肥料的生产，我国北方推广的塑料大棚、沼气池、禽畜舍和相结合的"四位一体"沼气生态农业模式、中部地区以沼气为纽带的生态果园模式,南方建立的"猪—果"模式,其他地区因地制宜建立的"猪—沼—鱼"和"草—牛—沼"等模式都是以农业为龙头,以沼气为纽带,对沼气、沼液、沼渣的多层次利用的生态农业模式,沼气发酵综合利用的生态农业模式的建立,使农村沼气和农业生态紧密结合起来,是改善农村环境卫生的有效措施,是发展绿色种植业、养殖业的有效途径,已成为农村经济新的增长点。

沼气是可再生的清洁能源,既可替代秸秆、薪柴等传统生物质能源,也可替代煤炭等商品能源,而且能源效率明显高于秸秆、薪柴、煤炭等。中国农业资源和环境的承载力十分有限,发展农业和农村经济,不能以消耗农业资源、牺牲农业环境为代价。农村沼气把能源建设、生态建设、环境建设、农民增收连接起来,促进了生产发展,提高了生活文明化。发展农村沼气,优化广大农村地区能源消费结构,是中国能源战略的重要组成部分,对增加优质能源供应、缓解国家能源压力具有重大的现实意义。沼气知识的普及和应用并非纸上谈兵,是一个任重而道远的过程。农村户用沼气池生产的沼气主要用来做生活燃料。修建一个容积为 10 立方米的沼气池,每天投入相当于 4 头猪的粪便发酵原料,它所产生的沼气能解决一家 3~4 口人的照明、做饭的燃料问题。沼气还可以用于农业生产中,如温室保温、烘烤农产品、储备粮食、水果保鲜等。沼气也可发电用作农机动力,大、中型沼气工程生产的沼气可用来发电、烧锅炉、加工食品、采暖或供给城市居民使用。最重要的是,利用沼气还很环保。

农村沼气发酵种类根据原料和进料方式,常采用以秸秆为主的一次性投料和以禽畜粪便为主的连续进料两种发酵方式。现以一种方式举例说明。中国农村一般的家庭宜修建 6 立方米水压式沼气池,发酵有效容积约 5 立方米。由于不同种类畜禽粪便的干物质含量不同,现以猪粪为例计算如何配制沼气发酵原料。猪粪的干物质含量为 18% 左右,南方发酵浓度宜为 6% 左右,则需要猪粪 1 200 千克,制备的接种物 500 千克(视接种物干物质含量与猪粪一样),添加清水 3 300 千克;北方发酵浓度宜在 8% 左右,则需猪粪约 1 700 千克左右,制备的接种物 500 千克,添加清水 2 800 千克,在发酵过程中由于沼气池与猪圈、厕所修在一起,可自行补料。制备沼气发酵接种物,农村沼气发酵接种物一般采用老沼气池的发酵液添加一定数量的人畜粪便。比如,要制备 500 千克发酵接种物,一般添加 200 千克的沼气发酵液和 300 千克的人畜粪便混合,堆沤在不渗水的坑里并用塑料薄膜密闭封口,1 周后即可作为接种物。如果没有沼气发酵液,可以用农村较为肥沃的阴沟污泥 250 千克,添加 250 千克人畜粪便堆沤 1 周左右即可;如果没有污泥,可直接用人畜粪便 500 千克进行密闭堆沤,10 天后便可作沼气发酵接种物。

发展农村沼气的好处很多,综合起来主要有以下几个方面:

(1) 农村沼气有利于解决农村能源问题。一户 3~4 口人的家庭,修建一个 10 立方米的沼气池,只要发酵原料充足,并管理得好,就能解决照明、做饭的燃料问题。

(2) 农村沼气有利于促进农业生产发展。兴办起沼气后,大量畜禽粪便加入沼气池发酵,既可生产沼气,又可沤制出大量优质有机肥料,扩大了有机肥料的来源。凡是施用沼肥的作物不仅增强了抗旱防冻的能力,而且提高秧苗的成活率。施用沼肥不但节省化肥、农药的喷施量,也有利于生产绿色无公害食品。

（3）农村沼气有利于促进畜牧业的发展。办起沼气后，有利于解决"三料"（燃料、饲料和肥料）的矛盾，促进畜牧业的发展。

（4）农村沼气有利于改善卫生条件。凡是建了沼气池的农民都体会到，利用沼气作为燃料，无烟无尘，清洁方便。一些粪便、垃圾、生活污水等都是沼气发酵的好原料，随着这些原料进入沼气池的病菌、寄生虫卵等，在沼气池中密闭发酵而被杀死。从而改善了农村的环境卫生条件，对人畜健康都有好处。

（5）农村沼气有利于保护生态环境。兴办沼气解决了农民的燃料问题，减少森林砍伐和牛羊对山场的破坏，有利于保护林草资源，促进植树造林的发展，减少水土流失，改善农业生态环境。

（6）农村沼气有利于解放劳动力。办起沼气后，过去农民捡柴、运煤花费的大量劳动力就能节约下来，可以投入到农业生产第一线上去。广大农村妇女通过使用沼气，从烟熏火燎的传统炊事方式中解脱出来，节约了生火做饭的时间，减轻了家务劳动。沼气是一种清洁能源，所以，各国都在农村推广。

第十八章　典型林下经济作物及种植技术

第一节　林下粮食作物

一、林下旱稻种植技术

旱稻，又称陆稻，性耐旱，适于旱地种植的栽培稻，泛指能适应生长于无垠旱地、坡地及干旱生态环境下的栽培稻类，是水稻的变异型。旱稻通常是在旱地直接栽培，整个生长周期内一般不需要水层，全靠自然降雨或少量辅助浇灌。旱稻栽培技术要点：一是一次播种保全苗，二是防除田间杂草，三是各项栽培技术措施必须配套。

（一）林地选择

与水稻一样，旱稻喜光照，一般选择株行距较大的林地进行间种，林下间种要求林木处于幼龄期的林地，此时林木尚未大量分枝，地面光照基本未受到林木的影响。为了便于管理，要求林地坡度较小，相对成块连片，过于干旱的林地不适合。

（二）旱稻品种选择

旱稻要获得较高的产量，必须选用适于旱作栽培的品种。其要求是：①生育期要适中，通常生育日数要求比当地主栽水稻品种缩短10~15天；②幼芽顶土力强，以利于出苗迅速，生长一致；③耐旱力要强，在比较干旱的条件下能正常生长；④抗病性强，特别要抗稻瘟病、胡麻叶斑病；⑤丰产性好，米质优。

目前，我国各省区一般都适合当地的旱稻品种，具体可咨询当地农业部门。

（三）整地

旱稻是一次播种之后一般不再补苗或者动土，因此，前期整地要求较高，整地质量必须高标准严要求，达到地平、土碎、无明暗土块，无根茬，以利于前期保苗及苗期根系的生长。整地以秋耕（或耙）春旋耕为好。

（四）适时播种

为确保一次播种保全苗，播前精选种子后用种衣剂包种或用拌种农药拌种，以防地下害虫危害。播种时间同当地玉米。播种量为7.5千克/亩。播种方式一般采用平作条播，行距30厘米，开沟后播种，沟深5厘米，播幅6厘米，覆土厚2厘米。播种时及覆土后要压（踩）实。有条件地区可实行机械系列化作业。

（五）重施底肥

种植旱稻必须掌握重施底肥，辅施追肥的原则。底肥一般铺施农家肥2 000千克/亩，开沟后施氮、磷、钾三元复合肥25~30千克/亩、长效碳酸氢铵30千克/亩（或尿素 15 千克/亩）、多元微肥 2 千克/亩。集中施肥时，种子与化肥不宜直接接触，应用土隔开。有条件的地区可结合旋耕实行全层施肥。追肥视情况而定，分蘖期视长势酌情追尿素 7.5~10 千克/亩。对于偏晚熟地块，齐穗后每隔 7 天喷施一次磷酸二氢钾，用量为 0.2 千克/亩（对水 30 千克），一般喷施 2 次。对后期脱肥地块，可在喷施磷酸二氢钾时加尿素 1 千克/亩。

（六）水分管理

除利用天然降雨和低洼地的地下水外，一般情况下可不灌水。严重干旱时应人工补助灌水，灌水次数和水量，视土壤含水量和旱稻需水情况而定。除因播前土壤干旱应灌底墒水外，一般苗期不灌水。分蘖后，当稻株受旱卷叶或萎蔫时，应及时补水。穗分化期、抽穗期、灌浆期稻株需水量大，对水分敏感，也是决定产量和米质的重要时期。一般在旱稻生育需水高峰期灌水 2~3 次，可增产 20%~30%，且垩白率降低。

（七）防除杂草

旱稻生产成败的关键是防除田间杂草。视杂草种类和基数选用不同除草剂配方，一般施药 2 次，第 1 次为药剂土壤封闭，即在播种后出苗前（一般在播种后 7 天左右）用丁草胺 0.3 千克/亩和农思它（广普性除草剂，主要成分恶草酮）0.3 千克/亩加二甲四氯 50 克/亩，对水 75 千克喷雾（土干时必须加大水量，这是决定药剂封闭效果重要一环，应高度重视）。为提高药剂封闭效果，播种后喷药前需用磙子压碎地表土块，以利于药膜形成。第 2 次为杂草茎叶处理，出苗后当稗草 2 叶时，选晴天消露后用丁草胺 0.2 千克/亩和杀稗王 25 克/亩，或用丁草胺 0.2 千克/亩加敌稗 1.5 千克/亩，对水 50 千克喷雾（历年杂草基数少的地块，也可不施第 2 次药）。必要时，辅以人工除草。

（八）防治病虫

出苗后，如有蝼蛄为害，可用敌百虫 0.25 千克/亩加细潮土 20 千克，拌匀后撒在地表。在稻穗破口前 3 天左右，用杀菌剂琥珀酸铜 0.1 千克/亩对水 40 千克，或者在稻穗破口前 5 天到抽穗期，用 12% 曲瘟菌绝 50 克/亩，对水 40 千克喷雾，防治稻曲病。其他病虫害防治同水稻。

（九）鼠害的防治

旱稻容易遭受老鼠等动物的危害，前期要防止老鼠的危害（特别是在种苗期），可在播种前放毒诱杀灭鼠和播种后再放灭鼠药灭鼠；抽穗后期到成熟收获，应特别防治鸟、牲畜的危害。

（十）收获期

在旱稻稻粒有 85%~90% 黄熟即可收获。

二、林下木薯间种技术

木薯起源于热带美洲，全球产地水平分布于南北纬 30 度之间，垂直分布在海拔 2 000 米以下。木薯块根除了用于食用和饲用外，还是生产淀粉、变性淀粉、酒精、葡萄糖、果糖、山梨醇、赖氨酸、柠檬酸、染料、涂料、化妆品等工业产品的重要原料。木薯嫩茎枝叶可以饲养禽、畜、鱼、蚕等动物。

(一) 林地选择

与旱稻类似，木薯也是喜光照植物，但可忍受适当的荫蔽，一般选择荫蔽度小于40%的林地进行间种。木薯适生性强，对地形、土壤等条件要求不高，但水肥条件好、土层深厚的产量较高。

(二) 整地

木薯虽粗根系长，适应性强，对土壤要求不苛，但深翻后更易获高产。一般一犁一耙后，按株行距开沟种植，犁土深30~40厘米，开沟深20~25厘米。

(三) 种茎的选择和处理

1. 选种

木薯通常用茎部繁殖，其中，主茎下段萌发力强，发芽粗壮、整齐、产量高，优于中段，更优于梢段和分枝段。上年种植收获后的老种茎也可作种。种后产量比梢段和分枝段都高。所以选种时，应首选主茎下段，其次选中段和老种茎，一般用梢段和分枝段作种发芽率低，缺株多，最好不用或少用。选择种茎的一般标准是：①茎圆而粗大、节密、无病虫害、无损伤、色泽鲜明；②新鲜，斩断切口时有乳汁流出；③芽点圆润，突出明显。

2. 株条长度

一般以13~17厘米为佳，短种茎具有结薯集中，薯块粗大，抗风力强的优点，但发芽满腔，缺株多；长种茎则发芽快，出芽率高，缺株少，幼苗粗壮、整齐、茎叶长势好，但后期易倒伏，粗根多，结薯短小，产量低。因此要根据土质、气候、种植方式、种茎来源而定。在种茎不足、土壤肥沃、疏松、不易干旱的情况下，可用短种茎，反之则用长种茎。

3. 斩种

种茎在种植前要用利刀斩种，在两个茎节之间斜向斩下，使切口的周边比较长，以增加发根数和结薯数。在斩种时要防止损伤和裂茎。当天斩的种茎当天要种完，以免缺水过多影响发芽。

4. 浸种和消毒

可以有利于出苗、壮苗和育苗。可用沃田宝加入0.01%高锰酸钾，对水400倍，浸种10~15分钟。

(四) 种植

1. 栽种方式

木薯随条件不同而不同，常用的有平放、斜插和直插3种。

平放：将种茎近似水平放埋于植沟或植穴中。它可四周结薯，水平分布，易获高产。宜种于表土浅瘦、疏松、底土黏重的地方，但由于种茎全埋于土中，通气性差，发芽困难，易引发缺株，另外抗风能力差。

斜插：将种茎长度的2/3与地面呈15~45°角埋入植沟或植穴里。它出苗快、出苗率高，但结薯多向一个方向伸展，收获高但抗风力不高，宜在湿度大和起畦的地方用此法。

直插：将种茎的2/3垂直插入土中，只留1/3露出表土。它出苗早而齐，结薯多但不均匀，由于入土较深，抗风抗旱好，收获难，耗时多，宜于土壤深厚、起畦情况下采用。

2. 种植密度

一般按品种特性、气候、土壤质地、水肥条件等而定。一般为0.8米×0.8米或1米×1米，株行距为两穴两苗，亩植1 000株左右为宜。种植过密，通风透光不良，枝叶狭长，节间加长，茎细薯小，产量低。疏栽可以提高单产，但由于株数不够，总产量不高。一般土壤肥沃、施肥高、管理水平高的间种可种稀些，反之则密些。

3. 栽种时间

根据木薯的生育特点，结合当地的气候、环境，一般在2~4月气温稳定在14℃以上时，土壤水分适当，便可下种，到年底至翌年便可收获。

4. 栽种方法

木薯块根浅生、好气，深植、厚覆土不利于块茎出苗和生长及膨大。覆土深的种薯下端结薯少，而多在主薯靠近地面处长薯，同时主茎在入土深处细小，而近地处才大起来。反之，当覆土浅时（一般4~6厘米）结薯多，在种茎的下端，其主茎入土深处反而粗壮，所以，木薯宜浅种、浅覆土，一般培土高6厘米左右。平地风大处可培土多次，培土可高至12~15厘米。有大风地区，8~9月仍需在行间取土，培在木薯根部。

（五）田间管理

木薯种植虽然粗放，但要获得高产、优质、高效，必须重视田间管理，根据木薯的生物特点和要求，最大限度地制造良好的环境才能获取。具体做法如下：

1. 保证全苗

木薯株行距较大，所供的营养面积也大，缺苗则影响总产量，因此及时查苗补缺是确保木薯高产的一项重要措施，所以种后要及时检查，看是否有漏种、漏覆土的，并及时处理，一般植后20天左右要到田间进行查苗，并及时补缺，不可太迟。

当苗高至15~20厘米时，对多苗的穴进行选苗间苗，一般每穴只选粗壮苗1~2苗，能自然出芽2~3苗的，将来产量最高。

2. 施肥

木薯虽耐瘠，但要获得优质、高产，必须进行施肥。经科学认证，每生产1 000千克木薯茎块，必须从土壤中吸收纯氮3.75千克，纯磷1.75千克，纯钾8.75千克，纯钙1千克和纯镁及有关硼、锌、钼等微量元素。因此种植木薯最好用农家肥做基肥，作全部肥料的一半，另一半在植后两个月内施完。一般亩产3 500~4 000千克，可用高浓度沃田宝3~4千克、尿素20千克或碳铵50千克、钙镁磷肥50千克和氯化钾20千克，分壮苗肥、结薯肥和壮薯肥三次施入，其中，壮苗肥占20%，结薯肥占40%，其余40%作壮薯肥。肥料应据总茎10~15厘米，深12~15厘米。也可分基肥、追肥两次施用，其中基肥40%，追肥60%。由于木薯长根慢，幼根的吸收力弱，所以，齐苗后应对其进行叶面喷施2~3次，可用精制有机肥进行，每7~10天喷一次。每箱水用25~50克，以促根、催茎叶为结薯基础。

3. 水分管理

木薯虽然耐旱，忌积水，但长期干旱尤其是在植后60~70天木薯块茎形成期缺水，势必影响其对营养的吸收，从而对其生育生产产生障碍，而影响产量。所以，此时注意及时供水，保持土壤湿润。

4. 修枝摘顶

木薯的块根生长与其茎叶的生长成正相关，但过多的茎叶不但影响透风透光，降低光合效率，而且耗费大量的营养，致使块茎无法得到足够的营养供应而影响结薯。因此必须进行人工植株调整，平衡营养生长和生殖生长。但摘顶芽与否，应视品种特性、株行距和生长势的强弱而定。凡分枝部位较低的无须摘顶；分枝少或分枝慢的直立型的品种才有必要进行摘顶，以促分枝；若植株间空隙较大则应摘顶以促分枝，长枝叶，增加受光；但若枝叶过多过密，则要适当摘顶，疏枝叶来抑制共生长，以利于结薯。

（六）病虫害防治

1. 病害

木薯主要病害有：

（1）细菌性枯萎病：这是危害木薯最严重的一种病害。其最先危害成熟的叶片，然后由下而上扩散，先侵染叶缘或叶尖，出现水渍状病斑，常溢出黄色乳状物，然后迅速扩大直至枯萎，直至全株死亡。

（2）细菌性角斑病：发病时叶片各部出现水渍状的角斑，可见黄色乳状物。病斑开始是黄晕状，后变黑褐色，造成叶片变黄而脱落。

（3）褐色角斑病：发病时叶片两面出现不规则的褐斑，严重时叶片变黄，干枯脱落。

出现上述情况应及时用药。

2. 虫害

为害木薯的虫害主要有红蜘蛛、大头蟋蟀、白蚁和金龟子，应注意防治，及时用药。

3. 鼠害

木薯的鼠害相当严重，尤其在山区，除投药防治外，还要清理田园，铲除周边杂草，让鼠无处可藏。

（七）采收与加工

木薯是多年生植物，无明显成熟期，生产上所说的成熟期是指一年之中块根的产量和淀粉含量达到最佳时期。一般春植木薯到当年11月至翌年1月便可收获但木薯的块根内含淀粉多，不耐贮存，收后3~7天便变质腐烂，因此应及时送厂或加工制成干片。

第二节　林下油料作物

一、林下花生间种技术

花生又名落花生，属蝶形花科落花生属一年生草本植物，起源于南美洲热带、亚热带地区，目前世界上大部分国家均有栽培。花生全身是宝，含油量高可达50%，被人们誉为"植物肉",油的品质优良、气味清香,是大宗食用油之一;花生榨油后的油饼是畜禽、牲畜的良好饲料;花生收获之后的蔓藤可以作为牲畜的饲料来源,或作为林地覆盖的良好材料;作为豆类作物的一种,花生的根瘤菌还具有一定的固氮作用,有利于改良土壤;因此,花生是十分重要的经济作物和油料作物。

花生在我国主要栽培于辽宁、山东、河北、河南、江苏、福建、广东、广西、贵州、四川等省区,对环境的适应性较强,不但适合于大面积连片种植,又可在房前屋后的边角地、荫蔽度较小的经济林下或果园中种植,是幼龄林下短期间套种的优良作物之一。林下花生的技术介绍如下。

(一)林地选择

一般选择林龄3年以下,荫蔽度小于40%,且林木行距较大的经济林下或者果园进行间套种,如杨树、橡胶、苹果、柿子树、板栗等。土壤条件要求土层深厚、疏松、不易板结,土壤pH值:6~7为宜,排水和肥力特性良好的壤土或砂壤土。

(二)备耕整地

花生是地上开花,授粉后的果针扎入土中再发育成为花生荚果,因此,良好的备耕整地有利于果针的发育,是获取高产的基础。可采用机耕或人畜力进行整地,耕地深度30~40厘米,起畦,畦高约10厘米,畦边距离林木根部1~1.5米,畦宽可以根据林木行距空间调整,在整地的同时混施基肥,亩施拌有少量磷钾肥的腐熟农家有机肥约2 000千克。

(三)种子播种前准备

花生在我国一般可在春、夏、秋季种植,花生开花最适宜温度为23~28℃,最低温度为19℃,结荚最适宜温度为25~30℃,最低温度为15℃。因各地气候不一,视当地气候选择合适的播种时期,既保证播种后的全苗壮苗,也要调节好花生的营养生长和生殖生长的关系。

花生的品种较多,选择适合当地种植,且产量高、抗性好的花生品种。选用籽粒饱满,皮色鲜亮的花生做种子,为提高发芽率,可进行带壳晒种,播前2~3天剥种。为提高花生的抗病能力,可用多菌灵、拌种灵等药剂按照规定剂量进行拌种。

(四)播种

可采用播种机机械播种或者人工穴播。林下间种播种的株行距比一般纯地种植稍大,以20~25厘米为宜,每穴播2粒种子。

播种深度一般以5厘米左右为宜,播种后适当压紧盖土,可使种子与土壤紧密接触,利于种子吸收水分萌发出苗。

(五)管理

1. 补苗

在播种一星期之内必须经常检查发芽出苗情况,用事先催芽的种子及时补上;此外,花生播种后容易遭到老鼠等动物挖食种子,要注意防止鼠害。

2. 中耕除草

花生以第一对侧枝结果为主,而主茎和其他侧枝结果很少。因此,在花生齐苗后进行第一次中耕,用小锄在花生幼苗周围将土向四周扒开,使子叶和第一对侧枝露出土面,以利于第一对侧枝健壮发育。在苗期、团棵期、花期进行3次中耕除草。掌握"浅、深、浅"的原则,要求"头遍浅,二遍深,三遍不伤根",即第一次锄草要浅以防止苗期土压苗,第二次锄草要深些,疏松土壤促进根系发育,同时将植穴的坑铺平,第三次即花期中耕锄草要浅,以防止损伤果针。

3. 水分管理

花生既怕干旱,又怕渍水。如苗期、花期缺水,花数减少;下针期缺水,果针入土困难;结荚期缺水,影响荚果发育,明显减少结荚数;成熟期缺水,荚果饱满度低。因此,要根据花生土壤水分状况,及时进行浇灌水或提前做好排水沟,以利于及时排水,防止水分过多造成涝害。

4. 追肥

根据林地土壤肥力、基肥用量和花生生长状况进行合理追肥。林地土壤肥力低、基肥用量少的,苗期应施追肥,以氮肥为主,磷、钾肥配合,一般亩施氮肥4~5千克,复合肥15~20千克,可撒施或开沟条施,但要防止肥料与幼苗直接接触以免烧苗。

花生开花前期,植株生长旺盛,对养分的需要量也急剧增加,因植株根瘤菌已经具备一定的固氮能力,氮肥用量不宜过多,以追磷、钾、钙肥为主,以满足开花期对养分的需求。一般亩施过磷酸钙20千克,有机肥亩施200千克。

在花生生长发育中后期,可喷施叶面肥,促进荚果充实饱满。用磷酸二氢钾+磷酸二氢钾浸出液按0.2%~0.3%的浓度喷施,每7~10天喷1次,最好连喷3~4次。

(六)病虫害防治

1. 病毒病

花生病毒病是花生的主要病害之一,花生病毒病主要有轻斑驳、黄花叶、普通花叶、芽枯等不同类型的病毒型病害。目前,没有治疗花生病毒病的特效药,只能以预防为主。

花生病毒病的防治,第一,是采用抗病品种,种子来源不从病区调种,用杀虫剂处理种子,从源头上杜绝或减少病毒病的发生;第二,蚜虫、蓟马等可传播花生病毒病,因此做好防虫工作有利于防治病毒病;第三,及时清除田间和周围杂草,也可减少病虫来源;第四,有条件的推荐地膜覆盖种植花生,地膜具有一定的驱蚜效果,可以减轻病毒病的为害;第五,发现病苗要及时拔除烧毁。

2. 青枯病

花生青枯病又叫青症、死苗、花生瘟等,是一种细菌性病害,主要侵染根部,在短期内能使大量植株迅速枯死,整个生育期间均可发生,一般多在开花前后开始发病,盛花期为发病盛期,其传播主要通过流水和劳动工具,高温高湿容易诱发该病的发生。

防治花生青枯病最好的方法仍然是选用抗病品种及轮作,播种前每亩施石灰35~50千克,加强田间管理,发现病株及时拔除销毁。药物防治可用链霉素或新植霉素、20%噻菌铜溶液、20%叶枯唑、春雷霉素、荧光假单胞杆菌、3%中生菌素、甲霜灵+福美双、甲霜灵+恶霉灵等,进行灌根处理。

3. 褐斑病和黑斑病

花生叶斑病只侵染花生,同一块林地尽量避免重茬;花生收获后,及时清除田间病叶、病株，以减少病源；选用耐病品种；加强水肥管理，增强植株抗病能力。

若有发病尽早防除，可用多菌灵、甲基硫菌灵、代森锰锌、百菌清等进行防治，每隔10天喷药1次，连喷3~4次。

4. 叶斑病

花生叶斑病以黑斑病和褐斑病为主，主要为害叶片，可导致花生产量大幅度下降。

防治上，消灭病源，选用抗病品种，加强栽培管理，增强植株抵抗力。防治药剂有代森锰锌、甲基硫菌灵、多菌灵等，按照用药说明使用，每隔7~10天喷药1次，连喷2~3次可基本控制该病。

5. 锈病

该病在我国南方花生产区发生较普遍，主要为害叶片，到后期病情严重时也为害叶柄、茎枝、果柄和果壳，多在开花期发病，发病严重时，整个叶片变黄枯干，全株枯死，严重影响产量及品质。

花生锈病通过风和雨水传播，一般夏季雨量多，相对湿度大，日照少，锈病较重。防治上除选用抗病品种外，要加强田间管理，增施有机肥和磷、钾肥，做好防旱排涝工作，培育壮苗，提高植株抗病能力。发病期可用百菌清、波尔多液、三砝酮宁等进行防治，每隔10天左右喷1次，连喷3~4次。

（七）采收与加工

1. 收获

花生的生长周期因品种不同各异，一般3~5个月，中下部叶片转黄脱落，多数荚果果壳硬化，种子颗粒饱满、光润、呈现品种特有的色泽，可开始收获。在晴天用人工或机械拔收，运回空旷的晒场或空地晾晒，也可置于墙头上或竹竿上串晒，荚果朝外，继续风干。约经30天，干燥后摘果。

2. 再干燥与贮藏

摘下的荚果一般内部种子干燥度不够，堆放3~4天使种子内的水分散发到果壳，再摊晒2~3天，待花生种子含水量降至7%才达到安全贮藏的标准，贮藏期间保持通风、干燥。

二、林下大豆间种技术

（一）林地选择

大豆在我国南北皆宜，适应性较广，株行距较大的林木、果园等均可作为间种地，一般选择荫蔽度40%以下的中幼龄林地。

（二）品种选择

要根据当地的自然条件（包括气候、土壤肥力等）、生产水平和品种的生态类型选择生育期适宜、抗逆性强、高产的优质大豆品种。

（三）施基肥

在一般平川岗地，肥种分开，施于种侧下4~5厘米，化肥用量可以调节。每667平方米施磷酸二铵20千克以上时，可分层施入：上层种肥深度5~7厘米，施肥量占1/3；底肥深度10~16厘米，施肥量占2/3。

(四)播种

1. 播种方式

主要有以下几种播种方式:①垄上双行精量点播。②垄上等量穴播。③"三垄"栽培法:此法适用于三江平原地区的低湿地以及水分好的低洼地。④"两垄一沟"栽培法:在70厘米的垄作基础,每隔1垄在垄沟增加1行苗带,大行距140厘米,小行距35厘米,垄台穴距离15~18厘米,每穴留苗3~4株;垄沟穴距20~22厘米,每穴留苗2~3株。⑤窄行密植栽培法:平播行距30~50厘米,利用谷物播种机或改良播种机播种,覆土、镇压连续作业。

2. 精播条件

(1) 合理轮作:最好选正茬,不重、迎茬种植。

(2) 细致整地:根据前茬作物进行伏秋翻,深度22~25厘米,作业时不起大土块,不出明条、垡块,要扣严、不重、漏。耕堑直,百米内直线误差不超过20厘米,地表10米内高低差不超过15厘米。耙耱结合,达到平整细碎,10米宽幅内高低差不超过3厘米,平方米内直径3~5厘米土块不超过10个。耙深10~15厘米。要求地头齐,不出三角抹斜。起垄要直,50米长直线误差不超过5厘米,垄距误差不超过11厘米,垄台误差不超过3厘米,垄幅误差在过3厘米以内,起垄后镇压。

(3) 土壤水分适宜:整地后土壤水分含量(干土重%),播种时应为22%左右,确保种子正常吸水出芽。

(4) 适期播种:在土壤5~7厘米深处,地温稳定在8℃时,即为播种时期。

(五) 田间管理

1. 垄沟深施

在大豆刚拱土时进行铲前垄沟深松。

2. 锄地与中耕

(1) 第一片复叶前锄头遍地,做到锄净苗下草,不伤苗,松表土。

(2) 苗高10厘米左右时,进行第二次铲趟,用大铧犁成张口垄,做到不伤苗,不压苗,不漏草,培土不超过第一对真叶节。

(3) 第二次铲犁后10天左右,进行第三次铲犁,要做到深松多上土,用大铧带培土板犁成方头垄,培土不超过第一复叶节。

(4) 做到三铲三犁,铲犁不脱节。

3. 化学除草

(1) 播前土壤处理:在春整地后播种前5~7天处理。要求施药均匀,流量准确,不重不漏。喷后顺、斜各耙1次,施药混土复式作业,混土深度7~10厘米。注意春季土壤水分过高或过低时,不要进行土壤处理,以免影响播期。

(2) 如播前没有进行化学除草,可在播后苗前进行化学除草:垄作栽培,也可苗带喷药,施药量按喷洒面积计算,施药后混土2~3厘米。

(3) 在大豆生育前期,田间杂草较多时,可在杂草基本除净、墒情较好的条件下,进行化学防除,宜早不宜迟。

（六）虫害防治

1. 大豆食心虫

大豆食心虫以幼虫钻入豆荚，蛀食豆粒，严重时一般会吃掉大半个豆粒，降低大豆的产量和品质。防治大豆食心虫，关键是抓住适期，既在成虫发蛾盛期，田间有成群飞翔现象时防治。

2. 大豆蚜虫

防治大豆蚜虫，关键是早期发现早期防治。一般可用40%的乐果乳油800倍液，40%氧化乐果乳油1 000倍液，或用2.5%的敌杀死乳油、5%的S-氨氰菊酯乳油、富尔3%啶虫脒乳油，每亩用药15~20毫升，对水40~50千克喷雾。

（七）除草

1. 苗前除草

目前生产上最常用的光谱性除草剂有普施特和广灭灵，这两种除草剂对大豆田的多种禾草科杂草和阔叶杂草都有效。用药量：5%普施特水剂，每公顷用量1.5~2千克；48%广灭灵乳油，每公顷用量2~2.5千克。普施特、豆磺隆、广灭灵都可以在土壤中保留较长时间，要特别注意对后茬作物的药害。

2. 苗后除草

（1）除草剂的种类：出苗早期适用的除草剂：目前，生产上使用最普遍的是普施特。在杂草刚出土时施药，一般不晚于大豆2片复叶期。出苗早期施用普施特的用量为：5%的普施特水剂每公顷1~1.5千克，不宜超过1.5千克。应选择降雨前后湿度较大的天气施用，避开高温干燥的中午和大风天气。

（2）用量：12%的拿捕净乳剂，每公顷用药量为1~1.5千克；15%的精禾草克，每公顷用药量为0.75~1千克；5%的精禾草克乳油，24%的克阔乐乳油，每公顷用药量为0.33~0.75千克。

（3）施药时期：出苗后期适用的除草剂一般在大豆2~3片复叶期施药。春季土壤水分好的年份，施药可适当早些，用药量一般采用下限。春季干旱，施药可适当晚些，用药量一般采用上限。

（八）采收

大豆成熟后应及时收割，收获过晚豆荚失水过多，容易炸荚、掉粒，造成损失。适宜的收获期要根据不同收获方法来确定。用镰刀收割的，在大豆叶片全部脱落后开始收割，此时营养物质已基本停止向籽粒中输送。机械收获必须在全株完全成熟和干燥后收获。

人工收割最好在上午进行，这时豆株含水量比较多，不扎手，也不易炸荚。要求割茬低，不露马耳朵，不漏割。割后如果籽粒含水量比较高，可在田间晾晒几天，已经干燥的及时运回场院码垛。机械收获要尽可能降低割茬，减少损失，同时要高速好滚筒间隙，防止间隙过大脱籽不净或间隙过小增多破碎粒。

第三节 林下药用植物

一、林下益智种植技术

益智是多年生草本植物,茎直立,高约100~450厘米。益智以果实入药,具有健脾胃、补心神、安神、暖胃的功效,常用于治疗肾虚遗精、小便频数、腹痛泻痢等症。益智在我国广东、海南、广西、云南、福建等南亚热带省区有栽培。益智喜温暖潮湿、荫蔽的环境,益智属半阴性植物,需要一定荫蔽,喜温暖潮湿的气候,要求年平均温度23~25℃,年降水量1 500~2 500毫米,空气相对湿度80%以上,土壤含水量25%~30%最适宜生长,因此,可在林下环境良好生长,是南方地区林下种植的首选中草药之一,其林下种植技术如下。

(一) 定植

1. 选地

在不影响其他林木生长的情况下,益智可在松林、肉桂林、八角林、橡胶林、杂木林等南方常见的荫蔽度为40%~60%的经济林下间种,要求土壤较为疏松肥沃、排水良好,年降雨量在1 600毫米以上为好。

2. 整地

定植前两星期,清除地面灌木杂草等,机耕或者人工整地,并进行起畦,以防积水。

3. 种苗准备

种子育苗:果实采收后,剥去果皮,将种子与湿细沙揉搓,把外果肉揉搓干净,淘洗种子,做催芽处理;种子处理,最好先冷水浸泡1~2小时,再改用40℃热水浸泡30分钟,再冷水泡约20小时吸足水分;处理好的种子,均匀铺于荫蔽处的且经暴晒杀菌消毒前处理的湿沙床上,再覆盖2~3厘米的薄沙,经常浇水保湿,昼夜温差大有利于种子萌发。约经15天,种子开始萌发白点,将萌动种子移置苗床育苗。苗床要选择在排灌方便、土壤肥沃的地方,搭遮阴棚。将已经萌发白点的种子,按株距10厘米,行距15厘米播种,播后覆浅土,浇水保湿,抽2~3片叶时,以2%浓度进行第一次施水肥,以后施肥浓度可逐次稍加大,并要注意除草松土。约经8个月,便可出圃定植。种子育苗繁殖的以春植为好。

分株繁殖:在收果后,从成熟益智植丛中分割出具有3~5条分蘖的地下丛茎进行繁殖,所取地下茎要带新芽,适当剪去直立茎30~40厘米以上的茎叶,并适当修剪老根,就可种植。种苗随取随用。分株繁殖的宜秋季种植。

4. 定植

一般选择在阴雨天或晴天的下午阳光不强不烈之后进行定植。挖苗时要整丛挖起,每穴种一丛,种后覆土5厘米左右,用脚踏实,再浇水定根,天气干旱的则要看土壤湿度情况适当多浇几次水。

(二) 日常管理

1. 除草施肥

益智定植后两年内,每年要进行中耕除草施肥3次,分别在2月、6月和9月进行。成林期每年中耕除草施肥2次。第1次在收果后7~8月,除草松土,割除老苗;第2次在11~12月除草,有条件的可适当施肥。

2. 保果

在花苞开放期,在下午或傍晚喷射0.5%硼酸或3%过磷酸钙溶液,可提高稔实率和结果数。修剪已结果实的分蘖株,割除减少养分消耗,促进新芽生长,增加能开花结果的植株。另外,还要剪去3~7月这5个月中生出的新发芽所形成的枝条,因为它们既赶不上当年的开花期,又等不到翌年开花季节时就已枯老,影响产量。

(三) 病虫害防治

1. 苗期烂叶病根腐病

烂叶病和根腐病均主要为害益智苗期,成龄植株很少发病,药物防治可选用50%多菌灵800~1 000倍液进行预防,若发现病株要及时拔除,撒石灰,以防蔓延,发病期用药浓度可增加到500倍。

2. 日烧病

荫蔽度较差,或氮肥施用过多的植株,一旦受到强光照射就会引起日烧病,又或干旱没有淋足定根水,或栽后降水少,遇上烈日暴晒,又未及时淋水。其症状为叶片脱水萎蔫,嫩心芽枯焦,直到植株枯死。防治方法主要为保证荫蔽度,在干旱季节则需要浇水,使土壤保持适当湿润。

3. 立枯病

立枯病是益智苗圃的毁灭性病害。由真菌引起,病菌可通过雨水、流水、农具以及使用带菌堆肥等传播蔓延。播种过密,光照太差、通气不良,排水不良有容易发病。气温达到28~30℃、雨水多的气候有利于此病害流行。受害幼苗叶片或叶鞘初期出现红褐色近圆形小斑点,直径2~5毫米,继而病斑不断扩大形成不规则形的褐色大斑块,斑块背面略呈灰绿色云纹状;最后,病斑蔓及全叶及所有叶片,直至整株变褐枯死,枯叶下垂呈立枯症状。在高湿条件下,枯叶上产生很多颗粒状小菌核,菌核初为白色,后变褐色,并与周围菌丝相连。在重病区,发病率可达90%,死亡率达35%以上。

防治方法主要有:注意苗床前消毒处理,做好排水,苗不宜过密。苗床浇水不宜过多,避免床土过湿;冬季做好保温工作,避免幼苗受冻。发病初期,可用5%石灰水浇土壤或50%多菌灵可湿性粉剂800倍液或1%波尔多液喷施病株。重病株应拔除,并撒施石灰粉或喷射瑞毒霉800倍液。

4. 轮纹叶枯病

此病是益智重要病害之一。高温多雨季节有利于该病害的发生,常年阴湿的地方发病尤重。幼苗期至结果期均可受侵染。在适宜条件下,病斑不断扩大,占叶面积的1/3~1/2。重病株因大部分病叶变褐枯死而濒于死亡。主要症状为老叶先发病,病菌多从叶尖、叶缘侵入。病斑大,不规则形,边缘红褐色,中央灰褐色,其上有明显的、深浅褐色相间的、波浪状的同心轮纹及散生大量小黑粒(病菌的分生孢子盘),病斑外圈有明显的黄晕。系真菌引起。

防治上要求加强管理，施足肥料，排除积水，清除落叶，适当遮阴。可用波尔多液或百菌清、多菌灵等进行防治。

5. 根结线虫病

此病是益智苗圃的主要病害之一。该病是由于植物感染了根结线虫而引起的。在沙性大、肥力差、保水力弱、通气良好的沙壤土上发病较重，连作地发病较重，而多年轮作或水旱轮作发病较轻，而在通气不良的黏重土上发病较轻。主要症状为主要为害幼苗根部。病原线虫侵入根部后，刺激根组织过度生长，形成很多大小不等、形状不规则的瘤状虫瘿（根瘤）。虫瘿初为白色，后变浅褐色，单生或连接成串珠状。剖开虫瘿，肉眼可见到乳白色小颗粒（即雌虫）。重病株矮小，叶色褪绿，叶缘卷曲，无光泽，呈失水缺肥状态，终至死亡。农业防治上要求选种无病苗；实行轮作；播种前翻土曝晒，清除病根，杜绝侵染源。药剂防治上可施用80%二溴氯丙烷乳剂3千克；对水100千克，开沟施药，沟深13厘米，沟距26~34厘米，施药后覆土。

6. 苞叶虫及蛀心虫

均为为害益智的害虫，一种卷叶，一种蛀心。幼虫发生期可用90%敌百虫800~1 000倍或80%敌敌畏1 500~2 000倍喷雾防治。每隔5~7天1次，连续2~3次。

（四）采收与加工

林下益智间种后3年便可开花结果，第2~3年产量不高，亩产鲜果100千克左右，第5年进入盛产期，亩产鲜果可达300千克，管理好的经济寿命可达20~30年。在一般情况下，6月中下旬，当果实呈棕褐色，果皮上的茸毛退尽，果肉带甜味，种子辛辣、芳香时，即成熟。这时收获，不仅干果产出率高，而且质量也最好，一般每百千克鲜果可晒干果30千克左右。选择晴天，将果穗剪下，去除果柄，运回加工，晒干即可。

二、林下紫花地胆头种植技术

地胆头，又名拖鞋根、地苦胆等，多年生直立草本，高30~60厘米，在我国浙江、福建、台湾、江西、湖南、广东、广西、云南、贵州、海南等地均有分布。地胆头有白花地胆头、紫花地胆头（也叫红花地胆头）之分，民间一般认为紫花地胆头的功效和香味较优，常用紫花地胆头。

因地胆头根系的独特香味及在民间向来备受认可的清热解毒功效，在两广、海南、港澳台等地，素有用地胆头的根再配合其他原料，做成地胆头老鸭汤、地胆头鸡汤、地胆头骨头汤、地胆头鸽子汤等传统靓汤做法，尤其是近几年，地胆头靓汤美食店在一些地方不断出现，食客也大量增加。

因目前地胆头均为野生采挖，野生地胆头资源正在不断萎缩，市场需求量逐年上升，其经济价值随之上涨。在医疗用途上，已有的研究报道认为地胆草在如治疗胃病、肝炎、肾炎、支气管炎、牙痛、痢疾、关节炎等疾病上均有疗效，其中含有的活性成分倍半萜内酯和黄酮酯类化合物分别具有抗肿瘤和抗糖尿病作用。因此，地胆头是一种较具发展潜力的林下经济种植间作物新品种。

近年来，本着合理保护与开发地胆头资源的目的，中国热带农业科学院橡胶研究所的科技人员在橡胶林下成功地进行了林下地胆头仿野生模式种植，效果良好。该模式投入少、见效快、易操作、潜力大，其有关的种植管理技术总结如下。

（一）适种区域

我国浙江、福建、台湾、江西、湖南、广东、广西、云南、贵州、海南等地，凡有野生地胆头分布的地方均可种植。

（二）选地

地胆头具有一定的耐阴性、耐旱性，与其他杂草间也具有一定的竞争能力，因此，可选择荫蔽度不超过70%的经济林下种植，其对土地的要求不严，但忌水位低、易积水的林地。

（三）种子种苗准备

于每年的11月至翌年2月收集野生地胆头种子，晒干后于阴凉干燥处备用；或者每年春季至夏初采挖野生地胆头种苗进行种植；通常情况下，用种子直播的植株生长较快、较均匀。

（四）备耕

初春定植前两星期，先清除地面灌木杂草等，有条件的地方可使用拖拉机等进行机耕翻土，机耕深度以30~40厘米为宜，并进行起畦，以利于地胆头根系的培育，每畦宽度4米为宜，最好在起畦的同时混合少量农家肥作为基肥；在土壤较为疏松肥沃的林地，也可不进行翻土而直接起畦。

（五）定植

定植时期：春季气温回升后定植最好，可采用种苗穴植或种子直播的形式，无论是种子直播还是小苗定植，只要气温及土壤条件合适，出芽成活率均较高。

定植前准备：采用种子直播的，不用进行催芽；采集野生小苗定植的，可随采随种。

种子穴播式：因地胆头种子较细小，不便于播种，可以种子和干细沙土按1∶（1~2）体积混合均匀后播种，播种时每植穴有1~3粒种子即可，再覆薄土，水汽情况较好的，可不覆土。

种子撒播式：以种子和干细沙土按1∶（3~5）体积混合均匀后撒播，再覆薄土，水汽情况较好的，可不覆土；因地胆头在野生环境下可承受高密度自然繁育，因此，在种子量充足的情况下，可以较大密度播种，后期生长任由其自然选择。

小苗穴植式：当小苗长至5~6张小叶时，小苗已具备一定的抗逆能力，移栽成活率较高，株行距以（30~40）厘米×（30~40）厘米为宜，与经济林木的距离以不影响林木生长即可，一般距离林木根部1.5米，折合净林下单位面积4 000~7 000株苗/亩。

定植后浇水：定植期间若天气干旱，如采用种子播种的，要适当浇水以利于种子发芽生长；若是以小苗定植的，要每天浇定根水1次，连续2~7天，小苗叶片先转黄，经过半个月到一个月左右自然恢复转绿。

（六）管理

间苗：用种子定植的，需要在小苗长至2~3叶后进行间苗补漏；小苗定植的则在定植后一个月内完成补苗。

除草：小苗生长初期，对杂草的竞争能力较弱，要及时人工拔出杂草，待长出4～5片叶以后，可根据需要进行人工锄草，但注意锄草时不要伤及根系。

施肥：化学肥料以复合肥为主，一年施用3次，分别在5月、7月、9月，可雨后撒施，或者对水施用，土壤肥力较好的可减量施肥以保证地胆头的道地性；有机肥方面，有条件的可用沼气液、草木灰等进行施用。

病虫害防治：目前尚未发现对地胆头造成经济影响的病虫害。

（七）采收

种子采收：各地物候期不一，种子一般在10～12月成熟，区域偏南则成熟期偏迟，地胆头种子成熟后一般不会很快掉落，可等到种植区90%以上的种子成熟后，种子不够成熟后期不容易人工处理。采收时要戴好手套，以防止种子的尖毛刺入皮肤造成过敏，用果枝剪等工具剪取成束的花枝，捆扎晒干，晾置一段时间后种子才容易掉落，再用棍子等打落种子，布袋收集后在阴凉干燥处储藏备用，为防止种子生虫，可用常用杀虫剂对水少量喷洒布袋，或药浸布袋等方法防虫；若根系当年采收的，则可等种子过成熟期再采挖，在采挖过程有中少量种子抖落，来年自然繁殖，而留在花束上的种子可统一收集后妥善保存待来年播种用。

地胆头根的采收：可当年或第二年的夏末冬初人工锄挖，挖起后，从根茎处用剪刀把根系和地上部分开，剪断部位以不带绿色茎叶为准，根系晒干抖去粘附着的土壤后，作为地胆头靓汤原料，地上部可供作为中药材出售，或者全草直接干燥抖去粘附着的土壤后作为中药材出售。

（八）注意事项

地胆头在进入开花期前根系生长较快，待抽蕾开花根系生长即开始放缓，因此，若打算当年采收的，定植时期尽量在春季即完成。在水土冲刷较轻的林地，最好以种子播种式定植为好，既省工又有利于多长根系，而第二年采收的则定植时间最迟可延至夏季。

三、林下巴戟天栽培技术

巴戟天（*Morinda officinalis* How）属茜草科植物，又名巴戟、鸡肠风，具有补肾阳、强筋骨、祛风湿的功能。主产广东、广西、福建、海南等省、自治区，栽培或野生。

（一）形态特征

多年生木质藤本植物。根圆柱形，收缩成串珠状，似鸡肠；茎圆柱形，灰绿色或暗褐色，小枝初被毛，后变粗糙；叶对生，短圆形，上面初被毛，下面沿中脉被粗毛；伞形花序，花冠白色；果近球形，红色；种子1～4粒，近卵形。花期6～7月，果熟期8～10月。

（二）生长习性

原产南亚热带、热带地区湿润的次生林下，生长适温为20～25℃，喜温暖，怕严寒。适宜生长的气候条件，年平均气温在20℃以上，在0℃以下和遇到低温霜冻时，常导致落叶,甚至冻伤或冻死。年平均降水量1 600毫米。幼株喜阴,成株喜阳。土壤要求土层深厚、肥沃、湿润。肥沃的稻田土,含氮过多的土壤,肉质根反而长得很少,产量不高。野生品种分布于广东省大部分山区的山谷林下。20世纪60年代开始,专家将野生品种进行引种栽培,获得成功。

(三) 栽培技术

1. 选地、整地

巴戟天较耐阳,可选择荫蔽度60%~80%的林地进行间种。

宜选择有一定坡度的稀疏林下或有林木覆盖的中下部向阳丘陵地,土层深厚、疏松,有一定肥力的砂壤土。若灌木丛生的林地,应在冬季,将林木杂草清除烧炭作肥料,也可保留一部分树木作遮阳,如遇有山苍子、樟树等含挥发性物质的树根,严重危害巴戟天生长,要通过深翻土壤拔除干净。冬季开荒翻土,春季横坡起畦,作成宽1米、高20厘米的畦,每亩施火烧土1 000~1 500千克作基肥。

2. 繁殖方法

采用扦插、块根和种子繁殖。

(1) 扦插繁殖。

插条选择和截取:选择1~2年生无病虫害、粗壮的藤茎,从母株剪下后,截成长5厘米的单节,或10~15厘米具2~3节的枝条作插穗。插穗上端节间不宜留长,剪平,下端剪成斜口,剪苗时刀口要锋利,切勿将剪口压裂。上端第一节保留叶片,其他节的叶片剪除,随即扦插。不能及时插完的插条,用草木灰黄泥浆蘸根,放在阴湿处假植。

扦插季节:一般多以春季雨水前后为宜,此时气温已回升,雨量渐多,插后容易成活。

扦插方法:可按行距15~20厘米开沟,然后将插穗按1~2厘米的株距整齐平列斜放在沟内,插后覆黄心土或经过消毒的细土,插穗稍露出地面,一般插后20天即可生根,成活率达80%以上。为了促进生根,可将插穗用生长激素处理。

(2) 块根繁殖。

块根选择和截取:选根茎肥大均匀、根皮不破损、无病虫害的作种苗,截成长10~15厘米的小段。或在采收巴戟天时,在不能供作商品药材的小块根中选取。

块根育苗方法:在整好的苗床上按行距15~20厘米开沟,然后将块根按5厘米的株距整齐平列斜放在沟内,覆土压实,让块根稍露出土面1厘米左右。

(3) 种子繁殖。

选粗壮无病虫害的植株作留种母株,加强管理,保证多开花结实。由于种子不宜久藏,最好是随来随播,以10~11月为宜。经过层积贮藏的种子,最好在翌年3~4月进行。

点播按株行距3厘米×3厘米,撒播密度不宜过大。播种后宜用筛过的黄心土或火烧土覆盖约1厘米深。经1~2个月,种子便可出芽,幼苗成活率可达90%左右。

（四）田间管理

1. 遮阳

扦插后，搭设阳棚或插芒箕遮荫，郁闭度可达 70%～80%以上。随着苗木生根成活和长大，应逐步增大透光度，育苗后期郁闭度控制在 30%左右。

2. 中耕除草

定植后前 2 年，每年除草 2 次，即在 5、10 月各除草 1 次。由于巴戟天根系浅而质脆，用锄头容易伤根，导致植株枯死，靠植株茎基周围的杂草宜用手拔，结合除草进行培土，勿让根露出土面。

3. 施肥

待苗长出 1～2 对新叶时，可开始施肥，以有机肥为主，如土杂肥、火烧土、腐熟的过磷酸钙、草木灰等混合肥，每亩 1 000～2 000 千克。忌施硫酸铵、氯化铵、猪尿、牛尿。如种植地酸性较大，可适当施用石灰，每亩 50～60 千克。

4. 修剪藤蔓

巴戟天随地蔓生，往往藤蔓过长，尤其三年生植株，会因茎叶过长，影响根系生长和物质积累。可在冬季将已老化呈绿色的茎蔓剪去过长部分，保留幼嫩呈红紫色茎蔓，促进植株的生长，使营养集中于根部。

（五）病虫害防治

1. 茎基腐病

该病在 10 月下旬开始为害茎基部。防治方法：①加强田间管理，增强抗病能力；②不要施铵类化肥，造成巴戟天组织柔软，增加土壤酸性；③调节土壤酸碱度，减轻病害发生；④发病后，把病株连根带土挖掉，并在坑内施放石灰杀菌，以防病害蔓延。可用 1∶3 的石灰与草木灰施入根部，或用 1∶2∶100 的波尔多液喷射，每隔 7～10 天喷 1 次，连续 2～3 次。

2. 轮纹病

该病主要为害叶片。防治方法：可用 1∶2∶100 的波尔多液喷射，每隔 7～10 天喷 1 次，连续 2～3 次。

3. 烟煤病

该病是由于蚜虫、蚧类和粉虱等害虫为害后的茎、叶、果受害后，表面生暗褐色霉斑。防治方法：①通过防治虫害可达到防病效果；②用 50%退菌特 800 倍液喷射，每隔 7～10 天喷 1 次，连续 2～3 次；③也可用木霉菌制剂进行生物防治。

4. 蚜虫

在春秋两季巴戟天抽发新芽、新叶时为害。防治方法：①可用 40%乐果乳剂 1 500 倍液；②用烟草 0.5 千克配成烟草石灰水喷射。

5. 介壳虫

成虫、若虫吸食茎叶汁液，并可引起煤烟病。防治方法：幼龄期用 40%乐果乳剂 0.5 千克，煤油 50～100 克，对水 750 千克喷杀。

6. 红蜘蛛

成虫、若虫群集于叶背或嫩芽。防治方法：用 50%三氯杀螨砜 1 500～2 000 倍液，或用25%杀虫脒500~1000倍液喷杀。

7. 粉虱

以幼虫吸食叶片汁液，严重受害的叶片从鲜绿色变为黄褐色甚至枯萎。防治方法：可用乐果乳剂稀释至1500倍液，或18波美度松脂合剂稀释至20~25倍液喷杀。

8. 潜叶蛾

幼虫潜入叶片，蛀食叶肉，呈现弯弯曲曲的轮纹。防治方法：可用40%乐果乳剂1000~1500倍液喷杀。

（六）采收与加工

巴戟天定植5年后才能收获。过早收获，根不够老熟，水分多，肉色黄白，产量低。收获时间全年均可进行，但以冬季采者为佳。起挖后随即抖去泥土。挖取肉质根时尽量避免断根和伤根皮。去掉侧根及芦头，晒至六七成干，待根质柔软时，用木槌轻轻捶扁，但切勿打烂或使皮肉碎裂，按商品要求剪成10~12厘米的短节，按粗细分级后分别晒至足干，即成商品。老产区常用开水烫泡或蒸半小时后再晒，则色更紫，质更软，品质更好。

（七）留种处理

巴戟天定植2年后开花结果，一般在9~10月陆续成熟，当果实由青色转为黄褐色或红色，带甜味时采摘。采回的果实，擦破果皮，把浆汁冲洗干净，取出种子，选色红、饱满、无病虫的种子进行播种，或将采下的果实分层放于透水的箩筐内，一层沙、一层草木灰、一层果实，经常保持湿润。

第四节　林下花卉

一、林下散尾葵栽培管理技术

散尾葵，又称黄椰子，为棕榈科散尾葵属丛生常绿灌木，株高可达3~8米，树形优美，其羽状复叶宽大，清新亮绿，曲线柔和，既适用于庭院、行道的绿化，也可用于室内环境的装饰美化，还是插花和制作花篮的优秀花材。

散尾葵原产热带地区，性喜温暖湿润、光照及通风良好的环境，但在全日照强光暴晒下叶片会出现偏黄甚至灼伤现象。散尾葵的耐寒能力较差，越冬最低温要在10℃以上，当温度低于5℃时叶片易受寒害。散尾葵对土壤要求不严，耐旱能力也较强，容易管理，露地栽培及盆栽均可。散尾葵也较耐阴，在热带地区也十分适合在林下栽培。以下介绍林下散尾葵绿化苗木（非切叶）的栽培管理技术。

（一）林地选择

因散尾葵的栽培出圃一般需要2年以上，因此，要考虑后期林地逐渐增加的荫蔽度对散尾葵的影响，一般选择林龄3年以下大行距的橡胶、椰子、槟榔、桉树、肉桂等人工林，或荫蔽度40%以下的果园等。要求林地坡度小，相对平整，排水良好，浇灌及运输方便，土壤微酸性，黏性土壤、碱性土壤或砂质含量过多的土壤不适宜栽培。

（二）整地

清除林下杂物，拟在林地直接丛栽的，则需要预先犁地翻土，犁地覆盖宽度以林木行间的中间为准，两边距离林木 1.5 米宽各留出，以不影响林木生长并便于管理，中间犁翻整平，亩混施 2 000 千克有机肥做基肥，两边做好排水沟；拟采用盆栽模式的，只需要整平及做好排水沟，花盆摆放覆盖宽度也以林木行间中间为准，两边距离林木各留出 1.5 米宽。

（三）种苗准备

散尾葵种苗的来源可用播种繁殖和分株繁殖，常用分株繁殖法。

1. 植株育苗法

我国除海南中部以南的热带地区以外，散尾葵种子一般不容易采集到。每年 7～9 月，果实种皮由青绿色转为黄色至红色即可采种，新采果实混合湿沙用手揉搓除去果皮，再混合湿沙堆藏 2～3 个月，当大部分种子裂口即可播种。在荫蔽度 60%～70% 的苗床上撒播，发芽后移植至育苗地，育苗地荫蔽度也要达到 50%～60%，株行距 15 厘米×40 厘米，苗期要保持苗床湿度。若发现黑斑病、白纹羽病等病可用多菌灵、波尔多液等进行防治，待苗长至 20～30 厘米高即可移盆，而直接丛栽式的植株要 30～40 厘米高为宜。

2. 分株繁殖法

于春季结合换盆将分蘖多的植株用刀切分，每丛 2～3 条分蘖，并保留好根系，进行丛栽或者盆栽。

（四）定植

1. 丛栽式

丛栽式常用于培育大绿化苗，年限较长，要求株行距较宽，一般按照株行距 80×100 厘米进行穴植，因散尾葵具丛生特点，一般定植时埋入土壤 5 厘米左右即可。

2. 盆栽式

盆栽培养土一般以腐殖土、园土、少量河沙及腐熟有机肥配合而成。种苗为种子繁殖的，根据花盆的大小可每盆栽植 1 株或者 3 株、5 株苗均匀围圈；种苗为分株繁殖的，培土是应该比原来栽的稍深些，以利于新芽的生长发育。摆盆株行距可根据盆的大小采用 40 厘米×（60～80）厘米×100 厘米不等，既要利于管理也要防止植株间生长的相互影响。

（五）管理

定植初期要勤浇水，保证成活并尽早进入生长期，平时保持盆土经常湿润即可，林下湿度保持在 80% 左右较好，但切忌水涝，以免引起烂根。5～10 月是散尾葵的生长旺盛期，必须提供比较充足的水肥条件，生长旺盛期每月穴施固态肥料一次，每半月浇灌液态肥料一次。施肥一般以氮肥为主，磷钾肥适量即可。冬季低温期暂停施肥。

冬季低温期低于 10℃ 的地区，需提前做好保温防冻工作，保持根土适当干燥，入冬前喷施磷酸二氢钾等叶面肥以增强植株抗寒力，适当修除上层林木的老树枝增加林地透光率以利于散尾葵吸收到更多光照。在冬季植株进入休眠或半休眠期，要把瘦弱、病虫、枯死、过密等枝条剪掉。

对于盆栽的散尾葵，当生长到一定的大小时尚未出圃，则需要换个大一点的盆，以让它继续旺盛生长。对于林下直接丛栽的，当植株生长到一定大小时，可进行移栽装盆，也可继续原地栽培大苗。

（六）病虫害防治

1. 叶枯病

散尾葵常见的真菌性病害，发病最先侵染叶尖和叶缘，发病初期叶片呈褐色斑点或条块状斑块，中期斑点或斑块逐渐扩大并相互连接，后期叶片呈现灰白色干枯，该病对散尾葵生长影响很大，轻者使叶片干枯，重者会导致植株整株死亡。致病病菌在病株上或土壤中越冬，借风、雨、喷淋浇水等进行传播，植株有伤口利于病菌侵入，高温、高湿、通风不良患此病。

防治上要从种苗上杜绝带病植株，管理上加强通风，发病期避免湿度过大，发现病株及时处理。药物防治用甲基硫菌灵、百菌清等，每隔 7~10 天喷施 1 次，连续喷 3~4 次，即可有效控制病情。

2. 介壳虫及红蜘蛛

若林下环境过于干燥及通风不良，容易发生红蜘蛛和介壳虫，在发生早期，红蜘蛛可通过淋水增加湿度减少虫口数量及密度，介壳虫可人工捏死；化学防治上红蜘蛛可喷施阿维菌素、毒死蜱、哒螨灵、杀螨卫士、螨易愁等，介壳虫可采用杀扑磷烟雾剂、蚧八介、亚胶硫磷乳油等进行防除。

二、林下金火炬蝎尾蕉栽培技术

金火炬蝎尾蕉，又名金鸟赫蕉、黄金鸟，姜目蝎尾蕉科蝎尾蕉属，多年生常绿草本植物，株高 1.2~1.8 米。花序直立呈二列至螺旋状排列，花苞中等，4~8 个，颜色为金黄色或黄色，基生花苞具绿色龙骨状凸起；花序轴金黄色，基部常伴有红色；花瓣金黄色，末端浅绿色；子房大部分为金黄色，基部黄色，花梗黄色带绿色。根茎蔓生，在原产地可终年开花。黄金鸟原产中南美洲，近几年来随着其在插花上的大量应用，每年种植面积迅速增长，在花卉市场上越来越受到人们的青睐，发展潜力巨大。黄金鸟的栽培方式有多种，可在温室大棚内或在南方温暖地区露地栽培，也可盆栽或者林下栽培。以下简述林下栽培金火炬蝎尾蕉的间种技术。

（一）林地选择

金火炬蝎尾蕉性喜温暖、湿润、光照充足的气候环境。喜富含有机质的、肥沃的中性至酸性土壤，可耐阴蔽，但在荫蔽度 50%~70% 的林地下仍然可以正常生长、开花，耐水湿，不耐瘠薄。生长适温为 18~30℃，忌干旱，忌寒冷。适合于南方无霜或少霜林区间种。因此可选择橡胶、肉桂等人工林下种植，一般选择荫蔽度 40% 以下林地。

（二）整地

黄金鸟为大型多年生草本植物，根系发达，丛生叶生长旺盛，在南方温暖地区林下栽培时，以地势高燥、土层深厚、肥沃疏松、排水良好的黏质沙土较好，整地要深翻松地，并整成一畦一沟形式，以利排水和提高园地耕作层。如果土壤过于黏重、板结、偏碱或排水不畅，会直接影响根状茎的生长发育和丛生叶的正常生长，使植株不能良好生长,植株矮小、开花不良。

(三) 幼苗的选择与定植

黄金鸟分株能力强,定植时一般选用分株苗,也可用组织培养苗、播种苗。定植苗应选择假茎粗壮,芽点饱满的健康植株。定植时间宜于3月中下旬,这时气候逐渐转暖,雨水增多,定植易成活,因黄金鸟分芽迅速,一般采用单行定植,畦中央挖深沟施腐熟堆肥及过磷酸钙,株距为60厘米左右,每株具5~8个芽,以利迅速封行,提高当年产量,苗期应保持土壤疏松、温润、忌积水。

(四) 定植后的管理

1. 温度

黄金鸟喜温暖、湿润的环境,适宜在南方湿热地区生长,生长适合温度22~25℃,15℃以上开始正常生长,高于35℃时生长受抑制;越冬温度不低于10℃。在冬天气温低于10℃,要注意保温防寒。

2. 光照

黄金鸟喜光照,充足的阳光有利于叶片的迅速生长和花茎的正常发育,如果阳光不足或遮阳时间过长,植株纤弱,易倒伏,会直接影响花枝的产量和质量。

3. 水分

黄金鸟喜潮湿环境,需要较高的空气湿度和土壤湿度,因为黄金鸟植株密生,叶片大,水分蒸发快。一般说来,黄金鸟在栽植后要浇透水一次,使土壤与根系很好地结合以利根系较快恢复生长。土壤要保持长期湿润,只要不是长期积水均可良好生长,因此水分一定要充足。但初栽后土壤湿度不宜过大,否则会引起烂根。花期主要在冬春秋,浇水量应根据植株的生长状况来定,气温高时多浇水,气温低时少浇水,否则会影响植林的生长并影响切花的产量和质量。

4. 施肥

黄金鸟栽培管理可较为粗放,但由于丛生叶生长迅速,花茎数量多,营养消耗大,因此需要充足的肥料。一般采用腐熟过的干粪拌过磷酸钙作基肥,可用有机肥(包括腐熟的饼肥、鸡粪、猪粪等)。栽植后20~25天,为黄金鸟根系的恢复生长期,不要施肥,如果施肥过多,会影响根系的恢复生长,严重时会引起烂根。当根茎处有新叶形成时,说明根已恢复生长,可施腐熟的稀释饼肥,一般每半个月施肥一次。在生长旺盛期,每半月追施复合肥一次或喷施一次叶面肥,氮肥不能过多,否则易倒伏。有花茎从腋间抽出时,应补充磷钾肥3~5次,以提高黄金鸟切花的品质,使花色更靓丽。

5. 中耕除草

黄金鸟苗期植株矮小,生长较慢,如果春季雨水充足,杂草包盖幼苗,应经常中耕除草,当植株基本封行后,黄金鸟生长占绝对优势,杂草难以生长,除草次数减少。

6. 病虫害的防治

黄金鸟的病虫害有多种,这里主要介绍叶枯病、炭疽病、蝗虫等。

叶枯病:一般从黄金鸟的叶尖开始发病,发病初期在叶尖上发生褐色小斑点,然后斑点扩大为灰褐色的病斑。有时相邻病斑融合成大病斑,严重时生长停滞,最后枯萎。防治方法:发病初期及时摘去病叶,每7~10天可用200倍波尔多液防治或65%的代森锰锌可湿性粉剂 600 倍液喷洒防治。

炭疽病：发病初期沿叶脉形成圆形棕色病斑，随着病斑的扩大，病斑逐渐连在一起，形成有棕黄色边缘的大病斑，最后叶片受害干枯。如果危害发生在穗状花序上时，形成黑色坏死斑。防治方法：发病初期可用 50% 的多菌灵可湿性粉剂或 50% 的甲基硫菌灵可湿性粉剂 500 倍液，或 65% 代森锌 600~800 倍液，或 75% 百菌清 800 倍液喷施防治。

蝗虫：啃食花瓣，繁殖速度快，防治宜早，采用敌百虫等较无味农药为佳，甲胺磷等刺激性强的农药常引起喷药时成虫飞走，过后重来，药效不佳。

（五）切花采收及加工

当花苞苞片张开 2~3 片时为采收适期，采收时间宜在早、晚进行。采收时将叶片去除，仅留最顶端一片，一花一叶，十枝绑成一扎，切花采收后尽快插水，尽量缩短离水时间，否则引起叶片卷缩，瓶插寿命迅速降低。切花采收后宜插于含微量漂白粉的清水中，并置于 10~18℃ 温度环境中，可保鲜 2~4 周。贮运时切忌冷藏，当温度低于 10℃ 时，切花产生寒害，迅速褐变、失去观赏价值。

第五节　林下牧草间种技术

一、林下紫花苜蓿间种技术

紫花苜蓿是世界上栽培最广泛，最重要，也是我国分布最广，栽培历史最久、经济价值最高的豆科牧草，有"牧草之王"的美誉。1 千克优质紫花苜蓿草粉相当于 0.5 千克精饲料的营养价值，叶的粗蛋白质含量比茎高 1~1.5 倍，粗纤维含量比茎少 50%，干草中必需氨基酸含量是玉米的 5.7 倍，并且含有多种维生素和微量元素。

在我国，由于它产草量高，利用年限长，再生性强，且肥田增产，因此在畜牧业上，紫花苜蓿的优势完全凸现出来。紫花苜蓿是各种牲畜最喜食的牧草。紫花苜蓿草质好、适口性强。紫花苜蓿茎叶柔嫩鲜美，不论青饲、青贮、调制青干草、加工草粉、用于配合饲料或混合饲料，各类畜禽都最喜食，也是养禽业首选青饲料。

紫花苜蓿不仅是优质的饲用牧草，又是良好的肥田作物，无论是饲用还是作为绿肥覆盖，都具有较高的应用价值。

（一）林地选地

一般选择隐蔽度 50% 以下的林地，光照良好的林地产量较高，对土壤要求不严，除盐碱地、内涝地、低洼地以及水田外均可种植。要牧草高产，必须选择土壤结构良好、有机质丰富、土壤深厚、含盐在 0.1% 以下的、并且排水良好、水分充足的平坦地和缓坡地，pH 值 =7.0~8.0 的土壤。

（二）整地及施肥

紫花苜蓿种子细小，需要有良好的整地质量。要求秋翻、秋耙和秋施肥，以便接纳较多的秋冬降水，促进生长。紫花苜蓿以施基肥为主，适当地搭配化肥。在一般的土壤中,每亩有机肥的施用量为2~3吨,再加过磷酸钙15~20千克、硫酸钙10~15千克。

(三) 播种

1. 品种选择

要获得优质高产的牧草,品种的选择较为关键。目前的紫花苜蓿牧草品种主要有:秘鲁苜蓿、普通苜蓿、庆阳苜蓿、肇东苜蓿、美国大叶苜蓿、赛特苜蓿以及三得利苜蓿、一年生苜蓿等。特别应注意的是,在阴雨高温季节,要及时排水,增加透风度,以防烂根死亡。紫花苜蓿为青光耐阴牧草,但在林下种植也有一定的产量,所以紫花苜蓿也可作为一种良好的果园草。紫花苜蓿再生能力较强,刈割或啃食后均能再生新枝,用切断带有膨芽的活枝条扦插,也能生根发芽,长成新株。

2. 种子处理

紫花苜蓿种子的发芽力可保持3~4年,越新鲜种子发芽力越强。与此同时,种子越新鲜,种子硬实率越高,新鲜种子硬实率高达30%~45%。所以购买种子时一定要选择新鲜的,然后再进行硬实处理。硬实处理办法很简单,一种办法是冷热处理。也就是说用凉水和温水交替浸泡种子6个小时,消除种子的硬实率;另一种办法是先用碾米机碾磨处理,然后用风车或簸箕清除杂质。另外,播前很好地晒种,既可消灭种子上的病菌,又可提高发芽率。新种紫花苜蓿的土地上根瘤较少,需要根瘤菌接种。多年的试验证明,根瘤菌接种后,紫花苜蓿的产量可提高25%,效果显著。根瘤菌的接种方法十分简单,可用土法,也可用特制的根瘤菌菌粉。紫花苜蓿苗期易遭金针虫、金龟子、地老虎等为害,可在播前用药剂拌种,辛硫磷拌种时采用50%的乳剂,按1.5:500的比例均匀拌种。

3. 播种时间

紫花苜蓿春夏秋均可播种,北方为秋播,中南地区及华东地区为秋播。北方春播要早,春小麦播后即可播紫花苜蓿;在中南地区大约在雨季结束后的8月底至9月底进行秋播。

4. 播种量

按照国家规定,紫花苜蓿的种子质量共分为三个等级,一级种子纯净度不低于95%,发芽率不低于90%;二级、三级种子依次降低5%,三级种子的水分含量不高于12%,低于三级的种子不能作为优良种子来播种。一级种子的播种量为1.3~1.5千克,在草荒严重的地方播种量可再增加0.5千克,二级、三级种子播种是按其相应的纯净度和发芽率进行推算。

5. 播种方法

紫花苜蓿的播种方法有单播和混播。小面积高产饲料田可采用单播,大面积人工草地多采用混播。单播和混播都采用条播,土地肥沃时行距为50~60厘米,土地肥力较差时行距可缩小到30~40厘米。宽行距可采用双条播,窄行距可采用单条播。紫花苜蓿可与无芒雀麦、羊草、鸡脚草以及多年生黑麦草进行混播。

(四) 田间管理

紫花苜蓿苗期生长极为缓慢,易受杂草的为害,特别是高大的杂草对紫花苜蓿影响更大,所以要在播种的第一年苗期开始,每隔20~30天进行1次除草。如果草荒十分严重时，可采用化学除草，如氟乐灵对多种杂草的消除效果很好，而对紫花苜蓿则无任何副作用。另外，如果苗期发现生长不匀，可采用间苗和补苗的办法进行解决。紫花苜蓿易遭蝗虫、盲椿象的为害，要早期发现，及时用速灭杀丁、敌杀死防治。紫花苜蓿又常感染菌核病、黑茎病等，除选育抗病品种外，要在早期采取拔除病株、刈割或喷洒多菌灵等措施防治。

(五) 收割

每年可刈割 2~4 次，现蕾末期至初花期收割，紫花苜蓿留茬高度在 5~7 厘米。一般亩产干草 1 000~2 000 千克，高产可达 4 000 千克以上。通常 4~5 千克鲜草晒制干草 1 千克，晒制干草应在 10% 植株开花时刈割，留茬高度以 5 厘米左右为宜。

二、林下柱花草间种技术

柱花草 [*Styiosanthes guianensis* (Aubi) SW.]，别名笔花豆、巴西苜蓿，为多年生热带型草本植物，原产于中南美洲及加勒比海地区，适宜热带、亚热带地区种植，它具有耐旱、耐酸、耐瘠等优良特性，该草可作牛、羊、兔等草食动物和猪、鸡等的饲料，特点是适口性好、产量高、质量好、适应性强。

(一) 品种特性

柱花草是豆科柱花草属多年生草本植物。主茎粗 0.3~0.8 厘米，在放牧情况下改变成匍匐状，生长后期基部木质化。侧枝斜生，长 80~170 厘米，能形成 3 次分枝。每节易生根。主根明显，入土可达 1 米，侧根发达。

三出复叶，小叶披针形，长 34~36 毫米，宽 6~7 毫米，叶柄长 4~6 厘米。茎和苞叶无毛，节间较短。蝶形花，花序为几个花数不多的穗状花序聚集成顶生穗状花序。荚果小，棕褐色，种子椭圆形，呈淡黄棕色，种子千粒重 2~3 克，硬实种子占 90% 以上。

柱花草在沙质土、黏土上均能生长，能耐高度的酸性红壤，在 pH 值 = 4.0 的酸性红土壤中仍能结根瘤，但不适于重黏土。

柱花草的根瘤菌是广谱的，一般不要接种，但播种时拌用豇豆根瘤菌则仍有明显效果。开花期的茎叶比为 1∶0.76。在较好的地段种植，每年可刈割 2 次，亩产青草 3 000~5 000 千克，干草 750~1 500 千克，亩产种子 20~30 千克。

(二) 林地选择

柱花草在我国南方一般用作橡胶林、椰树林、芒果园、荔枝园等林下覆盖及间种，荫蔽度以不超过 40% 为度，光照不足生长及产量表现不佳。

(三) 栽培技术

1. 整地

苗床可以较粗放地准备。一般用种子条播或撒播，也可用茎段扦插种植。

2. 播种

种子直播的深度为 1~2 厘米，略加盖细土。条播的行距为 40~50 厘米，每亩用种子 0.6~0.8 千克，播种期 3~5 月。穴播的行距 80~100 厘米，穴距 40~50 厘米，每穴 7~8 粒，覆土 1~2 厘米。

柱花草播后10天左右出苗。苗期生长十分缓慢，60天株高仅18~22厘米。幼苗期易受杂草遮盖，需要适当的中耕除草，一般开花结籽不良。

3. 施肥

在贫瘠的红壤坡地建植，播前每亩施磷肥15~30千克、有机肥500~1 000千克，每年还要追施1次磷肥。由于硬粒种子比例高，所以播前种子用85℃温汤浸种2分钟。

4. 田间管理

建植成功的柱花草能十分成功地和杂草竞争。柱花草亦可扦插繁殖，采粗壮枝条（具4~6节），穴距100厘米，每穴3~5枝，入土2节，插后连续数天浇水，易于成活。

柱花草主要病害是炭疽病，发病时茎秆和叶长出椭圆形黑色斑，偶尔也有丛枝病发生。

5. 品种

目前，国内主要栽培品种有"184"柱花草、"907"柱花草和热研系列柱花草；引进品种有格拉姆柱花草、库克柱花草、西卡柱花草等。

（1）格拉姆柱花草：株高40~60厘米，茎斜生，叶片较大，青绿，茎枝较短软，丛生。

（2）库克柱花草：株高60~80厘米，茎斜生，叶较细长，丛生性差，叶量较少。

（3）西卡柱花草：株高1米以上，半灌木，根较发达，入土很深，适于沙土生长。

（四）饲用价值

柱花草全株具有茸毛，影响牲畜的适口性。单一饲喂时，开始时往往不喜食，经数天饲喂训练后才逐渐采食。最好与70%禾本科牧草混合，切成2~3厘米喂饲，或将柱花草在阳光下暴晒30分钟，草质变软后投喂，以提高其采食率。将柱花草调制成干草，则适口性很好，牛、羊、兔等均喜食。

在柱花草干物质中，平均含粗蛋白18%~20%、粗纤维33%~40%、无氮浸出物38%~44%、灰分9%~10%、磷0.1%~0.2%和钙0.8%~1.0%。其粗蛋白的消化率为52.6%，干物质的消化率为48.4%。

柱花草鲜草产量为每亩2 000~3 000千克，干草率为23%~25%。能与禾本科牧草的狗尾草、毛花雀稗等混种建植人工草地。由于它覆盖力强，有固氮能力，还可用于保持水土和改良土壤。

（五）刈割利用

1. 青刈

当柱花草生长70~90天、株高达60~80厘米时，即可进行第1次刈割，留茬高应占总高度的50%以上。如留茬过低，生长点被刈掉，则影响再生力，甚至整株枯死。因此，刈割时适宜的留茬高度是柱花草能否获得高产的重要环节。

2. 干草粉

将刈下的柱花草曝晒2~3天后，可获得优质干草。粉碎后加工成草粉，用以作配合饲料，饲喂牛、猪、兔、禽，也可作池塘养鱼的饵料。

柱花草与禾本科牧草混播的人工草地也可用于放牧，每隔40天左右轮牧1次，效果很好。尤其在缺少禾本科草的季节，它能提供部分豆科牧草，对牲畜安全越冬很有利。

3. 放牧

柱花草草地不能重牧，在中度放牧下可以持久。8月和10~11月开花期前可以割草2次，留茬高度应在15~20厘米以上，否则不能保持其持久性。

三、林下黑麦草间种技术

黑麦草，禾本科（Gramineae）黑麦草属（Lolium）一年生或多年生草本，是重要的栽培牧草和绿肥作物。黑麦草在春、秋季生长繁茂，草质柔嫩多汁，适口性好，是牛、羊、兔、猪、鸡、鹅、鱼的好饲料。

黑麦草喜湿润温和气候，不耐严寒和炎热，夏季发育缓慢，生长不良，甚至死亡，在我国供草期一般为10月至翌年5月。15~25℃的气温条件最为适宜。多年生黑麦草在适宜条件下，可生长2年以上，在中国只能作越年生牧草利用。轻盐碱土、石灰性土壤、微酸性土壤以及年雨量在500~1500毫米的地方均可生长，肥沃、湿润、排水良好的壤土或黏壤土尤宜。淮河以南宜秋播，北方宜春播。施肥有利于提高产量和改进品质。春播黑麦草当年可刈割1~2次，每公顷产鲜草15~30吨；秋播的翌年可刈割3~4次，每公顷产鲜草60~75吨。种子成熟后易落粒，故当种穗呈黄绿色时即应收割，也可利用第一次刈割后的再生草留种。

（一）林地选择及整地

一般中幼龄林地、果园均可种植，荫蔽度30%以下生长良好。最适宜在平坦、排水良好、土层深厚的中性土壤上种植。

在土壤耕作时应注意深翻，以改善耕层的结构，使已紧实的土壤耕层转变为具有适当的松紧度，增加土壤总孔隙和毛管孔隙，从而增加土壤的透水性、通气性，提高土壤温度，促进土壤微生物活动，提高土壤中有效养分的含量。多年生黑麦草的种子较小，播种前一定要精细整地，清除田间杂草、根茬，保持田间清洁，使土块细碎平整。整地质量的好坏，直接影响出苗率和整齐度。整地质量与耕层土壤水分有密切关系，所以要适时掌握好耕地时的墒情，这样就能在耕后耙碎土块，整平土壤，达到播种要求。我国北方整地多在夏季，这样便于蓄水保墒，同时可以减少水土流失。

（二）播种期

黑麦草喜温暖湿润的气候，种子发芽适期温度13℃以上，幼苗在10℃以上就能较好的生长。因此，黑麦草的播种期较长，既可秋播，又能春播。秋播一般在9月中下旬至11月上旬均可，主要看前茬作物。若为专用饲料地可以早播，以便充分利用9~10月份有利天气，努力提高黑麦草产量；若水稻田后作，只能等晚稻收割后抓紧季节，力争早播，最好安排在连作晚稻早熟品种的田块种植黑麦草。随着播期推迟，由于播后气温下降，出苗迟，分蘖发生迟而少，鲜草收割次数减少，产量降低。连作晚稻在11月上旬开始收割，此时播种为时偏迟。因此，可以采用稻田套种，约在10月下旬播种，与水稻共生期不超过15天为宜。

（三）播种量

在一定面积范围内，播种量少，个体发育较好。但密度过小，就会影响单位面积内鲜草总产量，特别是前期的鲜草产量。相反，播种量过大，鲜草产量未必高，且个体生长发育也受到影响。因此，只有合理密植，才能充分发挥黑麦草的个体群体生产潜力，才能提高单位面积产量。可亩播种量 1~1.5 千克最适宜。

生产上，具体的播种量应根据播种期、土壤条件、种子质量、成苗率、栽种目的等而定。一般秋播留种田块、每亩要有 35 万~40 万的基本苗，约需播 1 千克左右，作饲草用，并需要提高前期产量时，可多播一些，每亩 2.5~3 千克。

（四）播种方法

黑麦草种子细小，要求浅播，稻茬田土壤含水量高、土质黏重，秋季播种时往往连续阴雨，或者因秋收季节劳力紧张。

为了使黑麦草出苗快而整齐，有条件的地方，可用钙镁肥 10 千克/亩，细土 20 千克/亩与种子一起拌和后播种。这样，可使种子不受风力的影响，避免因水稻生长繁茂，减少细小的黑麦草种子不易落地，确保播种均匀。

稻板直播时，待播种后，每隔 2~4 米开一条排水沟，并将沟中的土敲碎，覆盖在畦面上，作盖籽用。

（五）增施肥料

黑麦草系本科作物，无固氮作用。因此，增施氮肥是充分发挥黑麦草生产潜力的关键措施，特别是作饲料用时，每次割青后都需要追施氮肥，一般尿素 5 千克/亩，从而延长饲用期限。随着氮肥施用量的鲜草总产量增加，日产草量也增加，草质也明显提高，质嫩、粗蛋白多，适口性好。某种程度上讲，黑麦草鲜草生产不怕肥料多，肥料越多，生产越繁茂，越能多次反复收割。要求每亩黑麦草田施 25~30 千克过磷酸钙作基肥。留种田一般不施氮肥为宜，若苗生长特别差，应适当补施一点氮肥。

（六）收割

黑麦草再生能力强，可以反复收割，因此，当黑麦草作为饲料时，就应该适时收割。黑麦草收割次数的多少，主要受播种期和生育期间的气温、施肥水平而影响。秋播的黑麦草生长良好，可以多次收割。另外，施肥水平高，黑麦草生长快，可以提前收割，同时增加收割次数；相反，肥力差，黑麦草生长也差，不能在短时间内达到一定的生物量，也就无法收割利用。适时收割，也就是当黑麦草长到 25 厘米以上时就收割，若植株太矮，鲜草产量不高，收割作业也困难。每次收割时留茬高度约 5 厘米左右，以利黑麦草残茬的再生。

（七）留种

成熟后的黑麦草种子落粒性较强。因此，当黑麦草穗子由绿转黄，中上部的小穗发黄，而小穗下面的颖还是黄绿色时，就应及时收割。为了防止收割时落粒，最好在早晨有露水或阴雨收割，要做到轻割、轻放、随摊晒、脱粒、晒干扬净。若农活紧张、劳力不足、或天气不佳，不能及时脱粒、晒干时，应将黑麦草挂放在干燥通风的地方，以防霉烂，保证种子质量。黑麦草种子亩产 50 千克左右，高的也可达 100 千克左右，大约能解决 50~80 亩大田用种量。黑麦草留种地收割时间约在 6 月上旬，因此留种地后茬安排单季晚稻。

第六节　林下菌类栽培技术

一、林下黑木耳栽培技术

木耳，别名黑木耳、光木耳。真菌学分类属担子菌纲，木耳目，木耳科。色泽黑褐，质地柔软，味道鲜美，营养丰富，可素可荤，不但为中国菜肴大添风采，而且能养血驻颜，令人肌肤红润，容光焕发，并可防治缺铁性贫血及其他药用功效。生长于栎、杨、榕、槐等120多种阔叶树的腐木上，单生或群生。目前，人工培植以椴木的和袋料的为主。

（一）生物学特性

黑木耳属于腐生性中温型真菌。菌丝在6~36℃均可生长，但以22~32℃最适宜；15~27℃都可分化出子实体，但以20~24℃最适宜。菌丝在含水量60%~70%的栽培料及段木中均可生长，子实体形成时要求耳木含水量达70%以上，空气相对湿度90%~95%。为好气性真菌，pH值=5~5.6最适宜。

（二）林地选择

黑木耳适应性广，我国各地基本上均可种植，菌丝在黑暗中能正常生长，子实体生长期需250~1 000lx的光照强度。因此，间种黑木耳的林地一般要求树龄处于中老龄，荫蔽度在70%以上果园、人工林、野生林地均可。

（三）栽培技术

黑木耳栽培方法有段木栽培与塑料袋代料栽培等多种。

1. 段木栽培

黑木耳人工栽培大约在公元600年前后起源于中国，是世界上人工栽培的第一个食用菌品种，至今已有1 400多年历史。唐朝川北大巴山、米仓山、龙门山一带的山民，就采用"原木砍花"法种植黑木耳。这种原始种植方法持续了上千年，清朝中国东北长白山、河南伏牛山等也开始种植黑木耳，入冬三九天将落叶树伐倒，依靠黑木耳孢子自然传播繁育。靠天收耳，产量极低。1955年，中国科技工作者开始培育黑木耳固体纯菌种，发明了段木打孔接种法，这种方法使木段栽培黑木耳产量大大提高。但是2~3年完成一个周期，绝对产量仍不高，每根1米长、直径为10~13厘米的优质木段，3年仅产100~150克黑木耳，还常受自然灾害的侵扰而减产。这种方法至今仅仅被林区极其少数耳农延用。

（1）制种：菌种有锯木屑菌种与枝条菌种，前者用锯木屑与麦麸等配制成培养基；后者用直径1厘米的枝条切成1.5厘米长，加入蔗糖、米糠等营养成分，装瓶后高压灭菌，接入母种，在25~28℃下培养1个月，菌丝即可长满瓶。

（2）耳木准备：栽培场地选好后就应准备耳木，常用的耳木种类有壳斗科和桦木材的树种，选胸高处直径10~12厘米的耳树，砍伐后截成1~1.2米长段，截面用新石灰涂刷，然后置于通风向阳处架晒。

（3）接种：接种用的工具应预先用乙醇消毒。先在耳木上；用电钻以穴距7厘米垂直打深1.5厘米的穴，如用锯木屑菌种则应填满穴，按紧后盖好预制的树皮盖。枝条菌种插入接种孔后用锤敲紧，使之与段木表面平贴、无孔隙。

（4）定植管理：首先应上堆发菌，将接菌的耳木按"井"字形或"山"字形堆垛。堆内温度以20~28℃为宜，相对湿度保持在80%左右。在南方3~4个星期，北方需要4~5个星期，当菌丝已伸延到木质部并产生少量耳芽时，应及时散堆排场。

（5）散堆排场：一般采用平铺式排场，用枕木将耳木的一端或两端架起，整齐地排列在栽培场上，经过1个月左右即可起架。搭架一般采用"人"字形方法，先埋两根有杈的木桩，地面留出70厘米高，杈上横放一根横木，耳木斜立在横木两侧。呈"人"字形，相距7厘米，角度约45°为宜，晴天或新耳木角度可大些，雨天或隔年耳木角度应小些。

（6）出耳管理：起架阶段栽培场的温、湿、光、通气条件必须调节好，但管理中心是水分问题。起架后最好隔3天有一场小雨，半月有一场中、大雨，干旱时应人工喷水，解决干干湿湿的问题，保持相对湿度在90%~95%。喷水应在早晨和傍晚进行。

2. 塑料袋地栽

该技术改变了依靠木材生产木耳的历史，使黑木耳栽培从林区走向了田间大地。塑料袋地栽黑木耳以木屑、秸秆为原料，利用塑料袋盛装，每袋装0.5千克干料，经过灭菌、接种、养菌，摆在田间大地、果园林下出耳。塑料袋地栽黑木耳技术极大地扩宽了黑木耳栽培原料与栽培区域，大大缩短了生产周期，回归自然的栽培方式产品实现天然无公害，更利于规模化、机械化、标准化生产，发展前景广阔。

（1）合理配置培养基，提高pH值。根据不同代用原料营养特点，经过多年实验，筛选了许多高产配方，并使pH值=8~9，偏碱性培养基能抑制杂菌生长。培养基举例如下：

木屑配方：

阔叶杂木屑84.5%，麦麸或米糠15%，石膏粉1%，生石灰0.5%。

豆秸、棉秆玉米芯（粉碎）配方：

豆秸或棉秆或玉米芯80.5%，麦麸或米糠18%，石膏粉1%，生石灰0.5%。

棉籽壳配方：

棉籽壳88.5%，麦麸或米糠10%，石膏粉1%，生石灰0.5%。

甘蔗渣、甜菜渣、木糖渣配方：

糖渣50%、木屑33.5%、麦麸15%、石膏1%、生石灰0.5%。

（2）选育优良菌种。通过生物技术选育驯化适于代用料栽培的888黑木耳菌种，其特点是抗杂菌、能在偏碱性培养基上生长，子实体菊花状、朵大、肉厚、色黑。

（3）采用特制折角塑料袋。以无毒的特制聚丙烯材料加入特殊成分制作特制折角塑料袋，这种袋不硬不脆不易破损，适于装袋机装袋，尤其能随黑木耳菌体培养过程中培养基的收缩而收缩，不与培养基分离，以保证出耳袋内不进水、不污染、不满身乱长原基。袋的半周长以15.5厘米为最佳，基内营养转化输送率最高。

（4）机械拌料装袋。采用"全禾"拌料装袋生产线，三次搅拌，拌料均匀，装袋速度快，质量好，防止料长时间堆放发酵变酸。

（5）装筐灭菌。栽培袋用筐盛装灭菌，防止挤压造成塑料袋与培养基分离，又能提高灭菌锅蒸汽流动穿透性，灭菌效果好。

（6）液体制种。采用最新发明的液体菌种培养器制备液体菌种，制种快，3 天完成，接种萌发快、24 小时萌发吃料、污染率低、养菌快、20 天长满袋，上下菌龄差异小、出耳齐，比固体菌种效果好。液体菌种培养器采用国际领先技术，自动控制，已获中国发明专利。

（7）无菌室自动接种机接种。接种室达到百级无菌，不用任何化学药物消毒，木耳菌丝体不受药物损伤，每筐 12 袋同时自动接种，6 秒钟一次性完成，有效控制污染。

（8）室内外结合养菌。除传统的室内层架式直立养菌外，可在适宜季节，在大地（或林地）垛垛养菌，室外空气新鲜，温差大，既锻炼菌丝生活适应能力，又能抑制杂菌生长。

（9）及时划口、规范口形。改变菌丝长满袋后，"困菌"的传统方法，菌丝长满袋，及时划口，划 8～12 个口，交错排列。改变传统的开洞和交叉口形，口呈"V"形，深划口，划入培养基 0.5 厘米，划口线 1.5 厘米，两条划口线 <50°。

（10）适宜季节出耳。北方一般在春、秋季，南方在秋冬季出耳，适宜在 8～28℃ 的自然气候下出耳，天冷可罩塑料拱棚，切忌高温出耳，以防病虫害发生。高温季节，林地环境对出耳十分有利。

（11）大地摆放集中催耳。划完口的袋密集直立或倒立摆放在大地出耳床上罩草帘或塑料布，保持床面湿润，7 天左右原基形成。

（12）干干湿湿、干湿交替、干湿分明。原基形成后，菌袋分散摆放，袋距 10 厘米，每平方米摆放 25 袋，露天地可罩遮阳网，林地可裸露菌袋，这样光线充足，空气新鲜，耳片颜色深黑。采用专用雾化喷水袋浇水，浇水干湿交替，干时菌丝积累营养，湿时子实体生长。浇浇停停，七干三湿，干就干透（耳片发硬），湿就湿透，切忌不干不湿或浇水不停。

（13）适时采收。黑木耳子实体经 25 天左右长至成熟，要及时采收，防止过熟发生烂耳。采收将子实体连"根"采下，洗净杂质后晾晒。

（14）及时晾晒。黑木耳采收后自然干晒，一般在纱网上晾干更快。翻动不要过勤，以保持耳片舒展。

二、橡胶林下鹿角灵芝栽培技术

灵芝在中国已有两千多年的应用历史，是滋补强壮、扶正固本的珍品，有提高机体免疫力、抑制肿瘤、抑制氧自由基的产生、增强机体清除自由基的能力、抑制组织细胞脂质过氧化等广泛的药理活性。鹿角灵芝是一种因生长时外界条件变化而异型生长的新菌株，其所含多糖类达 30%～50%，其三萜类、麦角甾醇等有效成分含量远高出其他菌盖灵芝类。

种植鹿角灵芝经济效益显著，但是，技术要求相对高一些。鹿角灵芝必须在荫蔽度较大的地方生长，因此，非常适合在松林、橡胶林等林下种植。现将橡胶林下间种鹿角灵芝的技术介绍如下。

（一）胶林选择和芝床布局

1. 胶林选择

要求选择郁闭度70%~80%的成林橡胶园，且交通便利，可供水源的林地作为种芝的栽培场所。

2. 芝床布局

清园：清理橡胶树下的杂草，杂物；

平整：可用挖掘机等整平芝床的林地；

芝床规格：芝床构筑方向与行距呈平行状。每畦芝床规格为长10~15米，宽1.10米，深0.10米，呈凹状，每行林下可做两条平行的畦床，中间相隔0.70米，两个畦床边距离橡胶树位各1.50米左右，作为割胶操作带、以不影响割胶操作为度。在畦床的垂直方向，相邻距离在1.5~2.0米，作为管理的操作道。

（二）栽培季节

在海南低海拔地区一年三季（无冬季）均可栽培鹿角灵芝。在同一芝床上，一年可栽培三茬鹿角灵芝，具体栽培季节安排如下：

	菌种制作期	菌袋培育期	出芝管理期
第一茬	10~12月	12月至翌年1月上旬	2月至5月上旬
第二茬	2~4月	4月至5月上旬	5月至8月上旬
第三茬	5~7月	7月至8月上旬	8~11月

（三）菌种制作

菌种制作包括母种，原种和栽培种。

1. 种源

（1）由福建农林大学菌草研究所提供的Ga0801鹿角灵芝菌株；

（2）由北京吉园菌蕈有限责任公司提供的鹿角灵芝。

2. 母种基质

采用木屑试管种制作工艺进行母种扩接与保种。基质配方：杂木屑77.8%，麦皮20%，白糖1%，石膏粉或磷酸钙1%，磷酸二氢钾0.2%，含水量60%。母种培育期30~40天。1支试管种可接原种20瓶。

3. 原种基质

选用250毫升盐水瓶作为培育原种的容器。基质配方小麦粒94%，杂木屑5%，石膏粉或碳酸钙1%。原种培育期15~20天。1瓶原种可接栽培种15~20袋。

4. 栽培种基质

选用15厘米×30厘米×0.05厘米聚丙烯吹塑袋作为栽培容器，接种时套上套环及塞上化纤棉塞，作为通气用。基质配方：杂木屑94%，麦皮20%，玉米粉3%，石膏粉或碳酸钙1%，含水量60%。栽培种培育期25~30天，1袋栽培种可接栽培袋17~

20 袋。

注：①菌种培育期长短取决于培育时温度，最佳温度为 26~28℃。

②菌种制作时期必须依据出芝时期的安排，采用倒推法进行安排。

③菌种制作量必须依据菌袋制作量分批分期进行。

④若栽培种出现原基，尚未立即使用，必须保存在 16~20℃环境下（空调机）以防老化。

（四）栽培料袋制作与管理

1. 培养料配方

（1）杂木屑（以橡胶木屑为主）73~75%，麦皮 20%，玉米粉 3%，含水量 60%。

（2）杂木屑 37%，皇竹草（或象草）粉 37%，麦皮 20%，玉米粉 3%，含水量 60%。

上述配方中另需添加石膏粉 1%，碳酸钙 1%，石灰粉 0.5%~1%。

2. 培养料制备

（1）木屑制备：橡胶或相思树等阔叶树经加工后的剩余物——木片，及其砍伐后的剩余物——枝桠材，用木屑粉碎机粉碎，木屑颗粒粗度为 1~2 毫米。杂木屑最好需提前 3~6 个月以上时间准备，进行堆积预发酵，促使木质软化，以利菌丝分解吸收。

（2）菌草粉制备：皇竹草、象草等菌草，可当天收割当天粉碎当天使用，也可于秋季干旱无雨期收割，用菌草粉碎机粉碎，晒足干后贮藏待用。

（3）麦皮与玉米粉在制袋时随用随购

贮存期以不超过 10 天为宜。石膏粉，碳酸钙，石灰粉可提前准备。

3. 栽培袋制作

（1）栽培袋制作模式有三种：模式一：长袋的采用聚乙烯吹塑袋作容器，规格为 17 厘米×58 厘米×0.05 厘米的折角袋；装袋时用卧式装袋机装袋；模式二：太空包式装袋，聚乙烯吹塑袋的规格为 17 厘米×38 厘米×0.05 厘米的折角袋，装袋时用冲压式装袋机装袋；模式三：短袋的采用 15 厘米×30 厘米×0.05 厘米的聚乙烯或聚丙烯吹塑袋，装袋时用卧式装袋机或手工装袋。

（2）拌料：按照配方要求进行配制，配制时先将麦皮、玉米粉，石膏粉、碳酸钙、石灰粉等基质进行干拌，混匀后加入杂木屑，菌草粉基质中进行干拌两道，而后加入自来水所需的量，注意，堆积的木屑要预先测定含水量，以便准确加入的水量，防止培养基偏干或偏湿。

（3）装袋：以模式一为例：一台卧式装袋机一般配备 10 人为一组，其流水线作业为：1 人上料，1 人递袋及控电开关，1 人套筒装料，1 人接料袋及控袋料量，1 人旋紧袋口，2 人用卡扣机扎扣袋口，1 人在水桶中检查料袋有无漏气破口，2 人装筐及将周转筐堆放到灭菌柜中。

装料时要求做到：一是做到边拌料边装袋，抓紧时间与速度，尤其是气温高时要防止料发热发酸变质；二是装袋时要做到松紧适中，一般袋料湿重 2.2~2.3 千克，长度在（40±0.5）厘米。

（4）灭菌：要求做到：攻头，保尾，控中间：一般一灶灭菌 1 600 袋的长袋，争取在 4 个小时左右，料温达 100℃，而后控温 10~12 小时。如果装料量多，则应延长灭菌时间。

（5）冷却：灭菌完毕，料袋出锅灶后即进入冷却室。冷却室要求干净，干燥，便于降温散热，有条件的配备排风扇及臭氧发生器。当料温降至 30℃以下，便可进入接种工序。

（6）接种：接种室面积在 20~25 平方米，要求做到干净，干燥、阴凉，要安装空调机，接种时室温控制在 20℃以下为佳。以下介绍超净工作台接种操作程序：接种室内"一字"形摆放数台双人或单人的超净工作后，接种前先开机 15 分钟，净化台面范围空气，接种时一般是 1 人打洞。2 人接入菌种，2 人封口（用胶纸或套袋），2~3 人搬运料袋与菌袋。

其步骤是：①菌种袋在 0.25%新洁尔灭（苯扎氯铵）溶液中浸泡数秒钟，进行外表消毒；

②打洞时用 75%酒精药棉擦拭打洞的部位，随即用木制锥形打洞器等距离打 3 个洞（洞口直径 1.5~2 厘米，洞深 3 厘米）；用刀将菌种袋的上部切除，而后将菌种块掰成锥形状塞入接种洞中，要塞满、塞紧，稍稍高出袋表；用胶纸封口要封密，用套袋的（规格为 19 厘米×60 厘米×0.015 厘米折角聚乙烯吹塑袋）在袋口用纤维线扎上活结。

接种操作时注意事项：①打洞器常用 75%酒精药棉擦拭而后在电热烘器上烘数分钟，要配备 2 个以上打洞器，交换使用；②及时清理接种台面上散落的零碎菌种；通常用 75%酒精药棉擦拭手掌。

（五）发菌管理

1. 发菌场所选择

（1）室内发菌要求选择：干净、干燥、通风、阴凉，避光的房屋，尤其是夏季发菌宜选在通风良好，凉爽的底层房间发菌。

（2）室外荫棚：夏天高温季节可选择在橡胶林建荫棚进行发菌，因胶林下荫棚通风良好，降温快，可有效减少"烧菌"现象发生。

（3）芝床发菌：发菌后期，可提前将菌袋移到芝床排袋，一者既可炼菌，适应环境，二者可避免高温"烧菌"而引起生活力衰退。

2. 堆叠

接种后将菌袋运到发菌室发菌，采用三袋三袋"井"字形堆叠方式，一般堆高 6~8 层，气温高时堆放 4~5 层，堆间要留通风道。

3. 查菌

接种后 3~5 天要进行巡查，检查菌丝恢复与萌发情况及有无杂菌感染。

4. 翻堆、脱袋、制孔

当菌丝圈走到 5~6 厘米时，结合翻堆，将套袋脱去。并在距菌丝圈外围 2 厘米处用 16 号细铁线进行刺孔通气，刺孔深度 1 厘米左右，刺 4~5 个孔。

翻堆与刺孔应注意：①应选在天气凉爽时进行，高温期不进行翻堆与刺孔，以免因呼吸作用加强而使堆温上升；②刺孔量可根据料的干湿度适当增减，含水量高的可适当增加刺孔数；③对同一房间内的菌袋刺孔要分批进行，并加强道风散热；④若是采用胶纸封口的，料偏湿的，可结合刺孔将封口的胶纸撕掉。

5. 遮阳、喷水

A 发菌房在太阳出来之前应关闭朝阳方向的门窗，打开背阳的。待到夜幕降临后打开所有的门窗，B 增加发菌房四周的遮阳设施，如挂湿麻袋布、遮阳网、草帘等。在林下荫棚，若棚温度高于30℃，可进行在棚顶喷水降温。

（六）菌袋出芝管理

1. 菌袋排放工序

当菌丝生长后一星期，将菌袋搬运至芝床，用竹刀将接种口的老化菌种挖掉，若用胶纸封口未撕去的，用小刀在出芝的一面，等距离交叉割3~4个出芝口，呈"X"状，同时用小刀将菌袋底部割开3~4厘米宽36~38厘米长袋膜，以利于菌丝体接触土壤吸收水分。随后将菌袋按每排10袋排放在芝床上。一般15米长的芝床可排放40厘米长的菌袋360袋左右。此外，若温度超过22℃，菌丝未走透就有部分菌袋出现原基，可不必在袋底割膜，直接将菌袋排放在芝床上。

2. 低棚构筑

A 材料及规格

竹片、塑料薄膜、遮阳网。竹片要求3米长，2厘米宽，0.3~0.4厘米厚；薄膜要求2~3米宽，8丝厚；遮阳网要求遮光率达95%。B 构筑：将竹片插入芝床两边的土中成弓形，竹片间距50~60厘米，竹片弓形的上部用竹片相连，扎上绳子，而后盖上塑料薄膜，在芝床两边用土块将薄膜封住，不要漏风，最后再盖上遮阳网，为防止遮阳网移动，最好在每芝床的两边加固5片竹片（芝床两头各一片，中间等距离3片）以压住遮阳网，并扎上绳子。

3. 控温保湿催蕾

菌袋排床后，晴天时，白天将两头薄膜及遮阳网放下，18:00后将两头薄膜掀开，但遮阳网要放下，以控制棚内相对湿度在90%~95%，若遇雨天，不管是白天还是夜间只需盖遮阳网，这样既利于通风又利于保湿。一般排袋三天后在出芝口的菌丝就恢复生长，一星期左右出芝口菌丝发育成熟扭结形成原基。此时最好控温在25~26℃，若高于28℃或低于22℃或温度变化过大都会影响芝蕾的发育。

4. 芽芝发育与鹿角形成

空气是制约芽芝发育，菌柄长短的因子。当空气中CO_2浓度超过0.1%时，芽芝就难以发育形成。所以当原基形成后就进行微道风管理，即将两头薄膜挂起，留斜边长20~25厘米呈"△"的道风口。当原基逐渐发育，表面转成金黄色，芽芝也发育形成后，就封闭两头薄膜，当空气中CO_2浓度超过0.1%时，子实体就不能正常发育而呈分鹿角状分枝。根据CO_2对菌生长发育有明显促进作用这个原理，进行调控。在膜内密封条件下，由于菌丝体的呼吸作用，不断地排放出CO_2，膜内不断积累增加了CO_2的浓度，而且越靠近地面的CO_2浓度越重，由于灵芝有旺盛的生命力，为了延续生命，芝芽发育成菌柄就往上伸长，并开成分枝。

5. 通风透光鹿角芝体分化完成后

为使鹿角灵芝发育正常形状，应及时对光照，空气予以调整。因鹿角灵芝有明显的趋光性，不要轻易挪动遮阳网，可间隔 3~5 天通风一次，每次 3~4 小时，不会造成开片。这阶段管理主要是控温，当温度超过 30℃ 时要通过微喷带进行喷水降温，一般在 10:00 到 17:00 要加强对降温的管理。

（七）线虫的防治

鹿角灵芝在胶园下栽培由于外在高温高湿环境、栽培袋内菌丝体易遭受线虫为害，致使菌丝萎缩，完全失去发生子实体的能力。采取的防治措施是：菌袋下地前一星期，床面泼浇 0.5% 食盐溶液，以及喷洒马拉松乳 500 倍液或 0.1% 碘化钾溶液或 80% 敌敌畏 500 倍溶液，喷洒后用薄膜覆盖在床面上。

（八）采收与加工

当芝形在生长刚出现停止状态时（鹿角灵芝子实体成熟一般为 90 天），应立即采收，采收时，不要碰撞顶端生长点，采下的芝体应以根部为齐，平行排放，边采收，边置于太阳光下晾晒，若遇阴雨天气，则应边采收边烘干。

第十九章 热带典型林下畜禽及养殖技术

第一节 林下家禽养殖

一、林下养鸡技术

林下养鸡即利用林地天然的青饲料和昆虫、蚯蚓等动物性饲料资源,以放牧为主、补饲为辅的方式饲养肉鸡。这种放养方式隔离条件好,疾病发生少,成活率高,同时也为鸡群提供了良好的生长环境,是一项值得推广的绿色实用养殖技术。

(一) 鸡品种选择

林下放养宜选择采食能力和抗逆性强的优良地方品种,从羽色外貌上宜选择黑、红、麻、黄羽、青脚等土杂鸡特征明显的鸡种,因其容易被消费者认可。

(二) 鸡舍修建

1. 鸡舍的修建

林下养鸡就是要充分利用果园、山林、灌木丛、草地等环境,所以应因陋就简,搭盖一定量的鸡舍。鸡舍主要是提供鸡休息、避风之用,所以可以相对简单,一般可以在山上开辟一块略为平整的地方,利用秸秆、木条、塑料绳编成篱笆墙,或用塑料布、塑料薄膜、油毛毡围上。一般棚宽5米,棚中间高度1.8~2.0米,长度依据养鸡量而定,一般掌握在每平方米容纳鸡15只为最好。同时可选用木条、竹竿在鸡舍内朝养鸡林地方向搭建离地30厘米的平台,每隔1厘米设1根,供鸡栖息。

2. 围栏的修建

养鸡山林围网选择尼龙网、塑料网、钢网,也可以用竺竿、树干作围栏,围栏饲养密度一般掌握在每公顷2 250~3 000只(有条件的可采取轮牧方式,以利于草地休养生息),场地周边设围栏,栏高1.5米,间隔2米打一木桩,把塑料网固定在木桩上即可(也可用竹子编成竹篱笆)。

3. 场地选择

林地需满足以下两点条件:①林地高燥,排水良好,坡度以5°~15°为宜,水源充足清洁,避风向阳,远离住宅区、工矿区和主干道路,环境安静,无污染,无兽害。②树、藤木龄2年以上为宜,要有搭建棚舍地形条件,要求其中的遮阳面积在35%~70%,最好有丰富的青绿植物、昆虫、沙粒等。

4. 设备

料桶和饮水器应根据饲养鸡的数量而定,一般按每30只鸡配1只料桶和1个饮水器,放鸡时这些设备应摆在舍外。

(三) 鸡饲料的准备

1. 鲜活虫饲料的制作

为使放养鸡肉质鲜美、生长快、节约成本,可在养殖区附近人工养殖昆虫喂鸡,目前采取的方法主要是稻草育虫法,具体做法是:挖宽、深各0.6米的长方形土坑,将稻草切成6~7厘米长,用水煮1~2小时,捞出倒入坑内。上面盖上6~7厘米厚的污泥,每天浇一盆淘米水,约8天即可生虫,翻开污泥让鸡吃完虫后可继续使用此法再生虫。

2. 精饲料

选择产品质量稳定、信誉好的饲料厂家生产的饲料,如金满船、正大、台农等品牌饲料。购买饲料应注意3个方面:一是查看标签,根据鸡龄的情况选择购买小、中、大鸡饲料;二是查看生产日期和保质期;三是检查饲料包装是否破损。

(四) 雏鸡 (0~30天) 的饲养管理

1. 育雏室建设

一般育雏室是利用空房进行改造的,每平方米按40只鸡育雏,要用火炉或红外线灯混合保温。地面再垫上消过毒、暖和干燥的木花或切成3~5厘米的干稻草等垫料。育雏房必须开有换气的窗口,使其既能保温,又能利用新鲜空气的进入使育雏室内的二氧化碳、氨气等有害气体得以排出。

2. 饮水

雏鸡第1次饮水称为"开饮"。育雏第1天雏鸡饮用糖水可以减小前7天的育雏死亡率,糖水的浓度一般为8%,用嘴尝微甜即可。也可于饮水中添加维生素,可减小早期的雏鸡死亡率。水分消耗受环境温度和其他因素影响很大,炎热季节尽可能给雏鸡提供凉水,而寒冷冬季应提供不低于20℃的温开水,并且水的质量要符合生活饮用水标准。

3. 开食

雏鸡第1次喂料称为"开食"。一般雏鸡在全部饮水3~6小时后才可以开食,饲量为每100只雏鸡400~500g。

4. 喂料

每周采用少喂勤添的方法,每天喂料6~8次,喂料量以10分钟吃完为准。7天后按照雏鸡采食习惯,料桶中的饲料应少装勤添,并做到当天饲料当天吃完。

5. 育雏温度

第1周室温32~35℃,第2周起每周降低2~3℃,4~6周龄脱温。温度是雏鸡的饲养环境中最重要的因素,适宜的温度有利于卵黄的吸收和抗白痢。

(五) 放养鸡 (30~90天) 的饲养管理

在雏鸡移至山地前,果林下需先盖好鸡舍。搬运鸡只宜在晚上进行,以减少对鸡的惊扰。白天让鸡在林间自由活动,饮水喂料也在舍外。为尽早使小鸡养成在林地觅食的习惯,从脱温转入林地开始,每天早晨至少由2人配合,进行引导训练。每天放养时间不能过早,过早时天气寒冷,雏鸡抵抗力差,难以成活,除了下雨或大风天气,都可以使雏鸡在室外活动,傍晚再将鸡赶回鸡舍。阴雨天鸡不能外出觅食时要置足水盆或水槽，并及时补充饲料。林地施用农药时禁止放鸡，停放时间按农药安全期而定，以防止鸡发生农药中毒。放养场地不准外人和畜禽进入，以防带入传染病。同时要防止蛇、兽、鸟等有害动物的危害。

（六）疾病防治

林下养鸡的常见疾病主要有以下三种：

1. 鸡球虫病

鸡球虫病是一种常见的肠道寄生虫病。雏鸡易发病，发病鸡临床表现为精神委靡，羽毛松乱。排带血液的粪便，并有零星死亡。勤换垫草，保持干燥可预防或减少鸡球虫病的发生。一旦发病，可用克珠利口服液等治疗。

2. 鸡白痢

出壳 1~3 周内的雏鸡最易发生鸡白痢。其发病率和死亡率均很高。发病鸡临床表现为羽毛松乱，两翼下重，缩头颈，不吃不动，挤在一起，频频排出有恶臭的白色糊状稀粪，粘在肛门周围，结成块状。病鸡感染后常因虚弱衰竭死亡。发病时用复方禽菌灵、强效环丙沙星等治疗，效果较好。

3. 鸡大肠杆菌病

鸡大肠杆菌病是一种常见的肠道疾病，死亡率较高，主要症状是肠道充血。发病鸡临床表现为羽毛松软、拉水。发病后用复方禽菌灵、恩诺沙星原粉等治疗，效果较好。

（七）效益分析

林下养鸡其鸡肉肉质好，风味佳，顺应健康生态食品的潮流。同时鸡粪便散落林间可作为树木的基肥，促进树木生长，形成了以牧促林、以林护牧的多级能量利用的良性生态循环。据冀春花等橡胶林下养鸡技术研究表明，林下养鸡胶树产量达到 2.6 千克/株·年，比未养鸡胶树产量增加 0.3 千克/株·年，增产 11.54%。按照目前干胶价格为 2.2 万元/吨，林下养鸡可使胶树新增产值约 230 元/亩·年，同时鸡粪便可以减少胶树肥料投入约为 100 元/亩·年。合计橡胶节本增收约 330 元/亩·年。

二、林下养鸭技术

林下养鸭主要采取圈养和放养相结合，饲养周期 6 个月左右。肉鸭具有生长速度快、饲养周期短、易饲养、疾病少等优点。

（一）品种选择

林下养鸭品种应选择抗逆性强、食性广、食量大、肌胃发达、消化能力强的品种，既适于圈养又可在林地放养。目前，林下养殖的鸭品种主要有：北京鸭、樱桃谷鸭、狄高鸭、天府鸭等。

（二）鸭棚搭建

场地应要选在地势较高，干燥通风，水源供应充足，清洁无污染的林地；远离乡镇、村庄 1 000 米以上，可避免因人员进出引发鸭病毒的传染，也避免了鸭养殖对乡镇、村庄的污染。

鸭棚的朝向应该坐北朝南，即东西走向，这样可以保持冬暖夏凉。鸭棚面积：以每个大棚养 2 000 只肉鸭为基础，大棚东西长 40~45 米。南北宽 10 米左右，大棚中间高

1.8米，南北各高1.6米。过宽过高均不利于温度的控制，过短、过矮和过窄时，鸭棚内部的气温很容易受到外界的影响，同时饲养面积相对减少。

鸭棚建造：东西两面为砖墙结构，并在其中一面建造1间大约15平方米左右与大棚相通的操作间，存放饲料等，门前应设有消毒池。南北两面无墙或有30厘米高的矮墙，上方为塑料薄膜，冬季将塑料薄膜放至地面保温，夏季将塑料薄膜挂起进行通风、降温。大棚呈拱形，由竹竿架和树木支撑。

（三）育雏前的准备

1. 消毒清洁首先对大棚育雏室彻底清扫

内外壁、地面可用3%的火碱溶液进行消毒，铺上垫料，然后提前2~3天打开大棚两侧塑料薄膜进行通风。同时备好饲料、饲养用具和取暖用具。

2. 育雏室预温

经过消毒的育雏室，要按照不同的季节，把室内温度掌握好。

（四）雏鸭的饲养

1. 选好雏鸭

挑选出壳后腹部软，脐带收缩好，体质健壮，眼大有神，行走灵活，大小一致，活泼健康的雏鸭。

2. 饮水

接进雏鸭后，放入育雏室，休息片刻，先饮用葡萄糖和电解多维水，8小时以后可开食，待2天后可改饮加有氟哌酸的水，连用5天，以后改饮普通水，但是1周龄前饮水的水温应与室温相同。

3. 开食

开食时可将破碎料用电解多维水搅匀软化后饲喂，但不能呈糊状，一般喂七成饱即可。

4. 料盘和饮水器的使用

1~7日龄可把饲料撒在编织袋或塑料薄膜上喂料，8~20日龄可用大料盘，20日龄后可用大盆喂料。7日龄前饮水可用中型饮水器，每50只鸭子用1个，8~20日龄可用大型饮水器，每80只鸭子用一个，20日龄后改用饮水槽饮水。

（五）雏鸭的管理

1. 温度

1~2日龄的室温应调控在33~34℃，以后每天降低1℃，降至18~22℃为适宜温度，绝不要忽高忽低。

2. 湿度

育雏室要保持干燥，防止过湿，根据情况，1~2天可铺1次垫料，湿度应保持在60%~70%。

3. 密度

适当的密度是保证鸭群健康生长发育的良好条件，一般10日龄前每平方米饲养30~40只，以后随着日龄的增加，体重增长，逐渐减少密度，出栏前20天左右保持每平方米4~6只。

4. 通风换气

雏鸭代谢旺盛，呼吸快，排泄物多，需要新鲜空气，排出有害气体需进行通风换气，通风换气要选择无风晴暖天气，绝不要盲目通风。

5. 合理光照

1~7日龄全天光照，7~14日龄16小时光照，14~21日龄14小时光照，21日龄后10小时光照；1~14日龄每20平方米应设60瓦灯泡1个，15~30日龄每20平方米设40瓦灯泡一个，30日龄后每20平方米设25瓦灯泡1个进行光照。

6. 适当运动

大棚前应设一个运动场，运动场面积略小于大棚面积即可，15日龄后可根据天气情况，挂起南面塑料薄膜放出鸭子自由运动，一是增加自然光照，二是便于鸭棚通风和污物的清理。

7. 搞好消毒

消毒是很重要的一个环节，绝不能忽视。鸭棚要定期消毒，水槽要每天冲洗一遍，鸭棚门前应设一个消毒池，本场饲养人员尤其是外来人员进入鸭棚之前一定要做好消毒工作，以防带来病原。

（六）效益分析

因地制宜发展林下养鸭是目前提高林下种植效益的新亮点，注重各个环节科学运作，精细管理，在满足人们追求健康营养的基础上获得最大的经济效益。林下养鸭是一种新型的绿色生态农业，其环保效果尤为突出，实施林下养鸭的林地由于科学用肥减少化肥用量，不施农药，使土壤有机质含量、土壤通透性都得到明显改观。同时使土壤中重金属离子、亚硝酸盐类农药残留等污染减轻，防止了农药源的污染，使农业生产清洁化，改善了农村生态环境。

三、林下养鹅技术

鹅是食草为主的家禽，具有生长发育快、吃草长肉、消耗精料少、肉质肥嫩、抗病力强、饲养周期短、资金周转快等特点。林下养鹅，既提高了土地利用率，又有利于防疫，减少疫病发生的几率。林内空气清新，氧气充足，给鹅群创造了一个良好的生长环境，降低了病死率，提高了成活率和出栏率。在炎热的夏季，林内温度较林外鹅舍低3~5℃，有利于鹅群安全度夏，产蛋鹅可提高产蛋量和受精率。同时，鹅粪又是优质的有机肥料，富含氮、磷、钾等多种元素，增加了土壤中有机质含量，改善了林地土壤结构，提高了土壤肥力，加快了树木生长。鹅只吃青草，不啃树皮，对树林的生长发育有百利而无一害。

（一）鹅苗选择

鹅苗应来自健康无病、高产的种鹅。雏鹅应体重适中，站立平稳，同时叫声要响亮，行动要活泼，眼大有神，反应灵敏；卵黄收缩良好，手摸腹部要柔软，肛门要清洁；绒毛看上去要蓬松洁净，毛干后能站稳。用手握住颈部提起来时，双脚迅速收缩。对腹大、歪头等弱雏要淘汰。

(二) 场地选择

不能选密度过大的林地，否则影响草和鹅的生长，树林密度在 3 米×4 米或 3 米×5 米，树龄在 3 年以上，覆盖率在 70% 左右的杨树速生林，或达到以上条件的其他树林。这样在肉鹅生长过程中，上有树冠遮阳，防止阳光直射，有利于牧草和鹅生长。

(三) 棚舍搭建

鹅棚应建在地势较高，排水良好，通风透光的林间空地上，大棚设计跨度以林间行距为限，长度可根据饲养数量灵活掌握，每棚以饲养 1 000 只为宜，每平方米 6~7 只。大棚内地面垫沙土 15~20 厘米，使其高于四周，有利于排水。大棚方向最好坐北朝南，南北两边用砖砌墙或围竹篱笆，高度以 60~80 厘米为宜，每间留一活动小门。塑料薄膜应处于活动状态，取放方便，有利于通风和保温，棚内温度高时打开，风雨天或低温时放下。

(四) 饲养管理

1. 引种前要做好育雏舍卫生消毒

雏鹅饲养要温度适宜。温度低时，雏鹅靠近热源，打堆，站立不卧，闭目无神，身体发抖，缩成团，不时发出尖锐的叫声；温度过高时，雏鹅远离热源，张口喘气，行动不安，背部羽毛潮湿，饮水频繁，采食量减少。只有温度适宜时，雏鹅分布均匀，安静无声，羽毛平整光亮，食欲旺盛。育雏时须注意夜间、阴天温度应高些；白天中午、晴天应低些；小群应高些，大群应低些；弱雏应高些，强雏应低些。1~5 日龄以 28~30℃为宜，以后每隔 7 天降 2℃。

2. 控制好湿度

前 10 天相对湿度保持在 65%~75%，11 日龄后保持在 60%~65%。及早饮水。雏鹅第一次饮水称为"潮口"，水中可加入少量葡萄糖或维生素。

3. 早饮水

早饮水可帮助卵黄吸收，促进胎粪排出。"潮口"的时间一般在出壳后 24 小时左右，当雏鹅绒毛干爽并能行走自如。可以用盆盛水，将雏鹅的喙按入水盆，让其饮水，调教几次，雏鹅就会饮水。水要清洁，为了防止消化道疾病的发生，可以用 0.05% 高锰酸钾溶液作为饮水。"潮口"后，鹅舍内水源要备足，保证雏鹅随时可喝到水。

4. 开食

开食饲料以米饭、清水泡透的碎米和洗净切细的青菜、莴苣叶等鲜嫩草叶为主。具体方法是把加工好的青料放在手上晃动，撒在塑料布上，供雏鹅自由采食。对不会采食的雏鹅，把青菜丝放在其嘴边、诱其采食，经数次调教，即会吃食。开食后前两天喂 4~5 次，4~10 日龄喂 5~7 次，日粮精料占 35%，青菜占 65%。雏鹅在开食后，每隔一小时起身一次，这样可调节温度，散发水汽。7 日龄后，选择晴朗无风天气，在清洁的浅水塘内进行放水，开始时间要短，路要近。以后只要天气好，就要坚持每天放牧，同时，随着放牧时间的增多，要逐步减少喂料次数。牧场也要由近而远。牧草青嫩，离水源近，11~20 日龄时开始放牧，以青料为主。

5. 催肥

经过 40~50 天饲养，当肉鹅主翼羽长出后，即可开始催肥。整个催肥期都要圈养，饲料要多样化，以富含碳水化合物且易于消化的玉米、稻谷、麦子、糠麸等为主，适当搭配蛋白质饲料和粗饲料。其参考配方为：玉米40%、稻谷15%、麦麸19%、米糠10%、菜叶11%、鱼粉3.7%、骨粉1%、食盐0.3%。饲料要粉碎，加水拌湿饲喂，日喂4~5次，其中晚上喂1次，喂量不限，让鹅充分吃饱，并供足饮水。每天要清扫圈舍，料槽、水槽要清洗，并隔天让鹅下水半小时左右，以清洁鹅体。一般经15~20天的催肥，手摸其胸肌丰满、背部脂肪增厚时即可上市出售。

（五）疫病防治

雏鹅抗病力弱，圈舍要常清扫，垫草要勤换勤晒，保持舍内干燥。平时每周消毒1次，料槽每周用碱水刷1次。鹅场内要经常保持清洁卫生，防止虫、鼠、蝇的繁殖和蔓延，对出入养殖区的人员及车辆应做好消毒工作。同时做好防疫工作，1日龄注射抗小鹅瘟血清，春天每只0.5毫升，夏天每只1毫升，15日龄注射鹅副黏病毒疫苗0.5毫升/只。育雏期间在饲料中添加0.05%的复方敌菌净或0.05~0.1%的土霉素，可有效防止禽出败、胃肠炎的发生。

（六）效益分析

常规舍饲养鹅，一般在46~50天鹅就完成基本的成长发育了，而在后期的这30多天时间里，舍饲养鹅却依然要靠喂精料来维持鹅的基本消耗。平均到每只鹅下来，全程85天，1只鹅饲料要花费21元。而林下养鹅却不同，15天的小鹅饲料费用每天0.1元，15天后小鹅就可以放牧，每天适当补喂一些精料就可以了，平均来说，1只鹅饲料要花费10元。所以整个1只鹅的生长周期，林下养鹅和舍饲养鹅相比，舍饲46天的费用相当于林下养鹅90天的一个全程的费用。可见，林下养鹅投资少，成本低，经济效益可观。

第二节　林下家畜养殖

一、林下养猪技术

林下养猪就是利用林地为猪创造的适宜环境，即夏季林地有树冠遮阳，林地温度比外界平均气温降低2~3℃，适宜猪的健康生长；林木可吸收二氧化碳释放氧气，可以灭菌滤毒、预防疾病、保护健康，还可以净化空气、净化污水、消减污染。林地养猪由于污染少，猪肉产品是绿色无公害畜产品，适应市场对畜产品的需求，对促进农业可持续发展具有重大意义。

（一）品种选择

一般情况下，所有品种猪都可以林下养殖，但考虑到品种以及肉质等因素，仍以地方品种为宜，如五指山猪、香猪等，原因主要是五指山猪、香猪等地方品种耐粗饲，觅食力强，抗逆性好，生长期相对较长（约要1年左右）。

（二）林地选择

林下养殖是在森林环境条件下进行的，所以要选择天然林地，一般天然林好于原始林、阔叶林好于针叶林及天然林，如有条件最好选择水果林地。放养场周围 5 千米内没有大的污染源，地势坡度以不超过 20° 为宜。同时注意选择通风、向阳、不太潮湿，植被对放养猪无毒害的林地。砍伐对放养猪有伤害的荆棘、有毒杂草，减少不必要的损伤和中毒事件。

（三）场舍搭建

林地养猪场舍的建造其基本的布局规划和普通的要求一样。只要因地制宜，根据养殖规模、养殖方式等搭建，也可用篱笆或塑料、铁丝网等围起来。

（四）放养体重

体重过大，生活习性已经形成，适应能力差；体重过小，抵抗外界不利因素能力弱，不易成功。体重一般以 20 千克为宜，因为此时，各项机能比较健全，对外界不利因素有较强的抵抗力。

（五）放养程序

（1）建立放养驯练场，将准备放养的猪集中到放养林地的一个场地进行循序渐进式的驯练，白天放养，晚上找回，这样，反复驯练 1~2 周，然后放养。

（2）落实驯养员，要求驯养员要有耐心爱心，不允许简单粗暴地鞭打放养的猪。

（3）建立固定的投喂地点、时间、口令，在放养区挑选合适的地点、适当放置料、水槽，选择固定的时间，统一的口令信息，使放养猪形成条件反射，适应放养管理。

（六）放养管理

（1）科学提供饲料。要根据放养猪的不同阶段，科学提供饲料，饲料以玉米、小麦、豆粕、花生粕、鱼粉、石粉、食盐、盐酸赖氨酸、添加剂预混料等按一定的比例配制。

（2）驱虫防治：由于放养猪接触野外环境，容易滋生寄生虫，因此，要定期针对性地在饲料中加入驱虫药物，驱除体内外寄生虫。

（3）免疫接种：放养猪在生长过程中与林地环境广泛接触，随时都有可能受到疫病传染因素的威胁，并且放养猪生长期相对较长，一般需要 10~12 个月才出栏。为防患未然，必须根据本地疫病流行情况，有针对性地对放养猪进行免疫接种，以提高放养猪抵抗力，确保放养成功。

（4）根据大小合理分群：一方面合理分群，让放养猪都能吃上料，均匀生长；另一方面，便于掌握放养猪的生长情况，及时出栏上市。

（5）分区轮牧：条件允许的话，最好能分区轮牧，以便林地能休养生息，保证放养环境的植被生长和环境干燥。

（6）种植优质牧草：在林地，适当种植一些猪爱吃的优质青饲料、牧草（如红薯藤等），满足猪维生素等营养物质需要。

（7）落实专人，跟踪观察放养猪的吃料、休息、精神状态、长膘等情况，并做好记录，以便及时掌握放养猪的生长、疾病等情况。

二、林下养牛技术

林下养牛，就是利用林地给牛创造的良好环境，即夏季林地有树冠遮荫，林地温度比外界平均气温降低 2~3℃，适宜牛的健康生长；林木可吸收二氧化碳释放氧气，可以灭菌滤毒、预防疾病、保护健康，还可以净化空气、净化污水、消减污染。在林地养牛可减少建造绿化带的费用，同时可以减少废水、废气对环境的污染。林地养牛由于污染少，牛肉产品是绿色的畜产品，对农业可持续发展具有重大意义。

（一）品种选择

选择增长速度快而肉质好的当属杂交公牛，如西门塔尔、利木赞、皮埃蒙特等二元、三元杂交肉公牛。

（二）舍栏建造

牛舍牛栏的建造要做到冬暖夏凉，牛栏以水泥地面为宜，牛槽要建成前高后低、略高于地面，槽底建成弧形，纵向要有一定坡度；牛舍要以饲养规模和场地情况而定，建单列式或双列式。

（三）饲料配方

1. 架子牛（400 千克以上）饲料配方

玉米 65%、豆饼 5%、棉籽饼 15%、麸皮 11.5%、骨粉 1%、食盐 1%、苏打粉 1%、香味剂 0.5%。

2. 青年牛（250 千克以上）饲料配方

玉米 60%、豆饼 10%、棉籽饼 20%、麸皮 5.5%、骨粉 1.5%、食盐 1%、苏打 1%、香味剂 1%。

3. 粗饲料

以青贮玉米秸和酒糟为主

（四）饲料喂量

根据牛的年龄不同，育肥方法可分为：①青年牛育肥。育肥时间为 6~8 个月；②架子牛育肥。育肥时间在 4~5 个月。大体上可划分为 3 个阶段饲养。

第一阶段：7~15 天，这时新购进的牛由于长途运输和应激会出现疲劳及对环境的不适应，这一阶段为恢复期，主要是调教牛。开始时不喂精饲料，先喂优质青草、干青草、麦秸、花生秧等，饮清水，陆续混入青贮饲料或氨化饲料、酒糟等。让牛饥饿 1~2 天后再喂给精饲料。

第二阶段：15~20 天，为过渡期。经过前一阶段的恢复期后，牛基本适应了新环境的饲养条件，此时可加大精料的喂量。一般按体重的 0.8% 喂给精料，200 千克体重的牛用精料 1.6 千克就可以了，粗饲料不限量，连续喂几天，适应后逐渐增加精料的比例，过渡期结束时，精料可占日粮的 40%~50%。

第三阶段：110~120 天，为快速育肥期。

这三个阶段精饲料在日粮中所占比例是：1~20 天为 55%~60%，21~50 天为 65%~70%，51~90 天为 75%，90~120 天为 80%~85%。

（五）饲喂方式

为便于操作和管理，一般采取 1 天喂 2 次的饲喂方式，冬春季 5:00、17:00，夏秋季 4:30、17:00，每天饲喂时间一般在 30~40 分钟，夏季中午喂水 1 次。做到反刍时间不低于 8 小时。在日粮改变的 2~3 天内，饲养人员要勤观察牛的采食情况、反刍次数，一旦发现异常情况要及时进行处理。同时，要按饲养阶段添加精料。

草料的处理方法是：精料喂前用清水浸透，达到手握成团，掉地散开。先把青贮玉米秸秆均匀地摊在水泥地上约 15 厘米厚，然后在表面撒匀浸透后的精饲料，再在上面撒上 5 厘米厚的酒糟，最后用塑料布盖上发酵，一般夏天 3 个小时、冬天 12 个小时后，即可拌匀饲喂。这样的草料柔软、有酒香味，牛特别爱吃，不剩渣，接着饮清水。

（六）疫病防治

圈舍每周用 2%烧碱水消毒一次。牛 0.5 岁和 1.5 岁时，喂健胃药，每头牛用大黄苏打片 100～200 片、健曲 300～500 克，2 天口服；0.5 岁后，用驱虫净每 1 千克体重 6 毫克，口服一次；1.5 岁后，用左旋咪唑每 1 千克体重 10～20 毫克口服，连服 2 天。提高强制快速育肥效果。每年春季，接种牛出败、气肿疽、五号病疫苗各一次。保证牛健康成长。

三、林下养羊技术

林下养羊以舍饲与放牧结合饲养，具有两方面的好处，一是解决了养羊无运动场地的矛盾，有利于羊群的生长、繁殖；二是为羊群提供了优越的生活环境，有利于防疫。林地养羊主要以圈养为主，放牧作为补充。

（一）品种选择

品种多样化发展要因地制宜。在山区应以山羊为主品种作为肉用、绒用和皮用。在北方应以毛用、皮用山羊为主；在南方应以肉用绵羊品种和山羊品种为主在各地发展独具特色的品种。

（二）羊舍建筑

羊舍建筑应坚固耐用，要选在地势较高，干燥通风，水源供应充足，清洁无污染；交通便利，通讯便捷。羊舍高度最好在 2.5 米以上，设前后窗，后窗可以封闭，以利夏季通风降温和冬季防风保温，羊舍面积 3 米×3 米或 2 米×4 米，饲养成年羊 4～6 只，羔羊 6～8 只。

（三）羔羊的饲养管理

抓好羔羊的饲养管理，提高羔羊成活率。初生羔羊体温调节机能不完善，缺乏免疫抗体，肠道适应性差。抗病、抗寒能力弱，应注意加强护理；改变传统的成年羊育肥习惯为羔羊育肥技术。

出生后 1～3 天要注意让羔羊哺足初乳，注意防饥防寒圈舍温度不低于 5℃；防止羔羊过食，哺乳量要适度，对于缺奶的初生羔羊，要喂给代乳糟用其他母羊哺乳缺奶的羔羊，对瘦弱的羔羊要进行人工哺乳。因初乳富含蛋白质、脂肪、抗体以及大量的维生素和镁盐等，对增强体质、抵抗疾病和排出胎粪有重要作用。

出生后 3～7 天羔羊可随母羊外出放牧，保证羔羊哺乳。此期是羔羊最难度过的时期，据调查，羔羊 7 天内死亡数占全部死亡数的 85%以上，最常见的病是肺炎、肠胃炎、脐带炎和羔羊痢疾。此期应注意搞好棚圈卫生，避免贼风侵袭，保证羔羊吃奶均匀。

出生后 7～10 天诱导羔羊开饲可喂些煮熟的胡萝卜、菜叶、青干草和饮水。

出生后 15～20 天可开始补饲混合料以煮熟的豆类、玉米为主。用隔栏补饲，饲喂量随日龄而调整。15日龄每只日喂量50~75克；30~60日龄为100克；60~90日龄200克；90~100日龄250克。在补料中加0.5%的食盐，早饮水。

出生后6~8周龄羔羊断奶，断奶方法为母羊进行交换，减少断奶应激。

羔羊断奶后约3~4月龄时，普遍进行驱虫。驱虫药建议使用苯硫咪唑，按每千克体重5毫克一次口服，或左旋咪唑按每千克体重8毫克一次口服；或伊维菌素，按每千克体重0.1~0.2毫升一次肌肉注射。

（四）舍饲

春、夏初枯草季节，由于气候变化异常、空气干燥、饲料短缺，正是舍饲圈养羊只易患病的时期，所以，应做好以下方面工作。

在饲养方面，要满足羊只日需饲料量，力求做到精粗饲料合理搭配，品种多样化，营养均衡。

（1）保证每日有粗饲料3~4品种，如青干草、微贮玉米秸、胡萝卜、干红薯、花生秧、树叶、豆秸等。

（2）精料要做到多种配合，如玉米（碾碎）、饼类（豆、糊、棉饼），多种维生素和矿物质添加剂。

（3）成年羊日需粗饲料3~5千克，精料0.3~0.5千克饲喂时做到先草后料，强弱分开饲养，并在运动场设饲槽和饮水槽，保障自由采食饲草和饮水充足。

（4）给羊只啖盐，最好购买舔砖，本品不但含有盐并有多种矿物质和维生素，放置在铁架或木架上任其羊只舔食。

在管理方面，做到羊舍防寒保暖，通风干燥，防止潮湿，随时清扫粪便和更换垫草。保持清洁卫生创造条件，每日保持让羊只运动2~3小时，并每年修蹄两次；设羔羊、成年羊（怀孕后期、临产期）饲养栏以便管理；饲喂时间要相对固定，精料在饲喂前用温水浸泡2~3小时；更换饲料要逐渐进行，防止突变，不喂发霉变质霜冻饲料；刚产下羔的母羊切忌饮冷水，母羊与羔羊同一舍饲15天以上。

（五）秸秆微贮

利用秸秆微贮料养羊，节约粮食，降低饲养成本。羔羊在10周龄时开始饲喂秸秆微贮料，经两周时间，将微贮料从少量饲喂增至全饲，直至屠宰。以不喂微贮料平均每日每只羊补精料100克，喂微贮料日补精料50克计算，每育肥1只羊，至少节约精料30千克。

（六）消毒免疫

搞好羊舍平时的清洁卫生和消毒工作，春秋两季给羊只定期免疫，注射四联苗或五联苗，定期驱除羊体内外寄生虫，促进羊的健康成长。同时搞好饲料添加剂的使用，促进羊胃微生物活动，提高羊的消化吸收能力，加速羊的肌肉生长，改善肉体品质。

（七）科学管理

羊舍及运动场要常年保持清洁干燥，夏季要注意防暑降温冬季要注意防寒保暖，做到冬暖夏凉。夏秋季节粪便应及时清除，舍内保持通风良好。饲草、饲料、饮水要清洁，不喂霉变草、料。

（八）疾（疫）病预防

用漂白粉或生石灰和消毒药物定期对羊舍、用具、运动场和粪便进行消毒，预防疫情要遵循"早、准确、及时"的原则。

1. 羊的传染病

羊魏氏梭菌病

（1）预防羊快疫、羊肠毒血症、羊猝狙、羔羊痢疾和黑疫用羊五联苗，无年龄大小均皮下或肌肉注射 5 毫升，免疫期 6 个月。

（2）羊口蹄疫苗：母羊产后 1 个月和羔羊生后 1 个月皮下注射 1 毫升，免疫期 6 个月。

（3）布氏杆菌苗：预防布氏杆菌病，山、绵羊臀部肌肉注射 0.5 毫升（3月龄以下羔羊和怀孕羊均不能注射），免疫期绵羊 1.5 年、山羊 1 年。传染性胸膜肺炎、传染性脓疱、羊痘视当地情况而定，没有发生过可不进行接种免疫。

2. 羊寄生虫病

（1）羊疥癣，每年春、秋定期进行药浴各一次。

（2）羊蜱病（草爬子），在蜱活动季节每 5~6 天用药浴法或机械摘除消灭，并对圈舍缝隙及小孔用药物灭杀或用水泥、石灰、黄泥堵塞。

3. 常见病预防

羔羊消化不良、羔羊白肌病、感冒、瘤胃积食、急性瘤鼓胀、瘫痪病（母羊妊娠病）等都是常见病，要时刻注意观察，尽量做到早发现早治疗。

第三节　林下特种动物养殖

一、林下养蚯蚓技术

肥沃土壤离不开蚯蚓的辛勤耕耘，除了耕耘沃土的作用外，蚯蚓还能将废弃的农作物副产物、人畜禽粪便、生活垃圾等多种有机物转化成优质蛋白质饲料和优质有机质肥料，变废为宝。林下养殖蚯蚓投资少、风险小，而且简便易行、降污环保、节资增效，具有广阔的发展前景。

（一）品种的选择

选择生长发育快，繁殖力强，适应性广，寿命长，易驯化管理的蚯蚓种类。目前养殖较多的是赤子爱胜蚓，如北星二号、太平二号等。

（二）养殖场地的搭建

蚯蚓养殖分为室外养殖和室内养殖两种。室外养殖要搭建专门的养殖池，选择背光、通风、湿润、防渍、防雨、安静且无农药污染的林地。养殖池一般宽 1~2 米、深 0.4 米，池底部平面略微倾斜，稍压实，并留排水洞。养殖池中填 1 米宽 0.22 米厚的发酵饲料，再放上含有幼蚓的饲料，使总厚度达 0.25 米深，最后用麦秸或草帘覆盖。气温达到 15℃以上可开始养殖，气温降至 10℃时应转入室内保种。管理上要注意两点：

一是保持湿度；二是大雨天要遮雨并防止洪水冲击。屋内养殖使用木箱、纸箱、箩筐、桶等简易设备，代替养殖池，适合早期幼蚓的培育以及成蚓的养殖。也可直接养商品蚯蚓。

（三）饲料配制与发酵

蚯蚓饲料搭配以粪料60%，草料40%为宜。粪料可用猪、鸡、鸭、鹅等畜禽粪便，也可用含氮量高的枯饼。草料主要是作物秸秆、野草、树叶、烂瓜果等，注意除去玻璃、塑料、橡胶、砖渣等杂物。先铺草料后铺粪料，草料每层0.2米，粪料每层厚0.1米，堆制6~8层约1米高左右，长度宽度不限，料堆松散，不要压得太实。做成圆形或方形的料堆后，用洒水桶在料堆上慢慢喷水，直到四周有水流出为止，用稀泥封好或用塑料薄膜覆盖。料堆一般在第二天开始升温，4~5天后温度可升到60℃以上。10天后进行翻堆。将上层翻到下层，外面的翻到中间。翻堆时，把粪料和草料拌匀，并检查湿度，是用手紧握材料时，能挤出少量水滴为宜。10天后再翻堆，进行第三次重新制堆，基料经过一个月的堆制发酵即可腐熟。饲料发酵好标准是：黑褐色、无臭味、质地松软、不黏滞，pH值为5.5~7.5。为安全起见，在少许饲料中放入20条左右蚯蚓投喂试验。一天后蚯蚓无异常反应，说明饲料已经发酵好，如蚯蚓有死亡、逃跑就不能使用，应查明原因或重新发酵。

（四）饲养管理

1. 饲养密度

养殖饲料0.25米高，种蚓5 000条/平方米左右，蚓茧孵化2万个/平方米左右；1月龄幼蚓3万条/平方米左右。

2. 保温保湿

蚯蚓生活的适宜温度是15~30℃，低于12℃就停止繁殖，超过35℃就有热死的危险。因此，高温季节应搭棚遮阳，棚内床上覆盖稻草；每天下午洒水降温，并注意通风。冬季注意增温保暖。冬季到来前，做好大棚密封保暖工作，在棚内蚓床上覆盖稻草，有条件的再在稻草外覆盖一层薄膜，力争把粪料温度最低控制在10~15℃以上，以利蚯蚓正常生长和繁殖。

3. 更新饲料

蚯蚓喜欢生活在疏松的上层，并将蚓粪排在表层，而蚓粪积聚过多不适宜蚯蚓生息。饲养十天左右，将上层蚓粪轻巧均匀地刮除，然后将旧料进行上下翻动、疏松，以利通气和提高下层料的利用率。再在上面或侧面添加发酵好的新料。其步骤是先清粪，后翻料，再添料。

4. 防止伤害

蚯蚓的天敌较多，如蛇、鼠、蛙、鸟、蚁、螨等。养殖床（地）要遮光，切忌强光直射，不要随意翻动养殖床，保持安静的环境，避免农药、工业废气的污染。

（五）蚯蚓采收

蚯蚓繁殖很快，且有祖孙不同堂的习性，如不及时采收，大小混养会造成近亲交配，使种蚓退化。所以当成蚓长大，幼蚓已大量孵出时，依据蚯蚓饲养密度大小和生产需要合理安排采收蚯蚓，原则上拣大留小。采收方法主要是用特制铁质扁刺小钉耙，把蚓床粪料铲出疏松，再用手拣出含蚯蚓较多的粪料堆放在塑料膜上，因蚯蚓怕光，过15~20分钟后，蚯蚓逐渐向下移动直到塑料薄膜，然后将表层粪料逐渐去掉放回蚓床，最后剩下的就是干净蚯蚓，此法操作起来简单实用。

二、林下养蜈蚣技术

蜈蚣又叫"天龙"、"百足"，是我国的一种传统动物药材。具有息风解痉、消肿解毒的功能，主治小儿惊风、破伤风、抽搐、口眼歪斜、淋巴结核、肿毒疮疡等。其制品蜈蚣毒粉在国际市场售价昂贵，供不应求。林下养殖蜈蚣，投资少，见效快，效益高，不误工，不用粮，占地少，是一种很有发展前途的养殖业。

（一）蜈蚣生活习性

蜈蚣主要生活在多石少土的低山地带，平原地区只有少量分布。每年惊蛰后，气温转暖，蜈蚣冬眠苏醒，开始出土活动，善居于阴湿的杂草丛中或乱石沟里。从芒种到夏至，随着气温逐渐升高，它又渐渐移到阴凉的壕沟、坟地、田埂或土坎的缝隙之中，避过炎热的白天。到了晚秋季节，则又多栖于背风向阳的松土斜坡之下或树洞、树根较暖的地方。总之，蜈蚣喜欢在阴暗、潮湿、温暖、通风的洞穴中生活。

（二）蜈蚣养殖方式

1. 箱养

养殖箱用木板制成，其大小以长55厘米，宽45厘米，高30厘米较为适宜，箱内壁贴上一层无毒塑料薄膜，箱口配制有一个铁纱的箱盖。箱制成后，放在室内适当的位置，多个箱则排放好，箱底放多层瓦片，瓦片间的距离为1.5厘米左右，用水泥在四周垫脚，通常5~6片为一叠，这样瓦片间留的空隙可供蜈蚣栖息。瓦片入箱前，要用水洗干净，并吸足水，以便为蜈蚣创造一个潮湿环境。而且一定时间后，更换一批新的瓦片，以保持湿润和清洁卫生。

2. 缸养

通常采用陶瓷缸，选择口径宽50~60厘米，高80~100厘米的陶瓷缸。在室内摆放在适当位置，缸底放一层碎石子或碎瓦片。在上面盖一层30厘米厚的肥沃菜园土，稍整平，在土表上按箱养方式堆叠瓦片，最上层瓦片离缸口20厘米左右，在缸口上用铁纱盖罩住防止蜈蚣逃跑。

3. 池养

是在室内或室外建池养殖，池为砖水泥结构。池内环境要温暖、凉爽、潮湿、安静。室内池一般每个池面积2平方米左右为适宜，长方形，池高为50~60厘米，内壁用水泥抹平，不留任何空隙，并衬上农用薄膜，或用20厘米宽的玻璃在池上方镶嵌一圈。池底不铺放水泥，先铺一层厚约10厘米的小土块，再在上面堆放5~6层瓦片，瓦片间留有1.5厘米的空隙，供蜈蚣栖息和产卵孵化。在天气寒冷的地区，可在池壁围墙内侧距离墙的一定距离外挖一条深50~60厘米的坑，坑内堆放石头、碎砖碎瓦片，并造成空隙，供蜈蚣越冬，池口用铁纱盖或塑料纱盖罩严。

（三）蜈蚣养殖池的建造

室内蜈蚣养殖池一般以1平方米左右为一个养殖单元，每个养殖单元内距四周防逃墙20厘米用瓦片筑起一个方形框体,瓦片一层正面朝上,另一层则反面朝上,正反交替摆放,使框体高30厘米左右,内部填入专门配制的养土,瓦片与瓦片之间形成大量小缝隙,蜈蚣通过缝隙进入内部,在里面随心所欲打洞造穴。

室外蜈蚣养殖池一般以10平方米左右为一个养殖单元,每个养殖单元内距四周防逃墙40厘米全部用瓦片摆放垛体,首先在地面铺一层10厘米厚的养土,其上放置一层瓦片,瓦片凸面朝上,瓦片上面再铺一层10厘米厚的养土,再在垛体上面四周各向内收缩10厘米左右,凸面朝上放置一层瓦片,瓦片上面继续铺一层10厘米厚的养土,直至垛体升高至60厘米以上,这样的垛体形状有点像金字塔。蜈蚣通过瓦片形成的缝隙进入垛体,初春时节与立秋以后,气温偏低,白天太阳照射下,垛体边缘部分瓦片下面温度偏高,蜈蚣自然向边缘移动;夏季太阳照射下,垛体边缘部分瓦片下面温度太高,蜈蚣自然向垛体内部移动,寻找阴凉地方;冬季气温骤降,垛体内部因有厚厚的养土与瓦片保温,温暖适宜,成为蜈蚣冬眠的极好场所。

(四)蜈蚣选种的标准

蜈蚣的选种标准是:虫体要完整,无损伤;体色要新鲜,背面光泽好;活动正常,能取食,还可以从中挑选体长在10厘米以上的蜈蚣作为繁殖对象。如能鉴别出繁殖对象的性别,可按比例搭配,一般配比为3雌配1雄。另外,引种时要注意药用蜈蚣的地域性特点,当地有种不需要跑到外地引种。蜈蚣有时会发生以强凌弱现象,因此,在同一池内饲养的蜈蚣,最好是同龄的种群。

(五)蜈蚣养殖密度

蜈蚣养殖的密度与其饲料供给、生长发育个体的大小有着直接关系,合理养殖密度可利用缸、箱的有限面积,提高产量。但密度过大,饲料不足会引起它们之间的相互残杀,且容易感染病害。采用池养殖每平方米池底面积可养1~2龄幼体1 000~1 200条或3龄240~250条,产卵孵化期雌体只能放70条;箱养,一个长55厘米×40厘米的缸可养1~2龄幼体200条,或3龄70条左右,或4龄以上45~50条,或产卵孵化雌体10条左右,养殖时的雌体比例2∶1较适宜。

(六)蜈蚣的饲料与喂养

为了使蜈蚣快速生长,要备充足的饲料并合理搭配各种饲料,以满足其对蛋白质、脂肪、矿物质、维生素等营养的需要。人工饲养的蜈蚣,可以青蛙、蟾蜍、黄鳝、泥鳅的肌肉及黄粉虫、地鳖虫、蛋类、杂骨作为精饲料;以蔬菜、瓜果类及树叶作粗饲料。在投喂时可参照以下的配方:

配方一:各种昆虫动物70%,熟马铃薯20%。青菜或面包屑10%。

配方二:各种禽畜类、鱼类、蛙类的肉泥70%,鱼粉或蚕蛹粉20%,青菜碎10%。

投喂的饲料要新鲜,严禁投喂变质的饲料。蜈蚣捕食能力差,投喂的精饲料宜剁成肉泥,粗饲料要切碎,并调成糊状,装入饲料盘内,再放入池、缸、箱内,以免造成浪费和受污染。投喂的时间为每天18:00~22:00,投喂饲料的同时,要放入水盘供其饮用。到次日早晨要取出食盘,清理残留的饲料,洗干净再用。投喂粮要根据蜈蚣体重大小和不同的季节而定。春末到初秋气温高,蜈蚣活动频繁,消耗热量多,可适当减少投喂量。一般每条成体蜈蚣每次投喂1克，每2~3天投喂1次，幼体每次投喂0.1克，每日投喂1次。但是，蜈蚣在产卵前几天及产卵、孵化期40~50天时间，不进食也不饮水，就不用投喂。但是，在产卵前的一段时间食量大，要投喂喜食、营养丰富、量足的饲料。为雌体产卵及孵化做好准备。

（七）日常管理要点

饲养蜈蚣首先应注意调节温度和湿度。因为温度和湿度直接影响蜈蚣的生长繁殖。暖房的温度保持在20~36℃即可。冬季可以采用电热器、锅炉、火炉、火墙、火炕等加热，夏季可通过喷洒冷水、通风等来降温。这样蜈蚣可以一年四季不间断地生长发育、发情、交配和孵卵，当年产下的小蜈蚣8个月连续四次蜕皮即可长成，9个月达到性成熟。

要经常检查饲养池四周防逃围墙是否坏，防止蜈蚣外逃；检查池内有无虫害，特别要注意防止蚂蚁、螨虫等为害蜈蚣。

晚上注意观察，发现患病蜈蚣要及时隔离治疗。

坚持每天投喂新鲜饲料，早上清除残食，清洗食具。定期在食料中添加些药物，以提高蜈蚣的抗病能力，促进其生长发育。

（八）冬季蜈蚣管理要点

进入冬季以后气温急剧下降，当气温降至12℃，蜈蚣便很少活动，8℃时便蛰伏土中10~15厘米处，不食不动，进入冬眠状态。这时的管理主要做好养殖室、池的保温保湿工作。应在池内的瓦片上撒上一层4~6厘米的细土，防止冷气入侵及风干。并在池、缸、箱周围外面盖草帘，保持温度在0℃以上。同时，要做好冬季防鼠工作。每10~15天选择风和日暖的天气在中午通风1次，每次3~4小时，然后再盖回草帘，保证蜈蚣安全度过寒冬。

蜈蚣属变温动物，外界气温升降对其生活有极大的影响。为了缩短蜈蚣养殖时间，创造更好养殖效益，一般采用升温保温等措施延长蜈蚣生长期、缩短甚至取消冬眠时间。常用的方法有恒温养殖和塑料大棚养殖。

1. 恒温养殖

蜈蚣的恒温养殖又称无冬眠养殖，即采用人工控温的方法打破蜈蚣的冬眠习性，使其一年四季都处于良好的生长发育状态。

恒温养殖最关键的设备是具有一定面积的可以加温、控温和有良好保温条件的暖房。这些暖房可以新建，也可以利用现有的普通民房、塑料大棚改造，无论哪种暖房都必须符合以下4项原则：第一，经济实用；第二，具备加温和保温条件；第三，能保持较好的通风；第四，结构科学合理，便于管理。

2. 塑料大棚养殖

白天充分利用太阳的照射提高塑料大棚内的温度，傍晚时分及时用草衫覆盖塑料大棚使之保温，尽可能缩小昼夜温差，显著缩短甚至取消蜈蚣的冬眠期，延长蜈蚣的生长时间，提高养殖效益。

塑料大棚养殖由于依赖于太阳光的照射，所以必须注意天气的变化。遇有雨雪天气，要及时采取临时的加温措施，尽量避免蜈蚣冬眠。如果蜈蚣一旦冬眠，就不要轻易把它唤醒，如果蜈蚣一个冬季里反复冬眠，则会造成较大伤亡。春天来临，气温升高，注意及时通风，一则补充新鲜空气，二则防止棚内超温；夏季需要及时揭开塑料布，换上遮阳布，或用草衫进行遮阳处理。

（九）蜈蚣的捕获与加工

大量捕获加工的时间为4月初至5月下旬，因为这段时间的蜈蚣，腹内含物少，加工容易干燥，品质较高。少量捕获加工，几乎全年都可进行。捕捉野外蜈蚣，翻动它的栖息地（乱石堆、树根等隐蔽处），使其受惊后逃走。此时尽快用钉耙或棍棒将它轻轻压住，用食指准确地按着头部，迫使毒肢张开不能合拢，再用拇指和中指抓住头部放入篓内，然后带回家一起加工。如果在捕捉时被蜈蚣咬伤，首先挤出咬伤处的毒液，使它不会大量扩大到皮下组织或其他地方，然后涂抹氨水、酒精或风油精、花露水，也可用大蒜拌白盐捣碎物敷在伤处，它们均有治疗作用。若有头痛、恶心等症状，应及时就医。加工蜈蚣前，要准备好细长的竹签，竹签的长度要稍超过蜈蚣的体长，竹签两头削尖。用70℃的热水将蜈蚣烫死，剪去尾端，挤出粪卵，然后用竹签刺入头尾，把蜈蚣撑直；或者用大头针把蜈蚣钉在木板上，尽量使其拉直。将撑直的蜈蚣晒干或烘干，加工成一条一条的粗品。操作时不要弄断头尾，影响产品质量。按大、中、小等级分拣，放入两片竹篾或木板中，上下夹住扎好，一扎一扎送入收购单位。大条：完整成条，体长12厘米以上。中条：完整成条，体长10~12厘米。小条：完整成条，体长6.7~10厘米。

三、林下养蛇技术

蛇是一种重要制药原料。毒剂制品对各种神经痛、高血压、小儿麻痹症等都有一定疗效。蛇肉、蛇皮、蛇胆、蛇鞭、蛇毒等产品在国内外市场均十分畅销。近年来又成为餐桌上美食佳品，捕捉量逐年剧增，自然资源渐缺，供不应求。林下养蛇是一项投资少、见效快、效益高的致富项目，可弥补自然资源不足，保持生态平衡。

（一）林下养蛇场的组建

1. 蛇的方式

（1）室内饲养。在林下建造蛇房，房顶四面要通风，并要有铁丝网封盖屋顶防逃。墙高不能低于2.5米，墙壁和地面均涂抹白灰和水泥，要求平滑无缝，墙上不要开窗。房内要有蛇窝，并要有水池、水沟和水盆等供水设施。若设有通过屋内的水沟，水沟两头要用铁丝网封固，蛇出不去为度。蛇房要设交叉两道门，以保护工作人员入屋时的安全和防蛇逃跑。

（2）室外养殖。在林下建100平方米露天蛇场，大约能养千余条蛇，投资大约2 000~3 000元。蛇场四周要用围墙围成蛇园，墙高不能低于2.5米。结构要坚固，表面用白灰抹光滑，防止蛇爬出。墙基要在1米左右，以防野鼠打洞，蛇从洞内爬出。围墙不设门，可在墙设挂梯，离地面约0.6~0.7米左右，人上下方便为度，防蛇从阶梯爬出。墙外可砌成台阶，便于工作人员站在台阶上观察园内蛇的活动情况。园内要设有蛇窝和蛇洞穴、草、树木、石头等，供蛇游玩休息、消化、脱皮、运动和越冬。园内要有小水沟长流净水供蛇用。水沟两头要用铁丝网牢固封来，以防蛇外爬，也防止蛇敌钻入伤蛇。

(3) 室内外结合养：这种方式是在蛇房外切成围墙，内外相通，把蛇房和围墙露天养结合起来养。如试养阶段可先用房内养，经验成熟后再围墙露天养。这样先小后大结合，不冒风险。

2. 场地选择

场地要选择远离人畜村庄，有一定坡度的向阳林地建蛇场。村镇内不能建蛇场，容易危害人畜安全。

(二) 饲养与管理

1. 饲料及投入

蛇的食性很广，如黄鳝、泥鳅、青蛙、小杂鱼、老鼠、小鸟、鸡雏、鸡蛋等，特别老鼠是蛇普遍进食对象。蛇在冬眠后至春末活动期体力消耗大，这时需多提供些小动物给蛇采食。一般每月投食两次即可。进入盛夏和秋季，每月投食次数要增加到4～5次。必须在冬季供应充足的食物，以提供足够脂肪热量过冬。

2. 选料

养蛇好坏的关键，选择饲料极其重要。不同的蛇种食性也不尽相同，应当根据蛇的种类食性，结合当地具体条件选择食物。吃剩的食物应及时清除，以免腐烂发臭，对体弱能力差的或不能捕捉食物的蛇，必须时要进行人工喂养，以保证正常生产和过冬。

3. 保持适宜温湿度

蛇是变温动物，其体温能随环境温度变化而变化，温度的过高或过低都对蛇的生活不利。适宜蛇类生长活动的温度为13～30℃。夏季炎热时要注意遮阳，并采取洒水降温措施。冬季寒冷时，应及时对蛇窝培土或加草保温，空气干燥也会影响蛇的生活，空气中的相对湿度应保持在50%以上。

4. 蛇的天敌

如鹰、雕、犀鸟、刺猬等进入蛇园为害，应严防。

5. 蛇的病虫害及防治

(1) 病害防治：人工养蛇常见的蛇病有霉斑病、口腔炎、急性肺炎等。霉斑病：在梅雨季节里，由于地势较低或排水不畅，造成蛇窝积水或长期反潮。病蛇常见腹鳞生有点状黑色斑，若不及时治疗会产生局部溃烂而死亡。治疗方法是：用2%碘酊在霉斑部位涂擦，每日擦两次，一周即可痊愈。口腔炎：蛇类出蛰初醒后，由于身体瘦弱，一些有害细菌侵袭蛇的颈部，引起肿胀的口腔炎。病蛇张口不能闭合，不能吞吃食物，最后因不进食喝水而饿死。治疗方法是：用生理盐水冲洗病蛇口腔，后用龙胆紫溶液擦两颌，每天各冲洗、涂擦一次，直至消炎消肿后才停止。急性肺炎：在7～8月，产卵后的母蛇因身体虚弱，对气温过高不适才得此病。病蛇会呼吸困难、盘游不安、不想归洞，最后因呼吸衰竭而死亡。治疗方法是：用粉剂80万单位的链霉分8次包于青蛙皮内填喂病蛇，再用清水冲下。每天1～2次，一般3～4天即可痊愈。

(2) 定期驱虫：每年初夏和深秋进行两次驱虫，可在水池中投入肠虫清或四环素，供蛇饮用和洗澡，均可收到明显效果。

（三）选种与繁殖

1. 选种蛇

购买种蛇要选择伸缩弹性好的，凶猛有神，健康无伤的种蛇较为理想。若自己捕捉，大小同时饲养自然繁殖，公母配比为 2∶10。

2. 繁殖

性成熟的公母蛇一般在秋季交配，母蛇在翌年 5～8 月产卵。在交配繁殖季节，要投喂充足食物。每条母蛇产卵几粒至几十粒，多者可达 20 多粒。在产卵期，要注意随时将蛇园的蛇卵收集起来，不要放在阳光下暴晒，以免影响孵化率，也可将怀卵的母蛇关到蛇箱内产卵。收集的蛇卵可进行人工孵化。如用瓦罐或木箱、箩筐作孵化器，内垫细砂或杂草约 30 厘米厚，把蛇卵放在上面，保持温度 20～28℃，相对湿度 50%～90%，隔天将卵翻动一次。蝮蛇卵经过 28～30 天，铁环蛇卵经过 45～47 天，眼镜蛇卵经过 55～57 天便可孵化出幼蛇。孵出的幼蛇应拣出放在底部盛砂的泥缸里饲养，供给食物和饮水，使其生长，脱皮。

3. 蛇的越冬

当气温下降到 10℃ 的冬季，可将全部引入温室过冬；或者在蛇居住洞穴覆土或稻草，并盖塑料板过夜。在蛇进入蛇场之前，应准备些蛇药、消毒药物及器具。除用药之外还要学些捉蛇、防蛇伤及玩蛇等技术。这样在出入蛇场管理上很方便，也可减少蛇咬伤的麻烦。

（四）蛇毒的收集和加工

据外贸部门信息，长期以来，蛇产品在国际市场一直供不应求，活蛇国际市场需求量大，仅香港每年就要消费 50 万条。冷冻蛇肉许多国家和地区都需要进口，但货源短缺无法供货。香港每年需进口冷冻蛇肉数十吨。蛇胆很难满足需求，尤其中国出产的五步蛇、蝮蛇、眼镜蛇、银环蛇等蛇胆，在国际市场十分抢手。蛇毒在美国、日本和西欧销势看好，每克售价高达 1 000 美元，蛇皮及制品需求不断增加，越来越受到消费者欢迎。

1. 蛇胆采集与加工

蛇胆位于蛇体从吻端至肛门之间的中点稍偏后。胆囊呈椭圆形或梨形。蛇胆以墨绿色为佳，如淡黄色或灰白色的为"水胆"和"白胆"，无药用价值。杀蛇取胆，先让蛇饿几天后再取为佳品。取胆时用线结扎胆管后再切断，取出胆囊悬挂阴干。但一条活蛇只能取一次胆。如果抽取胆汁，经济效益就会更高些。抽取胆汁时左脚踏住蛇的头颈，右手握住蛇体中部，摸准胆囊稍加压力，使其腹部微凸，用 70% 酒精消毒皮肤。将消毒后的注射针头插入胆囊，缓缓抽出胆汁。将胆汁装入消过毒的玻璃瓶中，进行真空干燥，获得结晶。胆汁不能抽尽，因为人工饲养与野外自然蛇，活动量与食物均不同，因此抽取胆汁不能过勤，每 2 个月抽 1 次。

2. 蛇毒的采集与加工

（1）蛇毒采集：采集蛇毒所用工具有小玻璃杯、小瓷碟、培养皿、瓷匙等。采集方法是：用一只手捏住蛇的颈部，另一只手把取毒工具送入蛇口中让其咬住，毒液滴入皿内。人工饲养的蛇一般一个多月采集一次，抽胆汁和取蛇毒做一次循环作业。

（2）蛇毒加工：一般在常温下采用普通真空干燥处理，冷冻干燥效果最好。但这些设备复杂，野外作业不便使用。干毒应密闭防潮，外包黑色纸或锡箔避光，注明蛇毒种类和批号及采收日期。有条件可放入冰箱中保存。蛇毒系剧毒物质，保管要严格执行国家的管理规定。

四、林下养野鸡技术

林下养野鸡是利用传统的养鸡方法，结合现代科学饲养技术，充分利用林下资源（昆虫）养野鸡而获得低成本、环保、绿色的野鸡产品。

（一）场地选择

林下养野鸡的场地要求是：无污染、向阳、坡度不大于35°，最好是疏林，有足够的清洁水源，距离公路主干线、工厂和居民点500米以上的干燥林地。

（二）场地建设

1. 住房及饲料房的建设

选择在饲养场（围栏）外一角的平整地带，能观看到全场的地方建设，面积根据饲养规模而定，一般万只规模，工人住房及用具房8～10平方米，饲料房8～10平方米。

2. 脱温房的建设

建在距离住房和饲料房较近的地方，万只规模为20平方米，要求通风、保暖、有升温设备（如地炉等）。

3. 饲养区围栏建设

围栏网可选用遮阳网，也可选用尼龙网（网孔直径不大于3厘米），网桩采用角钢或林桩，利用树林挂网，节省围栏支出。

4. 鸡舍建设

鸡舍也可以说是避雨舍，它的功能是供鸡夜间休息或避雨用的固定场所，建设时选择略高于周边地面的地方建设，可大可小，分散设鸡舍，以免过度集中，破坏生态，但要求通风、保暖、防潮，鸡舍离地面10～20厘米搭建高床，让鸡休息时不接触地面，总高度不超过1.5米。

5. 水、料点的设置

为便于野鸡饮水、取食，分散选择相对平整的地方安装水、料槽。

6. 消毒池的建设

为防止工作人员带病菌入场，在围栏门口处建一个与门一样宽，工作人员能自由踩踏到一步以上的消毒池，池中装消毒液。

（三）品种选择

林下野鸡饲养要选择肉质好，适应性强的品种，这类野鸡适应性强，通过长时间的林下自然饲养，采食大量的昆虫、野草等，肉质更好。

（四）饲养管理

1. 饲料选择

雏鸡饲料选择，确保雏鸡脱温阶段的营养需要，保证成鸡时有健壮的体质，能适应在大自然环境中生存,保证必需饲喂高蛋白的全价饲料。成鸡饲料选择,成鸡补饲使用的饲料是原粮;如玉米、大麦、小麦、荞麦等。

2. 雏鸡管理(育雏)

新孵化出壳或购买的雏鸡,对温度要求高,不适宜常温饲养,因此,必须要在特定温度环境中用脱温箱进行饲养,随雏鸡的增长或时间的延长,逐渐将室内温度降至常温,此阶段需要25天左右,开始时温度为35℃,每周下降3~4℃,直至降到常温,然后在室内常温下适应性饲养7~10天,选择晴朗天气即可放到林下饲养。

3. 成鸡管理(林下饲养)

育雏结束后要放到林下饲养,此时的鸡适应新环境能力不够强,自己觅食的能力很差。因此,要加强管理和观察,补饲要加强,慢慢减少饲料供给,促使其在林内自己觅食;但每天早晚还要补饲两次适当的原粮。为减少舍内鸡粪产生的氮气对鸡呼吸道影响,注意适时清除鸡舍内的鸡粪。夜间要加强巡视,以防野狗、野猫、黄鼠狼袭击鸡只。

4. 饲养密度

林下养鸡是一种循环式的生态养殖,就是利用林下的牧草和各种昆虫来养鸡,鸡的粪便又促使牧草、树木的生长和昆虫的繁殖,又给鸡提供食物的循环过程。因此,饲养密度不宜过大。否则会破坏生态环境,一般在适当原粮补饲的情况下,每亩林地养殖50~70只为宜;如果林地面积较大,为方便管理,实行轮换场地饲养,也可适当增大饲养密度。

5. 适时出栏

成鸡一般饲养到2.5千克左右,此时屠宰,肉质细嫩,香甜可口,此时出栏是最好时机,再养生长速度也缓慢,饲料报酬低,又增加了养殖风险,减少饲养批次。

(五)林下养鸡场的利用年限

在无疫病污染和生态环境不被破坏的情况下,可利用3~5年,一般不超过5年,如果该场发生疫病就要立即更换场地,并对染病鸡群进行捕杀消毒处理,对鸡场进行消毒,以备以后再次使用。

(六)疫病免疫

疫病是林下养野鸡的最大敌人,一旦发生疫病全场被毁,因此,必须重视疫病防治,一方面,要从进鸡苗开始抓起,购买雏鸡时事先要对该批鸡的健康情况进行了解,父母代有无某种疫病感染,是否已彻底控制等。二是一定要按照免疫程序进行免疫,主要要进行免疫的病种有禽流感、禽霍乱、鸡新城疫、马立克氏病、鸡传染性支气管炎、法氏囊病等。此外应适时进行抗体监测,掌握鸡群的健康状况。

(七)驱虫

加强对鸡球虫、线虫、吸虫类等寄生虫的适时驱治,并做好夏季防虫工作,为提高林下野鸡品质,达到绿色标准,应控制药物残留。

五、林下养狐狸技术

狐狸全身是宝,狐皮可制作高档服饰如裘皮大衣等,狐肉营养丰富,狐心、肺、胆、肝有药用价值，狐狸粪还是优质的有机肥。林下狐狸养殖是特种养殖，效益高、风险大、技术要求高。

（一）品种选择与购买

养殖户在养殖前，要全面评估养殖条件，选择适宜的狐狸品种，根据是以狐皮还是以狐肉为主要产品来选择品种，先确定产品的销售市场是我国还是国际，根据产品销售市场的消费习惯、市场价格等选择目的地市场畅销的品种。以狐皮为主的养殖户可选银狐、芬兰原种狐或改良狐等品种，以狐肉为主的养殖户可选择芬兰原种狐等品种。

（二）狐狸养殖场建设

根据所养狐狸品种的习性进行选地建场，不同品种的狐狸习性不同。如银狐场应选择地势高燥、平坦、通风、向阳透光、有鱼虾或屠宰下脚料等饲料来源充足的地方作为场址。场房主要包括围墙、笼舍、产房等。围墙最好用砖石砌成，也可用竹木、铁皮或铁网围成，高度 >2 米，以防止银狐外逃和敌兽侵害。笼舍上一般用水泥板、石棉瓦、油毡等盖顶，以防雨和遮阳。笼舍内设有窝室，用木板或水泥板制成，也可用砖筑成，再在窝底加垫一块木板。

（三）狐狸繁育

狐狸性成熟一般需要 10~12 个月，狐狸产崽在每年春季 3~4 月。因此，雌狐要在每年 5 月 20 日之前出生的才可作为产崽母狐，12 个月龄已完全性成熟的狐狸是产崽母狐的最佳选择。狐狸繁殖最重要的是狐狸产房的修建，产房应满足通风透气、保温抗寒等要求，砖板混搭式产房可使仔狐的成活率 >90%，甚至高达 98%。哺乳期一般是在 4~7 月，从全群来看，可持续 2~3 个月。

狐狸幼崽出生后 1~2 小时开始吃初乳，要让每一只幼崽及时、充足地吃到初乳，初乳中含有许多幼崽所必需的免疫球蛋白，把好开口关，是提高幼崽成活率的关键。幼崽生长发育快，随着日龄的增加，毛色逐渐的加深、长长，爪子逐渐变硬，待到 14~16 天时睁眼，并陆续长出牙齿和犬齿。幼崽一般在产后 15~20 天开始吃母兽叼入窝内的饲料，以后逐渐开始出窝觅食，此时可单独给幼崽配制些易消化的优质粥状饲料给予补饲。45~60 日龄以后，大部分幼崽能够独立采食和生活时要及时断奶分窝。

整个哺乳期间，必须密切注意母狐和幼崽生长发育状况，以便及时采取措施，确保幼崽正常生长发育。此期间饲料加工要精细、调制得稀些。不要控制给食数量，实行自由采食，每顿食盘中都有少量剩余，应视窝中幼崽数、日龄区别给食。幼崽多、日龄大时要多给食，让其自由采食，尽可能地多吃些。当幼崽已能采食或母乳不足时，要及时进行补饲。为避免幼崽之间争抢食物，可将饲料放在两个或更多食盘里进行补饲，补饲量可根据幼崽的数量和日龄逐日增加。幼崽至 45 日龄时大部分能够独立采食，可陆续进行断乳，进入幼兽育成期饲养。为使母狐能分泌出足够多的乳汁，除要增加各种营养成分的数量外，还要注意营养成分的种类和比例，可在日粮中补充适当数量的乳品，如牛奶、羊奶及奶粉等。

（四）饲养管理

狐狸应根据季节变化，实行季节性管理，以适应狐狸的生理需要，夺取养狐高产丰收。春季是种狐发情、交配、繁殖和换毛的季节，又是商品狐生长发育最旺盛的季节和发病较多的季节，要加强种狐和商品狐的饲养管理。抓好公、母狐的管理，发情的狐都有外出寻偶交配的行为，为了保证狐的繁殖质量，防止品种退化，对公、母狐可按1公3母的比例进行饲养，做到合理地按计划交配。避免公、母狐间争夺配偶相互斗咬伤残。

夏季气候炎热，容易引起狐中暑和消化道疾病。做到狐舍干燥通风、防暑降温、清洁卫生，避免阳光直射，预防狐中暑。夏季饲料容易霉变，常引起狐群食物中毒或胃肠疾病，因此，除加强饲料管理外，最好实现现配现用，剩食妥善处理，不喂馊食变质饲料。食具要清洗消毒，用前要仔细检查，把好饲喂质量关。夏季也是传染病和寄生虫的高发季节，要对狐舍定期消毒，搞好狐舍及狐体卫生，杀灭吸血昆虫。

秋季气温逐渐下降，狐体准备脱去短、稀、薄的夏毛，换上长、浓、密的冬毛，体内新陈代谢增强，营养储备增加，食量相应增大，增膘储脂，准备越冬。秋季也是狐的第2个繁殖季节，营养消耗也相对增大。适当增加日粮饲喂量、提高日粮营养，保证狐能获得丰盛优质的饲料，满足狐越冬时的营养储备。搞好狐舍和狐体卫生，保持其皮肤和被毛清洁，促使顺利换毛，预防皮肤病发生。对秋季发情公、母狐加强管理，做到有计划配种，确保狐仔质量。

冬季气候严寒，狐易受寒而患呼吸道疾病，冬季又是病毒性疾病的高发季节，冬季的卫生、防病等管理工作也不可忽视。冬季还是狐群休养生息的季节，需要增补营养，增强狐体抗寒、抗病能力。

（五）疾病的预防和诊治

在日常的饲养管理中，必须坚持"预防为主、综合防治"的原则。禁止从疫区采购饲料，控制饲料的霉变，清除饲料中的有害物质，鱼、肉类饲料在加工前要清除杂质，要引用清洁无污染水，笼舍下面的粪便每天要及时清除，并对地面进行冲洗，饲喂用具应经常消毒。切断一切传染途径，严禁其他动物进入饲养场，定期接种预防，饲料中加入一些药物，能有效地预防某些疫病的发生，坚持定期消毒。

第二十章　林下旅游观光实例综述

第一节　森林休闲娱乐开发模式实例

这种森林旅游开发模式要求森林旅游区区位条件良好，有良好的可进入性，旅游基础设施与接待设施比较完备。一般位于大城市周边地区，附近 1~2 小时车程范围之内，以休闲娱乐、消夏避暑、周末度假为主要功能。这里的森林植被丰富，生态环境良好，适于开展森林游憩、野炊、野营等户外活动，如北京西山国家森林公园、黑龙江的牡丹峰、陕西的朱雀等森林公园。

一、北京西山国家森林公园

北京西山国家森林公园（昌华景区）位于北京西郊小西山，属太行山余脉，总面积 739.4 公顷。公园毗邻西五环，是距北京城区最近的一座国家级森林公园。

公园是在北京市西山试验林场的基础上建立的。新中国建立初，小西山一片荒山秃岭，满目疮痍。1952 年北京市开始大规模绿化小西山，经过林场六十年的辛勤造林、抚育和管护，形成了今日郁郁葱葱的小西山森林景象。

公园地带性植被为温带夏绿阔叶林，现有植物共计 517 种，分属 90 科。小西山纷繁的树种和不同的混交林形成四季分明、风景秀丽的森林景观。春季桃杏满坡，山野吐翠；夏季林木森森，浓荫蔽日；秋季红叶如云，金风送爽；冬季松柏长春，银装素裹。

公园门区占地约 60 亩，能工巧匠掇山理水，建成集瀑布、跌水、溪流、湖面为一体的综合性山水景观。园内结合山势建设了牡丹园、紫薇园、玉兰园、梅园、花溪等多处特色植物景区和山水文化景观。另外公园开辟了多处森林健康休闲区，茂盛的森林和湿润洁净的空气为游人提供了丰富的负氧离子，形成天然的森林氧吧。

公园范围内历史古迹亦分布广泛，其中蜿蜒数千米的进香古道；清朝健锐营操练的碉楼；姚家寺塔；方昭；圆昭；念佛桥等历史遗迹，构成了独特的西山人文历史景观。

北京西山国家森林公园以风景资源为依托，以森林文化、植物文化、山水文化、生态文化为核心，不断完善基础设施和景观环境，努力创造怡人的游园环境，满足游客日益增长的旅游、休闲、娱乐、健身等各项需求。

二、黑龙江牡丹峰

牡丹峰国家森林公园位于牡丹江市区东南约 15 千米处，地处老爷岭山脉西北端，面积 80 平方千米。属于森林生态系统类型保护区。主要保护原始森林及其动植物。它是一处原始自然生态系统和巨大而丰富的植物基地，也是世界少有的距城市和交通枢纽最近的原始森林式的国家级森林公园，1994年被国家列为全国20个示范森林公园之一。

公园内森林类型有着明显的垂直分布，自上而下分为3个带：原始针叶混交林带、次生针阔混交林带、次生蒙古栎林带。

原始针叶混交林带，面积1 990公顷保存有大量顶极群落的原生树种，主要有红松、云杉、冷杉、大青杨等。其中，有1 300公顷的原始森林，古松高达40多米，胸围5米多。植物种类繁多，有521种，珍贵树种有国家一级保护植物黄菠萝、二级有红松（原生种）、樟子松、山槐（原生种）、水曲柳（原生种）、椴木（原生种）等。中草药有人参、党参、黄芪、五味子、刺五加等153种。而且蕴藏有大量的山珍野味，如刺老牙、蕨菜、薇菜、黄花菜、小百合、桔梗等。木耳、香菇、蘑菇、猴头等食用菌随处可见。珍禽异兽时有出没，兽类有30多种，有国家一级、二级保护野生动物东北虎、金钱豹、梅花鹿、獐、马鹿、紫貂、飞龙、鸳鸯等。禽类有190多种、森林昆虫有400多种。

公园山势由东南逐渐向西北呈放射状平缓下降，其主要景观有牡丹峰、龙头泉、玄武河、古山城、牡丹塔、仙人河、鸡冠砬子、鹰峰顶等，称为八大景观。牡丹峰是公园内的最高峰，海拔115米，在峰顶东侧有泓高山清泉、潺潺泉水四季长流，来此观光、会想起"明月松间照、清泉石上流"的千古名句。龙头泉的泉眼水上升冒泡，涌流不息，昼夜流量170亿千克，突溢势头很猛、水质清洌甘甜。泉上有一株高大紫椴树，其根部胀大露出地面，罩住泉眼上方，水从树根下流出，恰似龙头戏水，故得名龙头泉。

三、朱雀国家森林公园牡丹峰

朱雀国家森林公园创办于1992年，1999年晋升为国家级森林公园，2009年被联合国教科文组织确定为秦岭终南山世界地质公园朱雀景区，2010年被国家旅游局评定为国家AAA级景区。公园位于西安市户县南部，地处华夏龙脉、秦岭之巅万顷森林腹地，是以自然山水为基础，森林风光为主体的天然风景旅游区，总面积2 621多公顷，公园有秦岭梁、芦花河、奇秀峰、龙潭子、冰河翠五大景区，105个景点，鸟瞰全部景区地形，如人们传说中的吉祥鸟朱雀，于茫茫天际之下，在浩瀚群山之中飞翔。

景区自然山水神奇，天然森林密布，无数奇崖怪石，清潭飞瀑掩映在密林巨树、奇花异草之中，构成了一幅天然的山水画卷。冰晶顶之雄、龙潭子之奇、奇秀峰之险、芦花河之秀、秦岭梁之幽各显特色。水景有3河8瀑13潭，山景有秀峰22座，奇崖18座，珍稀动植物景观丰富多彩。

园内的高山草原茵茵如毯，繁花似锦；奇杉古松若盆景古董，古朴原始；挂天飞瀑似银河下泻，绝壁飞雪；海拔3 015米的第四纪冰川遗迹与原始森林相嵌相拥，气势恢弘，壮观无比。公园除了沟道景观外，大部分是天高地阔的山顶景观，境内海拔2 800米以上的山峰有28座，行走在"山脊环线"上，辽阔的秦岭山顶风光一览无余。畅游朱雀森林公园，可以深切感受到大自然的壮美和多种地貌的无比神奇。公园游客服务中心海拔约1 500米，被誉为"山脊上的度假村"，年平均气温9℃，盛夏最热时气温也只有26℃，低于西安市10℃以上，是避暑度假的理想地，由于森林覆盖率高，整个山体上下一碧，处处凝绿滴翠，清新湿润的空气以及高标准的负离子含量，使公园变得十分惬意宜人。

朱雀国家森林公园自然山水神奇，森林风光秀丽，近靠西安、咸阳等关中城市圈，是西安后花园中的一颗璀璨的旅游明珠，可以一日游、二日游、三日游。园内有高空索道、松林茶社、湖畔垂钓、篝火晚会、野炊烧烤、卡拉OK、健体美容、冲浪洗浴等休闲体验项目。公园住宿有高、中、低档床位600多张，大型餐厅可满足500人同时就餐，具备接待大、中、小会议的能力，是人们休闲、度假、观光、避暑及举办各类培训班、会议之胜地。

第二节 森林自然观光开发模式实例

这种森林旅游开发模式要求森林景观类型多样，森林风景、自然风光和人文景物都比较突出，自然生态环境保护较好，旅游吸引力强。这种森林旅游区以自然观光为主要功能，以其绚丽优美的森林风景取胜，有最为诱人的自然风光，适于开展风光游览、动植物景观观赏等旅游活动，如湖南的张家界、陕西的太白山、终南山等森林公园。

一、张家界国家森林公园

张家界国家森林公园是我国第一个国家森林公园，位于湖南省西北部张家界市境内，建立于1982年，总面积4 810公顷，其前身为张家界国营林场。建园以来，相继获批国家首批世界自然遗产、国家首批世界地质公园、国家级重点风景名胜区、国家AAAAA级景区、全国文明风景旅游区，其独特的石英砂岩峰林被联合国教科文组织命名为张家界地貌。

公园自然条件优越，年平均气温12.8℃，年平均降水量1 228.5毫米，属中亚热带北部气候区。公园是高山盆地地形，植被丰富，小气候明显，空气的含尘量较外界减少80%，细菌含量减少97%，负氧离子数量高达10万个每立方厘米，是城市的500倍，是理想的生态旅游乐园。野生动植物资源十分丰富，森林覆盖率达98%，木本植物达102科751种。属国家一级保护的珍稀树木有7种。公园内鸟类有47种，兽种有28种，其中属国家保护的珍稀动物有12种，因而被誉为"天然动植物园"。

张家界国家森林公园不仅地貌奇特，风景秀丽，物种丰富，植被完好，而且是一个以土家族为主体的多民族居住区，民风民俗香郁醉人。如土家婚嫁习俗、土家祭祀习俗、土家过年习俗、土家歌舞等，至今仍然保持着原汁原味的古风古韵。特别是土家摆手舞被称为土家族特有的壮丽史诗和土家族民间文学艺术的瑰宝。还有被称为"中国舞蹈的最远源头、原始戏剧活化石"的茅古斯舞。源远流长的少数民族文化，地地道道的少数民族风情，令人耐嚼寻味。

——张家界拥有完美的自然生态系统，是一座巨大的生物宝库和天然氧吧，被称为"自然博物馆和天然植物园"。

——张家界拥有独特的石英砂岩峰林，这种地貌被联合国教科文组织命名为张家界地貌。

张家界的砂岩峰林地貌是一种独特的地貌形态和自然地理特征，发育于泥盆系云台观组和黄家磴组，峰林集中分布区面积86平方千米。它是在特定的地质构造部位、特定的新构造运动和外力作用条件下形成的一种举世罕见的独特地貌。在园内有3 000多座拔地而起的石崖，其中高度超过200米的有1 000多座，金鞭岩竟高达350米，个体形态有方山、台地、峰墙、峰丛、峰林、石门、天生桥及峡谷、嶂谷等。公园以世界上独一无二的砂岩峰林地貌景观为核心、以岩溶地貌景观为衬托，兼有成型地质剖面、特殊化石产地等大量地质遗迹，构成独具特色的砂岩峰林地貌组合景观。

境内峰奇岩险，谷深涧幽，水秀林碧，云缭雾绕。有已命名景点90多个，标准石板游道6条，总长42千米。森林公园向社会开放后，先后建成了黄石寨索道、百龙天梯等交通游览设施。从1991年起，张家界国家森林公园开始举办国际森林保护节，吸引了大量游客。峰林奇异，是张家界景观的一大特点，包括：黄石寨之雄、金鞭溪之幽、袁家界之奇、腰子寨之险、琵琶溪之秀、砂刀沟之野6个小景区游览线。

——张家界旅游资源富集，汇峰、谷、壑、林、水为一身，其中黄石寨、金鞭溪、袁家界三条游览线被推介为国际黄金游览线。

公园旅游资源富集，汇峰、谷、壑、林、水为一身，已开放五大景区，六条游览线，130多处精华景点，以黄石寨之雄，鹞子寨之险，袁家界之奇，金鞭溪之幽，琵琶溪之秀，砂刀沟之野而闻名，其中，黄石寨、金鞭溪、袁家界三条游览线被推介为国际黄金游览线。园内交通便捷，55千米精品游道覆盖每一个精华景点，低碳环保车可直达各大景区，新提质改造升级的黄石寨索道、百龙天梯以及即将建成的杨家界索道可为游客提供更为便捷的游览方式。干净整洁的游道、标准规范的中英文标示标牌、卫生环保的五星级厕所，为每一位游客提供最舒适的游览环境。

张家界国家森林公园加强景区保护与建设，现已开放黄石寨、金鞭溪大峡谷、鹞子寨、袁家界、杨家界五大景区，六条游览线，468个观景台（点）。旅游服务配套设备俱全，有四星、三星、二星级酒店三十多家，床位四千多个，大型购物和休闲娱乐场所三家。公园是少数民族聚居地，又是革命老区，这里民风淳朴，原汁原味的民间艺术，民族风情会让人耳目一新。建园以来，公园森林旅游蓬勃发展，年接待游人已超过300万人次。

二、太白山国家森林公园

太白山横空出世，势如天柱，高耸在秦川大地。它以3 767米的海拔高度，成为青藏高原以东的中华内陆最高峰，堪称华中第一山。它一手牵着黄河，一手牵着长江，逶迤出中华大地的南北分界线。

秦岭山脉是我国南方与北方的天然屏障，也是长江、黄河两大水系的分水岭。太白山作为秦岭山脉的主峰，其自然地理条件就更为独特，它那高耸入云的雄伟气势，瞬息万变的气候神姿，自古以来就披着一层神秘的色彩，为中外科学家和文人学士所向往。

数亿年的沧海桑田，塑造了今日太白山奇峰林立、山势峥嵘的险、奇景色。太白山高山区至今还保留着完整的、千姿百态的第四纪冰川遗迹。一个个高山湖泊，碧波荡漾，湖光山色，令人陶醉，古人及当地老人都称其为"神湖"，实则为"冰蚀湖"。这些冰蚀湖自古就有"太白池光"、"高山明珠"之称。在拔仙台、跑马梁一带，石河、石海望之浩然，似有翻滚奔腾之势，令人眼花缭乱。由拔仙台环眺四周，角峰、槽谷、冰斗、冰坎、冰阶等第四纪冰川所特有的地貌形态历历在目。因此，太白山可谓是研究第四纪冰川最好的天然博物馆。

太白山风景秀丽，景色迷人。"太白积雪六月天"为著名的关中八景之一。在过去寒冷的年代，太白山顶终年积雪，每当盛夏，从关中平原眺望，白雪皑皑，银光四射，蔚为奇观。

太白山历史悠久，人文荟萃，自古以来就是一座中华名山。李白在它的怀抱中泼墨挥毫，杜甫在它的身旁行吟礼赞，岑参讲述着胡僧的传说，韩愈描绘出神马的奇幻，苏东坡在这里拜仙求雨，于右任在这里放歌感叹……

1991年，经国家批准成立了太白山国家森林公园。1992年7月，公园正式对游人开放。从此太白山这位"养在深闺人未识"的娉婷少女才向人们揭开了她神秘的面纱，讲述她传奇的故事。

太白山国家森林公园位于秦岭主峰太白山北麓的眉县境内，公园面积2 949公顷，包括10个景区，180多个景点。公园海拔高度从620米到3 511米，是我国海拔最高的国家森林公园。

太白山国家森林公园以森林景观为主体，苍山奇峰为骨架，清溪碧潭为脉络，文物古迹点缀其间，构成了一幅静态景观与动态景观相协调、自然景观与人文景观浑然一体、风格独特的生动画卷，这里山峦叠翠，山清水秀，湖光山色，恬静瑰丽，曲流溪涧，晶莹碧透，烟雾浩渺，吐珠溅玉，奇峰怪石，如塑似画。置身其中，峡谷壁立，石径萦回，古枫垂阴，沟壑幽深。阳春，草木吐翠，万花争艳；盛夏，绿荫夹道，凉风习习；金秋，山果串串，枫叶显媚；寒冬，玉树银装，温泉吐雾。"凤泉神泽"、"鱼洞仙音"，会使人怡然自乐；传说中的"唐子城"、"二郎阁"、"牛窑"、"神女碑"会把你引入美丽的童话世界；神功石、泼墨山、世外桃源、开天关、七女峰、古栈道、拜仙台使人流连忘返，游兴大发。这里，不仅一山一水、一沟一壑、一峰一石都很别致、优美，就连山上的一林一木、一草一花、一树一枝也都那样美妙、神奇。

巨大的高差，形成了太白山国家森林公园内气候、动植物带明显的垂直分布。在海拔620~3 767米的山地范围内，分布了地球上上百万米范围内才有的气候带、植物带和动物带。

游人在山下身处炎炎的夏日，而入园后进入浅山区，入眼的便是烂漫的春花，盎然的春意扑面而来。进入中山区，却是天高云淡，秋风飒爽，而到了高山区，即感寒风阵阵，而或白雪皑皑，真可谓"一日历四季，十里不同天"。

太白山国家森林公园生物种类繁多，起源古老，是天然的物种基因库，素有"亚洲天然植物园"、"中国天然动物园"之称。在太白山复杂多变的地体因素和特定的宇宙因素的综合作用下，形成了太白山特有种和新种，如太白红杉、眉柳、太白参、太白乌头、太白贝母、太白忍冬等。园内共有种子植物1 850种。由于太白山森林植被的古老性、稀有种、孑遗种多，属国家二级保护植物有太白红杉、水青树、莲香树、山白树、杜仲、独叶草、星叶草、大果青扦、狭叶萍耳小草9种。三级保护树种有庙台槭、金钱槭、领春木、紫斑牡丹、延龄草等11种。

太白山国家森林公园丰茂的森林资源、复杂的自然环境，为野生动物提供了繁衍生息的良好场所，是珍禽异兽的天然乐园。公园内有森林动物、昆虫1690余种，其中，属国家一类保护的动物有金丝猴、大熊猫、羚牛3种，二类保护动物有云豹、金钱豹、红腹角雉、苏门羚、大鲵等7种。

太白山国家森林公园保存完好的自然景观和良好的生态环境，为人们回归大自然提供了良好场所。经西安医科大学教研室同太白山国家森林公园管理处测定，太白山森林公园内空气负离子日平均浓度为15 000个/立方厘米，最高值为25 000/立方厘米，是进行森林浴的"天然氧吧"。园内天然矿泉水井水温达70.9℃，水中含20余种对人体有益的矿物成分和微量元素，为优质医疗矿泉水，对各种皮肤病、风湿病、心血管疾病、消化系统疾病等有很好的疗效。

漫步园内，踩着如茵的绿地，林海茫茫，浓阴匝地，灿烂的阳光透过如伞的树冠，金黄的光斑洒满蜿蜒的小径；呼啸的山风掠过头顶的树梢，遥远的呼吁声在林中回荡。脚下，古道蜿蜒、曲径通幽。鸟儿在耳边鸣唱，秋虫在溪边弹琴。而或乘坐缆车在林间穿行，远望山岭青翠，层峦叠嶂，飞瀑流泉，风光宜人。近看绿草如茵，鸟语花香，莺飞燕舞，风光诱人。此时此刻，脱凡超俗之感油然而生，思古怀幽之情悄然而至。宁静深沉的森林，清新湿润的空气，怎不令人陶醉与神往。

园内，太白山索道如一条巨龙，穿行于林莽间，自海拔2 800～3 200米，为国内海拔最高的索道；陕西境内交通最便捷、设施最完善、雪道最长的太白山滑雪场游人如织；亚洲跨度最大的高山滑索，更是带给游人无尽的刺激与浪漫。而坐落于旅游区的一座座风格迥异、设施齐全、服务周到的旅游宾馆、山庄，更为游人提供着体贴的服务。

通过十多年的开发与建设，以太白山国家森林公园为主体的太白山旅游区，在旅游基础设施建设和景区景点的开发建设方面取得了很大的发展，已成为陕西西线旅游中集观光、度假、疗养、休闲、娱乐以及科学考察为一体的旅游胜地，先后荣获国家首批AAAA级旅游景区，全国文明森林公园，成为陕西首个同时通过ISO9001质量管理体系认证和ISO14001环境管理认证体系的旅游景区，荣获全国文明旅游风景区创建工作先进单位、平安景区等称号。

三、终南山国家森林公园

终南山国家森林公园位于陕西省西安市长安区，1992年建园，总面积为4 800公顷。主峰终南山海拔2 604米，是我国山崩地质作用最为发育的地区之一，而翠华山国家地质公园则是终南山国家森林的重要组成部分。翠华山山崩分布面积5.2平方千米，目前初步开发15平方千米，分布在水湫池、甘湫池、大坪三处。主要由残峰断崖、崩塌石海、堰塞湖三大部分组成。

残峰断崖主要指土案峰、甘湫峰、翠华峰及形成的山崩临空面。三峰鼎立、突兀险峻，直冲云霄。玉案峰海拔1 688米，半峰劈裂，崩面平齐峻峭，好像玉案倒竖，甚为壮观。《关中记》载："太乙谷东，山峰齐如案、峰腰有金华洞、洞中常有冉冉行云如瀑则澍雨。故古有'云案峰头起，雨自金华洞中来'之名句"。玉案性云与雁塔晨钟、杏园赐宴齐名，同为关中胜景甘湫峰，海拔2 045米，是一条1 500多米、宽260～900米、高差约300多米的山岳、近南北就地崩塌、形成石海波涛的壮景。翠华峰、海拔1 414米、似巨大的铜墙铁壁横旦翠华山中，两端被高达200余米的峭壁截切、形成一条长近千米、高200多米、宽300多米的石坎，墙塞太乙谷。三峰气势恢宏、有玉笋簇生之姿、堡垒踞霄之势，堪称奇绝。特别是太乙真人峰，此残峰似一长者凝目远眺、独立峰巅、晴时可见古都西安之风貌、南五台之佛光。

翠华山还是植物区系的交汇处，属国家重要保护的珍稀濒危木本植物有8种，草本植物10种。从翠华山登至秦岭终南山主峰，林带层界分明，南坡植株低矮、皆为草甸；北坡杜鹃成林，三、四月杜鹃花开则红霞蔽日，尤为壮观。最奇山上墨松，南侧枝干突兀，北侧枝繁叶茂，羚牛、羚羊经常出没此处，让人感受到大自然的美妙情趣。

第三节　森林度假疗养开发模式实例

这种森林旅游开发模式要求在森林中有能大量散发出挥发性物质芬多精的植物，如樟科、松科、芸香科植物，同时森林植被生长旺盛，树木高大、森林封闭度高。一般地处偏远的山区，受外界影响小，以温泉、海滨疗养和森林保健等为主要功能。这种旅游区内有丰富的空气负离子，具有防治高血压、冠心病、神经官能症、哮喘、气管炎等多种疾病的功效，有利于人的身心健康，适于开展度假、疗养等旅游活动，如肇庆鼎湖山自然保护区，威海海滨的森林公园等，下文以肇庆鼎湖山自然保护区为例。

鼎湖山国家级自然保护区位于广东省肇庆市鼎湖区，距离广州市西南100千米，总面积约1 133公顷。建于1956年，是中国建立的第一个自然保护区，是唯一隶属于中国科学院的自然保护区。1979年，又成为中国首批中国首批被联合国教科文组织列入"国际人与生物圈保护区网（MAB）"的成员之一，享有"北回归沙漠带上的绿洲"之美誉。鼎湖山自然保护区至今已走过了五十多年的光辉历程，为中国自然保护建设事业起到了探索和先驱的作用，是中国自然保护的一面旗帜。2006年在全国自然保护区50周年庆典大会上，鼎湖山国家级自然保护区管理局被国务院七部委授予"全国自然保护区管理先进集体"称号。鼎湖山自然保护区管理局多年来积极开展科普教育工作，已成为"广东省环境教育基地"（1998年），"全国青少年走进科学世界科技活动示范基地"（2002年），"广东省青少年科技活动基地"（2003年）。

保护区主要保护对象为南亚热带地带性森林植被类型——季风常绿阔叶林及其丰富的生物多样性；保护区内生物多样性丰富，是华南地区生物多样性最富集的地区之一，被生物学家称为"物种宝库"和"基因贮存库"。

保护区景观独特，有近400年记录历史的地带性原始森林——南亚热带季风常绿阔叶林和其他多种森林类型保存完好，被誉为北回归沙漠带上绿洲中的"明珠"。山上有著名的佛教圣地——庆云寺。

1. 植物资源

保护区具有高等植物2 500多种，约占广东省植物总数的1/4，其中有野生高等植物1 993中、栽培植物564种。含蕨类植物39科78属148种、裸子植物8科14属23种、被子植物97科688属1 822种。保护区内分布着23种国家重点保护野生植物，其中有与恐龙同时代、被称为活化石的古老孑遗植物桫椤，材质坚硬耐腐蚀的格木等。华南特有种及模式产地种有30多种。属于藤本植物的有351种，附生植物80种，寄生植物16种。各种野生资源植物丰富，其中优良用材树种320种；药用植物1 049种；油脂植物185种；保健饮料植物12种；淀粉植物45种；适于园林绿化观赏的植物340种；果蔬20多种。在鼎湖山植物名录上能找到以鼎湖命名的植物有13种：鼎湖血桐、鼎湖念珠藤、鼎湖杜鹃、鼎湖越桔、鼎湖钓樟、鼎湖合欢、鼎湖耳草、鼎湖山矾、鼎湖紫珠、鼎湖青冈、鼎湖毛子蕨、鼎湖冬青、鼎湖白珠树。

2. 动物资源

鼎湖山野生动物种类丰富，有鸟类214种（含亚种）、兽类38种、爬行两栖类75种，已鉴定的昆虫980种，其中，蝴蝶类117种、白蚁15种。属国家重点保护的野生动物有苏门羚、穿山甲和小灵猫等32种。另采集的土壤动物标本包括软体动物门到脊椎动物门，分属于188科（线虫纲除外）。

3. 微生物资源

鼎湖山微生物种类繁多，已鉴定的大型真菌有601种，分属4纲，19目，46科，160属。包括食用菌140多种，药用菌近100种，毒菌40多种。已发现的最大真菌个体是本乡鹅膏，菌盖展开达30厘米，重700克。

第四节　森林生态体验开发模式实例

这种森林旅游开发模式要求森林生态系统完整，生物多样性丰富，并且在森林区范围内有民风淳朴的少数民族分布其间，一般远离大城镇或在偏远的乡村地区，以体验优美的自然环境和当地生态文化为主要功能。这些旅游区内自然景观与人文景观和谐统一，达到一种"天人合一"的境界，适合开展体验森林生态系统和当地文化的旅游活动，如湖北大老岭国家森林公园、辽宁旅顺口国家森林公园。

一、大老岭国家森林公园

大老岭国家森林公园于1992年建立，是三峡库区第一个国家森林公园，总面积70平方千米。森林公园不断发挥区位、资源、科普、管理优势，加快森林旅游发展，"依托大坝、融入三峡"，品牌形成独家特色，竞争力不断提升，成为湖北省新兴的森林旅游胜地，山之厚重、水之生灵、林之生机魅力彰显，被誉为"三峡明珠"。2012年，接待游客10万人次，实现综合产值5 000多万元。

（一）区位优势独具特色，森林旅游杰出典型

大老岭国家森林公园地处神秘的北纬30度，三峡工程坝头库首，距宜昌城区78千

米。三峡机场、汉宜高铁、长江旅游港、沪渝高速直达宜昌和景区，交通便捷。周边景区三峡大坝、屈原祠、昭君村与森林公园相得益彰，共同构成三峡核心景区和大型旅游综合体。

森林公园具有丰富的地文、水文、生物、人文、天象等旅游资源，有八大类22个亚类52种基本类型，尤以三峡云顶、绝色林海、绚烂秋色、避暑胜地、养生天堂广受称道。

森林公园平均海拔1 700米，年最高气温28℃，夏季平均气温21℃，每公顷活立木蓄积量99.1立方米，森林自然度一级，负氧离子浓度12 600个/立方厘米，空气清洁程度A级，素称"天然氧吧"。

森林公园四季分明，景色各异。春天是花的世界，鸽子花、杜鹃花、映山红竞相绽放；夏日是林的海洋，郁郁葱葱，清凉宜人；秋天层林尽染，叠翠流金，是视觉的盛宴，给人强烈的心灵震撼；冬季林海雪原，冰清玉洁。

森林公园拥有三峡云顶、五指山、盘龙岭、药王溪、千斤园瀑布、猪槽沟原始森林、大老岭植物园七大景区。

三峡云顶是三峡大坝北岸的最高峰，主峰天宝山2 008米，登上主峰，云顶佛光如梦如幻，绝色林海尽收眼底。五指山雄奇险峻，奇峰并列，惟妙惟肖，自古为道教圣地。盘龙岭山势盘旋若龙，千年以上古树荟萃，防腐木架空旅游步道，具有湖北省先进水平。

药王溪景区瀑布、森林、藤萝相互交融，相映成趣；多级瀑布顺谷而下，美不胜收。千斤园瀑布，深谷幽邃，溪水飞泻于百米高的峭壁断崖，飞珠溅玉；流淌在五彩斑斓的水石间，形成珍珠般的潭池，神韵独特。

有水的滋润，孕育了种类丰富的珍稀动植物，森林公园荟萃维管束植物2 469种，陆生和水生脊椎动物418种，其中，红豆杉、珙桐等国家重点保护植物39种，林麝、金钱豹等国家重点保护动物26种，被誉为"绿色宝库、动物乐园"。

猪槽沟原始森林是森林公园物种最丰富、最集中的区域，区内古木参天、藤蔓攀枝、腐木横亘，珙桐、铁杉、水青、银鹊等珍稀植物群落为"湖北仅有、中国罕见"。

大老岭植物园由珍稀植物区、观赏植物区和天然植物区组成，巧夺天工，集中展示了千种以上观赏珍稀植物。高山湖泊陷马池、情人湖镶嵌在植物园左右，清波荡漾，妙趣无穷。

（二）森林文化底蕴厚重，科普长廊独树一帜

森林公园广泛开展合作，先后建立了北京大学生态与环境观测系统大老岭实验站，北京林业大学大老岭珍稀特有植物博士工作站，华中农业大学大老岭教学实习基地，湖北大学大老岭生态保护与恢复研究中心，中国地质大学大老岭产学研基地，以及华中师范大学、三峡大学、长江大学、武汉工业学院、三峡旅游职业技术学院等10个产学研基地。

森林公园还建立了国务院三峡办植物多样性保护站，国家林业局疫源疫病监测站，地震局地震监测站，气象局7个海拔梯度全自动气象观测站和负氧离子监测站，全国鸟类环志中心鸟类环志站，林科院森林生态监测站，三峡库区湿地生态监测站等，监测数

据与国家联网。大老岭三峡云顶气象站为国家级高山无人气象自动观测站。

森林公园组织绘画、摄影、书法、笔会等文化艺术活动，制作了《走进三峡生物基因库》、《绿色迷宫大老岭》等宣教片，创作了《十四岁的森林》等系列影视作品和小说，挖掘整理了五指山、王爷庙、新宫、千手观音等历史传说和民间故事，开通了"三峡大老岭"门户网站和"三峡云顶"生态旅游网站，森林文化内涵不断丰富。巴楚文化、道教文化、屈原文化、昭君文化、三国文化等历史文化与水电文化、森林文化在这里交融，相映生辉。

以科研科普、森林文化为依托，森林公园建成国家生态文明教育基地、全国林业科普基地、全国野生动物保护科普教育基地、湖北省观鸟基地，生态科普长廊全面运行，组织中小学生夏（冬）令营、春（秋）游等科普和生态道德教育活动，年接待中小学生2万人次以上，生态科普教育、生态道德教育在湖北省独树一帜，多次被表彰为湖北省未成年人生态道德教育先进集体和湖北省爱鸟周活动先进集体。

(三) 发展机遇效应叠加，美丽窗口地位凸显

大老岭国家森林公园处于"大三峡旅游圈"、"鄂西生态文化旅游圈"的重要节点，成为展示美丽三峡、美丽中国的重要窗口。

《湖北省旅游发展规划》《湖北长江三峡国际旅游目的地发展与控制性规划(2007~2020年)》和《鄂西生态文化旅游圈建设总体规划及三个专项规划》都将大老岭规划为核心景区。宜昌建设现代化特大城市，将建设"名山"的重任赋予大老岭国家森林公园，《宜昌市旅游业发展总体规划纲要》和《宜昌旅游发展十二五规划纲要》将森林公园列为"两坝一峡"精品景区建设范围。

森林公园管理处发扬"艰苦求索，团结奉献"的大老岭精神，不断加强自身建设，内设办公室、计划财务科、基建办公室、项目管理科、湿地保护科、科研监测科和森林公安派出所，现有在职干部职工41人。管理处坚持以生态大老岭、活力大老岭、开放大老岭、和谐大老岭为目标，实现了区域发展、科学发展、跨越发展。大老岭国家森林公园被中华全国总工会授予"全国工人先锋号"。

二、旅顺口风景国家森林公园

旅顺口风景区总面积为244.22平方千米，是大连市最大的风景名胜区，共有8个景区、72个景点。旅顺口风光秀丽，气候宜人，在169千米海岸线上，山、海、湾、滩、岛紧密相连，蛇岛、鸟岛、老铁山鸟栈和黄渤海天然分界线蔚为世界奇观；在500平方千米土地上，新石器时期遗址、汉代牧羊城、唐代鸿胪井和近代战争遗迹展示着历史的久远。旅顺一游，胜读半部近代史。

1894年的中日甲午战争和1904年的日俄战争，都在旅顺口历史上留下了沧桑一页，使旅顺口成为中国乃至世界近代史的露天博物馆。旅顺口风光秀丽，气候宜人。在169千米海岸线上，山、海、湾、滩、岛紧密相连，蛇岛、鸟岛、老铁山鸟栈和黄渤海分界线蔚为世界奇观；在500平方千米土地上，新石器时期遗址、汉代牧羊城、唐代鸿胪井和近代战争遗迹展示着历史的久远。旅顺口地处辽东半岛最南端，是国家重点风景名胜区、国家自然保护区、国家森林公园和历史文化名城，也是中国北方重要的军港，

中日甲午战争、日俄战争都发生在这里。历史上曾被日、俄长期占领，直到1955年，苏军才从旅顺全部撤回。这里除了众多著名的人文景观外，还有峥嵘突兀的礁石、海岛、层峦叠嶂的群山，有极其丰富的自然资源和具有科学研究价值的蛇岛、鸟岛。1988年被确定为国家级风景名胜区。

旅顺口风景国家森林公园位于辽宁省辽东半岛南端，东临黄海，西濒渤海，包括大连海滨与旅顺口两个景区，由海滨45千米公路联成一体，陆域岛屿面积105平方千米。景区内有重点文物保护单位47处，其中有中国近代史上记载中日甲午战争和日俄战争以及日本侵华战争的各种工事、堡垒等战争遗迹多处，是进行爱国主义教育的课堂。总面积755公顷，森林覆盖率78%。全境划为老铁山、后石山高地、黄川、大石洞4个景区。景区山峦叠翠，景色壮观。老铁山上乔木高大，灌木密生。有清朝建造的灯塔；在此可观黄海和渤海的分界线、全区主要树种有日本黑松、柞、刺槐、胡枝子等，草本植物有黄被草、石竹等共计44科147种。野生动物种类繁多，仅鸟类达21目46科210余种，多为候鸟，春秋两季南北迁徙时途经此地。

第五节　森林秘境探险开发模式实例

这种森林旅游开发模式要求有大面积的原始森林或原始次生林，人迹罕至，以野、幽、秀、奇为特色，一般地处深山老林，远离大中城市，并且生态环境大部分处于原始状态，受人类的干扰较小，适于开展寻秘、探险等旅游活动，如湖北神农架、云南西双版纳国家级自然保护区等。下面以湖北神农架国家森林公园为例说明。

神农架位于湖北西部，北顾武当，南镇三峡，西望陕渝，东瞰荆襄，因华夏始祖炎帝神农在此搭架采药而得名。神农架1970年经国务院批准建制，直属湖北省管辖，是全国唯一以"林区"命名的行政区，现辖4个县级单位［林区林业管理局、国家级自然保护区管理局、大九湖国家湿地公园管理局、木鱼旅游度假区管理委员会（副县级）］和8个乡镇，国土总面积3 253平方千米，人口8万。

一、神农架国家森林公园最美森林景区概况

天燕景区是神农架国家森林公园的核心组成部分，全国的六大生态旅游示范区之一、亚洲生物多样性示范点，是长江中上游重要的绿色屏障及分水岭，是南水北调重要水源地。

（一）天燕景区

位于湖北省神农架林区西部北隅，因北有燕子垭，南有天门垭而得名。距宜昌峡口码头130千米，距道教名山武当山200千米。控制总面积约110平方千米，规划面积55.18平方千米。是我国内陆保存完好的一片绿洲和世界中纬度地区的一块绿色宝地。它拥有当今世界中纬度地区保存较为完好的亚热带森林生态系统。这里资源丰富，享有"绿色明珠"、"天然动植物园"、"生物避难所"、"物种基因库"、"自然博物馆"、"清凉王国"等众多美誉。这里还有优美而古老的传说和古朴而神秘的民风民俗，人与自

然共同构成我国内地的高山原始生态文化圈。神农氏尝草采药的传说、"野人"之谜、汉民族神话史诗《黑暗传》、川鄂古盐道、土家婚俗、山乡情韵都具有令人神往的诱惑力。这里山峰瑰丽，清泉甘洌，风景绝妙。

天燕景区由水沟服务区，燕子垭游览区，天燕休闲观光区，天门垭户外探险区，天燕野营地，东沟服务区，天燕滑雪场，红坪服务区构成。景区公路全线相连，长17千米，观光游程大约需要2个半小时。休闲游程大约需要1~3天。其主要景观有：金燕戏洞、燕天飞渡、云海佛光、原始森林体验、天门垭人形动物科考陈列馆、刘享寨峰林、紫竹河塔坪山林田园风光及神农根艺馆。

"曾经沧海难为水，神农归去不看山"，这是一位著名作家游览神农架后发出的感慨。远看山崖旁两翼山岭，似飞燕展翅，再加上邻近有著名的燕子洞，因此得名"燕子垭"。

（二）燕子洞

燕子洞洞深景幽，高约20米，洞内宽阔，可容千人，从这条步游栈道我们可到达洞内。洞内钟乳石林立，水滴声如琴，燕巢遍布洞壁。金丝燕"吱吱吱"的叫声不绝，冷风嗖嗖。进洞约50米后，便全无光亮，越往里走越黑，不到100米，已伸手不见五指。可这些燕子却全然不觉，每当燕子归巢时，简直多得不可胜数。它们一不会撞着崖壁，二不会互相碰撞，能在黑暗中准确在落回自己的窝中。科学工作者曾做过有趣的试验，将燕子在野外捉住，用黑布或胶布将它的双眼遮严，然后放飞，它们依然能准确无误的飞回洞中，并照样在洞中穿行。这是为什么呢？原来在它们的身体内部藏有一个类似超声波的精密装置，不用眼睛就可探出前面有无障碍物。同时，它们还具有根据太阳、月亮、星星的位置，辨别出方位的能力。其灵敏度简直达到了令人难以置信的程度。具有很高的科研价值，武汉大学将神农架短嘴金丝燕作为一项重要研究课题，连续研究了14年，并取得了丰硕成果。

（三）会仙桥

"彩虹桥"，相传这是炎帝神农氏和太上老君以及其他神仙观赏风景和下棋、聊天的地方。前面的观景台就矗立于危崖石壁之上，簇拥在绿树云雾之中。立身台上，极目西北，群山列翠，塔坪村田连阡陌，农舍俨然。放眼西南，悬崖陡峭，大峰林立，天门垭直通蓝天。台边古柏迎风摇曳，婀娜多姿，台下苍松身披海藤，潇洒飘逸。当清晨傍晚，有云雾浮动如海，若山雨欲来。雨过天晴，金丝燕穿云破雾，裁剪云霞，蔚为壮观。还有那生长在石缝中的鸳鸯树，千百年来一直相依相偎、忠贞不渝，它们见证了无数的爱情，也成了无数有情人的表率。

（四）紫竹河谷

会仙桥下就是紫竹河谷，紫竹河谷是一个三面环山的集水区，海拔高差近2 000米，这里气候湿润，人类活动破坏较少，保存有比较原始、丰富的森林植被类型。浓缩着我国南从秦岭、淮河，北至漠河依次分布的山地暖温带落叶阔叶、常绿阔叶混交林，中山带落叶阔叶林，中山带温带落叶阔叶、常绿针叶混交林和亚高山寒温带常绿针叶林四种植被类型。生态系统完整，生物物种多样，据不完全统计，该区拥有高等维管束植物2 000多种，高等动物400多种，其中有20余种受国家重点保护。就森林植物类型而论,紫竹河是我国亚热带少有的资源最丰富的山地之一。由于河谷中众多的落叶阔叶和常绿阔叶树像一个个喷水壶大量的蒸腾水分,据说1棵树每生产1千克干物质,要蒸腾1 000千克的水分,这些蒸腾的水分便凝结成雾气,飘浮在森林的上空,每当雨过天晴,便会形成波澜壮阔的云海,有时如小溪奔淌;有时似绢带缥缈,有时似仙女散花,顷刻间形成浩如烟海,山峰在云海中时隐时现,树木在云雾中若明若暗,群山如列岛、似风帆,不是海市蜃楼而胜似海市蜃楼。但更奇妙壮观的便是佛光,佛光在中国只有两个地方出现过,一是四川的峨眉山,一为神农架的燕子垭,佛光的形成具有一定条件的限制。它必须具备三个条件。第一,必须有云海作参照物。第二,具备四面高山,中间为谷地的特殊地形。第三,必须有阳光照射在云海之上并形成45°夹角,几经折射和散射后才能形成一轮绚丽多彩的光环。奇特之处是光环能将人和物体映入光环中,形成"人在光环中,光环随人动"的奇妙景象。

在人们的心中,佛光不仅仅只是一种奇观,更代表着吉祥和好运,许多游客千里迢迢来到神农架,除了欣赏这里的原始风光,更希望自己能邂逅佛光的奇景。

(五)塔坪村

塔坪村是神农架一个神奇的村落。第一,是神农架长寿村,最长寿者达119岁,80岁以上目前仍健在的老者达27位。第二,是汉民族史诗《黑暗传》的发祥地之一,至今还保存着完整的山歌民乐。第三,是川鄂古盐道的重要中转站。第四,古老传说相传唐中宗李显被贬房陵时,曾到塔坪村封山许愿。这里曾存有李显建造的还愿塔塔基。第五,虽然是神农架历史最悠久的村落但却在神农架最晚通公路(2003年才通公路)。故一些民风民俗保存最完好。

在神农架古老的谜一样的山林里,积淀着古老的谜一样的文化。独具魅力的神农架文化像一樽陈年老酒,香飘万里,沁人心脾,令人心驰神往。神农架文化具有区别于其他地区文化的显著特点:这就是古老的山林特色。既保留了明显的原始古老文化的痕迹,又具有浓厚的山林地域风貌。其区域文化特色被视为亚洲少见的山地文化圈——高山原生态文化群落带。神农架林区的民间文学是神农架文化的重要组成部分。珍贵的汉民族神话史诗,优美抒情的民间歌谣,绚丽多彩的传说故事,构成了神农架民间文学的宝库,也是上个世纪以前的古老文化封存在神农架的有力见证。

(六)野人

自1977年中国首次组织野人考察以来,已有300多人、60多次目击过这种似人非人,似猿非猿的奇异人形动物。2003年6月29日15:40,在神农架的天门垭发生了迄今为止最新的一次目击野人事件,目击者连湖北人民广播电台的记者等一起,共有六人。"6.29"最新目击事件的发生,在科学界和社会上引起巨大反响,神农架野人作为世界自然之谜,再度成为人们关注的焦点。

(七)神农采药

神农架是神农氏搭架采药的地方,天门垭景区是以神农氏搭架采药为背景而建的,漫步在天门垭步游道旁,会依稀发现一些珍稀的中草药,如天麻、七叶一枝花等。天麻属草本植物,长着褐色的秆,地下部分有一肉质块茎,外形像土豆成椭圆形,天麻的块茎上有皱纹,晒干后外形较扁,最明显的标志是块茎上有点组成的圈状横环纹,把握好这一点就不会把干土豆当成天麻了。天麻能治头痛、眩晕、惊风、半生不遂等症。

在这片森林里生活着大量的野生动物，这些野生动物相互以食物的关系进行联结，形成食物链和金字塔，保持着地区的生态平衡。这里的典型动物林麝属国家二级保护，它以青草为食，喜欢夜间活动。林麝所产的麝香香气浓醇，经久不散，是配制高级香水、香精的定香剂，又是刺激中枢神经的兴奋剂。神农架的林麝数量很多，从20世纪毛皮收购的统计数字看，50年代4万张，60年代12万张，70年代87万张，这些数字不仅说明神农架林麝多，也说明它们曾经遭受到大量的捕杀。为了保护这些珍稀的动物，神农架从20世纪80年代就实行全面的禁猎措施。

每当晴天清晨，云雾弥漫或阳光斜射时，云雾穿过山口，山口若隐若现，一片云海，景色蔚为壮观。接着前行，我们会发现一块被劈成两半的石头。据说，有一天，神农氏在岩壁上发现一株七叶小植物（七叶一枝花），就用鞭检验它的毒性，一不小心用力过猛，将岩壁劈开了两半，这便是神农氏劈裂的那块石头，也就是"鞭劈石"。

神农架除了被称为"绿色宝库"、"物种基因库"外，还是一个"天然药园"。那是因为神农架有着优越的气候和地理环境，这里的中草药有2 023种，尤以被称为神农四宝的"头顶一颗珠、文王一支笔、江边一碗水、七叶一枝花"最为著名。传说被神农氏检验过的七叶一枝花株干一般高40厘米以上，七片叶子，顶部开黄花，根形似海螺，对治疗毒蛇咬伤有特殊疗效。

（八）刘享寨

在天门垭的南侧山顶，山高林立，地势险要，这就是刘享寨。清代中期，威震川、鄂、陕一带白莲教农民起义军转战鄂西北，曾在神农架深山与清军激战。联明抗清的将军派刘体纯的儿子刘享在此结寨设防而得名。刘享寨海拔2 575.4米，这里山高林密，地势险峻复杂峭壁耸立，左边是万丈深渊，峻拔险绝，深不见底。右边是原始森林，古树郁苍，遮天蔽日，剑峰千仞，石林遍布，生有许多形态各异的山石，好像巨兽一般，狰狞地怒目而视，令人望而生畏。

相传，明末清初，联明抗清的大须右果毅将军刘体纯的儿子曾在这里立寨设防，以便与驻兵房县的郝永忠、兴山的李来亨以及驻兵长峰（今堆子、下谷、九湖）的农军刘纯部互为犄角以抵御清军。这里地势险要，可控房县而扼兴（山）巴（东）。除在该山上设主寨外，西面的东沟、西沟、北面的塔坪、紫竹河都驻有人马，并设卡房盘行人，设号房警报敌情，还在数十里以外的房县上龛仓坪河设有粮仓，因山路崎岖，行走艰难，运粮入寨时，由兵丁列队以手传粮包的方式搬运，足见人多势众。后农军和南明军失败，该寨被毁。

山顶上，一座孤峰拔地而起，直插云端，这就是有名的"停月峰"它既有擎天一柱的雄姿，又有仙女下凡之姣态，刘享寨下面有一山洞，相传是刘享府址，可藏数百人马，居高临下，易守难攻，现在还能看到石块叠砌的寨墙。

相传，刘享死后葬于此山，因随葬品丰富，为防被盗，秘葬暗处，难以寻找。1986年神农架林区文物普查组来此考察，多方寻找也未发现刘享暗葬之处，但却意外地在森林中发现了一块清代石碑。此碑是清光绪年间人们为保护刘享寨一带的山石和树木而立的禁山石碑。碑上刻有对森林和石林的保护措施和对毁林盗墓及破坏自然资源者的惩罚规定。这一消息在《中国环境报》上发表后，立即引起许多专家、学者的关注。据查，这样的石碑在神农架还有多处。可见在古代神农架的资源和价值就引起了帝王的重视，足见对自然资源的保护早已是我国人民的传统美德。

(九) 犀牛洞

美丽的红坪画廊，还是适宜人类和远古动物居住的地方。1995年12月17日，当地山民王家贵追赶野猫，钻进离他家不到100米的一个小山洞，在洞内发现一颗自己从未见过的巨大牙齿，王家贵将这一情况向有关部门作了汇报。文物工作者在淤泥里发现了一具较为完整的巨型动物遗骨，从头至尾长约12米，为了方便研究，他们取下一段颚骨，上面4颗牙齿，其中最大的一颗长10厘米，宽6厘米，是古犀牛化石。1996年1月发掘此洞，此洞也因此称为"古犀牛洞"。随后在对犀牛洞的发掘中，发现各种古动物化石和旧石器达千余件之多。在出土的动物化石和骨骼残骸中，有犀牛、大熊猫、野牛、斑鹿、水鹿、剑齿象、猕猴、豺、狼、竹鼠等。犀牛有8个以上的个体，剑齿象有6个以上的个体，其中年长的、年幼的、大个体、小个体，十分丰富。出土的旧石器有20余件，有砍砸器、刮削器、砸击石锤、锤击石锤和雕刻器以及石叶、石片等。旧石器大多以黑色燧石为原料，也有少量以石英砂石为原料，多用锤击法加工而成。这些发现可以断定神农架红坪一带在远古时候生活着大量的以大熊猫和剑齿象为代表的古动物，古犀牛洞也是游览红坪画廊的精品景点。

红坪景区是我国重要的古人类遗址，是巴楚文化与秦岭文化的连接点，是人类从树居到穴居过渡中的历史连接点。在神农架原始洪荒的高寒地带发现远古人类活动遗址意义十分重大，神农架于是便成了从云南到湖北到陕西再到北京这条古人类活动遗址连续性链条上又一颗耀眼的明珠。它将人类的断层联系起来了。华中屋脊神农架远古人类旧石器遗址具有区别于其他已发现的古人活动遗址的突出特点。在我国其他地方发现的古人类洞居遗址大多为单洞。最多的也只有两个洞口。而神农回远古人类遗址却有高3~5米的洞口达5个之多。山洞所在地十分开阔，洞口均向阳、日照时间充足，神农架古人类充分利用了这一优越条件，居住和生活有了很大的分区性，石器和丢弃的动物遗骸相对集中，分别分布在不同的洞穴中。

二、神农架森林风景资源十分优越

一是森林地貌类型多样分布广泛。神农架境内森林茂密，森林覆盖率高，神农架林区总面积3 250平方千米，现有森林面积2 618平方千米，林地面积占总面积的90%，森林覆盖率高达88%，其中保护区的森林覆盖率达96%，郁闭度达到了0.9以上。植被类型多样，垂直分布明显。主要植被类型海拔1 000米以下为常绿阔叶林带，1 000~1 600米为常绿落叶阔叶林混交带，1 600~2 300米为亮针叶、落叶林阔叶混交林，2 300~2 600米以上为暗针叶林、落叶阔叶林混交林。各植被带建群种和优势种分层明显，层峦叠嶂，生长状况良好，森林生态系统完整。森林活立木蓄积量达2 917万立方米；竹类资源100多万吨；药用植物41 220吨。享誉中文外驰名的"植物宝库"之称。二是森林种类多、生长量大。神农架地区现已初步查明有维管束植物约3 239种，隶属于1 027属236科。其中苔藓植物216种，隶属于111属47科，蕨类植物157种，隶属于 61 属 28 科；种子植物 2 866 种，隶属于 855 属 161 科，其中裸子植物 29 种，隶属于 16 属 5 科，被子植物 2 837 种，隶属于 839 属 156 科；其中神农架特有植物 116 种。中国著名植物地理学家应俊生研究发现神农架地区的物种数量为 0.999 个/平方千米。这一数字说明神农架地区单位面积内的物种数量远远超过全国单位面积的物种量（全国单位面积物种数量为 0.004 个/平方千米）。神农架生物资源富集，森林蓄积量每年以 23 万立方米速度递增，活立木蓄积量达 2 917 万立方米，是华中地区唯一的原始森林分布区。三是动植物类型多样种群繁多。神农架复杂的地理环境、立体小气候形成多种多样动物生存环境，丰富多彩的植物为各种野生动物提供了不同类型食物和栖息地。现有脊椎动物 493 种，仅国家重点保护动物金丝猴在神农架地区分布达 8 个种群，数量为 1 280 余只，在金丝猴适宜分布范围分布密度 6.80 只/平方千米。"神农架地区本底资源综合调查"发现兽类、鸟类、两栖爬行类、昆虫等一批湖北省和神农架新纪录物种。先后发现了白林麝、白蛇、白熊、白鹿等 30 多种白化动物，以及"野人"之谜。众多野生动物能在神农架地区生存繁衍，充分说明神农架地区野生动物食物资源丰富，栖息地环境质量优良，是野生动物栖息繁衍的理想场所。四是物种分布价值明显。从我国动物地理区划来看，神农架属于东洋界华中区西部山地高原亚区。由于神农架所处的大巴山脉北接秦岭，南邻西南山地，西接青藏高原，东临江汉平原，故该区气候、地貌、土壤、植被具有东西南北过渡的特征。因此，动物区系也必然受其影响，呈现出混杂的过渡性特征。现已初步查明，神农架有脊椎动物 493 种，其中兽类 7 目 23 科 75 种，鸟类 15 目 45 科 308 种，鱼类 4 目 9 科 47 种，两栖类 2 目 5 科 23 种，爬行类 3 目 7 科 40 种。脊椎动物种数占全国总数的 10%，其中兽类占全国总数的 15%，鸟类占 26%，爬行类占 7%，两栖类占 14%，鱼类占 2%，昆虫有 4 143 种，从其在地理分布的隶属关系上分析，神农架动物虽然南北混杂过渡性特点，但东洋种占多数，更富于华南区系的特色，动物分布区域覆盖神农架全境，由此可见，神农架动物资源类型多，分布广，被誉为"天然野生动物园"。

神农架是国际"人与生物圈"保护区网成员和亚洲生物多样性保护永久性示范地，是国家级自然保护区、国家森林公园、国家地质公园和国家湿地公园，他成为美丽中国的一个代名词，是因为他是地球同纬度地区罕见的绿色奇迹，更是中华生态文明的典藏宝库。

第二十一章　林下综合利用实例综述

第一节　苹果园综合利用实例

　　苹果，落叶乔木，叶子椭圆形，花白色带有红晕。果实圆形，味甜或略酸，是常见水果，具有丰富营养成分，有食疗、辅助治疗功能。中国是世界最大的苹果生产国，在东北、华北、华东、西北和四川、云南等地均有栽培。有较强的极性，通常生长旺盛，树冠高大，树高可达15米，栽培条件下一般高3～5米左右。喜光，喜微酸性到中性土壤。最适于土层深厚、富含有机质、心土为通气排水良好的沙质土壤。苹果树栽后2～3年开始结果，经济寿命在一般管理条件下为15～50年。

　　因各地气候不同苹果在冬季落叶有很大差异，每年2月至3月抽芽；随着气温的上升6～10月荫蔽度最大，后气温降低11月至翌年2月基本无荫蔽度。结合苹果生产的这一特性，及对气温的适应，我们可以充分利用苹果园林下一年中小环境的变化发展特色种植和养殖业。

一、林下种植

　　1～3年的幼龄苹果树，株行间基本没有荫蔽，在春季解冻后即行整地，进行蔬菜种植。

　　（一）种植豆角

　　做平畦施足底肥，行间种植豆角，4月上中旬，即可播种。播种前数日适当浇水润畦，浇水不可太多，以免烂种。春播菜豆生育前期温度低，主蔓生长缓慢，可扩大行距，缩小株距，这样既可争取良好的光照，又有利于侧枝发生，蔓生豆角畦宽1.2～1.5米，行距70～80厘米，即每畦播两行，株距30～40厘米，每穴播3～4种子。

　　豆角春季露地直播栽培，一般播种后经过两星期幼苗就可出齐。但由于早春温度低，气候条件差，可能出现缺苗现象，有的虽然长出幼苗，但出苗太晚，或者幼苗太弱，基生的两片单叶不健全。缺苗或弱苗必然影响产量。在缺苗的空穴补栽健壮苗。保证每穴3～4棵正常苗。补苗所用的苗与露地播种同期用育苗钵或营养土方培育。

　　当直播幼苗出土和定植苗成活以后，应进行中耕松土，促使土壤在太阳照射下升温，并改善土壤透气性，为菜豆根系生长和根瘤菌活动创造良好的条件，苗期中耕2～3次。在行间和株间中耕深些，靠近植株根部要浅些，以免伤根。蔓生菜豆开始抽薹时及时插架，一般插成人字架或人字花架，适当引蔓，使各株的藤蔓均匀分布在架杆上。

　　在植株开花结荚前，一般只中耕不浇水，即实行蹲苗。这时期控制水分，以防止植株营养生长过旺，消耗过多养分，导致花、荚因营养不足而发育不良，落花、落荚。如果墒情良好，可一直到结荚后再浇水。只有土壤过干时，在开花前浇1次小水，进入结荚盛期，必须供给充足的水分，整个结荚期每隔5~7天浇1次水，使土壤温度稳定在田间最大持水量的60%~70%。为了保持土壤通风良好，避免沤根，高温季节要轻浇、勤浇。

到了结荚期，植株和花、荚的生长发育都消耗大量的营养，是重点追肥期。这时期的追肥可防止植株早衰、延长结荚期。如果缺肥再加上缺水，植株很快就会衰老、死亡。追肥主要是磷、钾肥，除了根部施肥以外，也可用0.2%的磷酸二氢钾叶面喷施。追肥以腐熟的人畜粪水较好。

豆角的采收标准是嫩荚充分长大，两侧缝线粗纤维少，荚壁肉质细嫩，纤维少，含糖量高，种粒大小只占荚宽的1/3左右。

（二）种植黄瓜

春黄瓜的播种期是根据定植期来确定的。定植时的适宜日历苗龄为40~50天，生理苗龄为四叶一心。若按日历苗龄来推算，在定植前40~50天进行播种。生理苗龄的长短与育苗方法有关，用阳畦或日光温室育苗时50~55天；用加温温室育苗45~50天；用电热线温室育苗45天。所以，育苗方法不同，播种时间也不同。实践证明，快速育苗，不仅节省时间，而且出苗快而苗壮，前期产量高。有条件的地方，尽量采用快速育苗。

黄瓜的前茬最好2~3年没种过黄瓜，因为黄瓜的病虫害多，尽量减少重茬。为预防枯萎病和霜霉病，也不宜在低洼窝风地种植黄瓜。定植时间一般在4月下旬以后定植。为了缓苗快，要选晴天栽苗，不要在阴天、风天定植。

采收。露地春黄瓜一般在定植后25~30天开始采瓜，采收期40~60天。

（三）种植土豆

整地施肥，应选择土壤肥沃，土层深厚，疏松，透气性好，微酸性的沙壤土，播前要进行灭茬、深耕，耕深应达20厘米。结合翻地亩施入腐熟的有机肥2 000千克/亩，同时根据土壤墒情加入20千克以上的复合肥（氮、磷、钾的比例为1:0.5:2）。

种薯处理，选用适宜的优良品种，并应进行催芽处理，可将种薯摊晾在散射光下，保持15~20℃，直接催出短壮芽后，进行播种；播种前应用草木灰加百菌清加新高脂膜进行拌种，促使切块的刀口尽快地愈合，减少烂种，增加钾素，防病害。

合理密植，适时播种，下种后应及时在地表喷施新高脂膜保温保墒，防止土壤结板，提高出苗率。出苗后应及时中耕培土，应以除草、疏松土壤为主，并向苗根培少量土。同时配合喷洒新高脂膜防止病菌侵染，提高抗自然灾害能力，提高光合作用强度，保护禾苗苗壮成长。田间管理，应及时松土、培土起垄，并适时浇水、中耕除草，合理施肥，同时应在土豆开花前、块茎形成期和膨大期适时喷洒地果壮蒂灵，以有效控制地表上层枝叶狂长，加速地下块茎超快膨大，增强抗御虫害能力，确保土豆的优质高效和丰收。

此时苹果园林下荫蔽度小，开春温度上升，可以种植的作物也不仅仅局限在以上3种蔬菜。种植过程中也要注意轮作，每种蔬菜的种植时间都不宜过长，否则反而会带来负面效应。

冬季时气温降低,可在秋末种植冬萝卜。冬萝卜生长期较长,在播种前施足基肥,追肥能明显提高产量。施肥应以氮肥对水或施粪清水。萝卜"破肚"后,进入叶生长盛期,为促进叶面积扩大,还应施一次速效氮肥。

苹果幼树林下一年四季都可以种植蔬菜,充分提到土地利用效率,同时使农民获得更好的回报。但种植蔬菜时经常会有病虫害暴发,我们在林下可以养殖土鸡,不仅可以控制蔬菜病虫害的危害率,同时蔬菜的枯枝败叶也可保证土鸡的食源。养殖密度根据种植密度和种植种类而定。养殖的土鸡降低了田间农药的使用次数和总量,对生产无公害蔬菜大有裨益,又降低了农户的投入成本,提高了蔬菜品质。

二、林下养殖

苹果树 5~8 龄时,苹果园内荫蔽度增大,行间喜阳植物已不能种植。因此间作蔬菜的路线是走不通了。但可以通过增加养殖土鸡的数量,来弥补不种植蔬菜的收益。

(一) 分群

育雏期间,应根据生长发育情况及时分群,分群时间一般在 7 日龄、15 日龄、20 日龄进行,每小群以 50~60 只为宜。对一些体质弱的,应单独开小灶饲养,多给精料和优质草料,让它们尽快赶上群体水平后再合群饲养,以保证生长整齐,提高育雏率。

(二) 饮水与开食

雏鸡出壳 24 小时,先开饮后开食,开饮用 0.05% 高锰酸钾温开水,水温约为 25℃,自饮 5~10 分钟以消毒胃肠道;随后在饮水中加 5% 葡萄糖和少量维生素,有利于清理胃肠、刺激食欲、排出胎粪、吸收营养。饮过水后,雏鹅有啄食行为时,即可开食。开食时用捏碎的熟的玉米面饼和鲜嫩多汁的菜叶(切成细丝)按 1∶2 混合后喂饲,2~3 天后可在熟玉米饼的基础上掺一些雏鸡精料拌湿后喂,并加喂 10% 青饲料,切忌喂干料。

(三) 放牧和舍饲相结合

林下放养是充分利用家禽家畜吃草的特性,利用天然的草资源来节约出一部分人工饲料的支出,但不等于是完全的粗放散养,不能甩手不管。所以要想养好,除了让吃草之外,精料也得科学的补喂。30 天后的家禽对外界环境的适应性以及抵抗力明显提高,消化能力增强,采食量增加,这样就需要在放牧前和放牧后 1 小时左右补喂一些精料,在运动场也要设置补料槽,自由采食。放牧中还要注意牧场不可远离水源,并且防止中毒。

(四) 合理放牧

林下放养虽然方便省事,但要注意合理放牧。林下放养有一定的密度,一般 1 亩地养 60 只左右比较合理,如果太多,就形成家禽家畜多草少,不能满足家禽家畜每天的采食量,另外还会造成争食,最后导致出栏时家禽家畜的体重大小不一。放牧种群大小一般 100~200 只一群,由 1 人放牧。遇气候恶劣不能放牧时,可通过饲养员采割新鲜的牧草补充,保证有足够的青料供给。

（五）认真防疫，控制疾病

林下养殖家禽家畜，家禽家畜的活动范围广，养殖场要根据本地、本场的实际情况，对疫病采取综合防治措施，确保家禽家畜健康生长，其原则是早预防、早治疗；以防为主，防治结合。在不同日龄注射不同的疫苗，定期驱虫、喂药，妥善处理好病死家禽家畜，严防发生疫病传染，发病的家禽家畜及时隔离治疗。

1. 坚持全进全出制度

为了防止交叉感染，应采用"全进全出"的饲养方式。每批家禽家畜全部出售后，对舍、场地、用具等进行彻底清洗，并选用不同消毒液喷雾或浸泡消毒2次，2次消毒时间要求间隔12小时以上，然后空置2周以上。这样可有效切断病原的传播，减少疫病发生，提高成活率，降低成本，增加效益。

2. 防天敌

林下养殖要注意防天敌侵袭。林地所建的养殖舍不能过于简陋，同时加强值班和巡查工作，检查附近天敌出没情况。定期进行灭鼠及其他有害昆虫等，并做好人工驱赶野鸟工作。

三、杂草控制技术

除草管理包括人工除草、覆盖抑草和机械除草，主要除草的措施是人工除草。采用人工除草，虽然费时费力，用工量增大，但可以保证林下种植材料的质量，为申请绿色有机农产品做好铺垫。

（一）人工除草

主要是指人工中耕除草。人工中耕除草针对性强，不但可以除掉行间的杂草，而且可以除掉株间的杂草，干净彻底，技术简单，既可以防除杂草，又给作物提供了良好生长条件。在作物生长的整个过程中，根据需要可进行多次人工中耕除草，除草时要抓住有利时机除早、除小、除彻底，不能留下小草，以免引起后患。

（二）加强栽培管理控草

通过采用限制杂草生长发育的栽培技术（轮作、种绿肥、休耕等）控制杂草；有机肥要充分腐熟（有些有机肥里含有杂草种子）；利用前茬作物对杂草的抑制作用，前后茬作物配置时，要注意到前茬作物对杂草的抑制作用，为后茬作物创造有利的生产条件，一般胡萝卜、芹菜等生长缓慢，抑制杂草的作用很小，葱蒜类、根菜类也易遭杂草危害，而南瓜、冬瓜等因生长期间侧蔓迅速布满地面，杂草易于消灭，甘蓝、马铃薯、芜菁等抑制杂草的作用也较大。还可喷施酸度为4%~10%的食用酿造醋，既可以消除杂草，又可对土壤消毒，在杂草幼小时喷施效果较好。

（三）覆盖抑草

秸秆覆盖抑草利用秸秆覆盖不但可以起到保墒、保温、促根、培肥的作用，还具有抑草作用。将作物秸秆整株或铡成3~5厘米长的小段，均匀地铺在植物行间和株间。覆盖量要适中，因为覆盖量过少起不到保墒增产作用；覆盖量过大，可能发生压苗、烧苗现象，并且影响下茬播种。每亩覆盖量约400千克，以盖严为准。秸秆覆盖还要掌握好覆盖期。如生姜应在播后苗期覆盖，9月上中旬气温下降时揭除；夏秋大蒜可全生长期覆盖。覆盖前要先将秸秆翻晒，覆盖后要及时防虫除草。此外，也可用废旧报纸等覆盖畦面，可起到较好的抑草作用。地膜覆盖抑草：采用地膜覆盖，要提高地膜覆盖质量，一般覆盖质量好，杂草生长也少。盖地膜时要拉紧、铺平，达到紧贴地面，如盖膜质量不好，不仅易通风漏气，保温、保水、保肥效果差，而且会促进杂草生长。利用黑色地膜覆盖，抑草效果最好，但不可用除草地膜（因其含有化学除草剂）覆盖除草。

（四）机械灭草

机械除草是利用各种形式的除草机械和表土作业机械切断草根，干扰和抑制杂草生长，达到控制和清除杂草的目的。机械中耕除草比人工中耕除草先进，工作效率高，但灵活性不强，一般在机械程度比较高的农场采用这一方法。

四、病虫害防治技术

（一）农业防治法

农业防治法是通过调整栽培技术等一系列措施以减少或防治病虫害的方法，大多以预防性的为主。

1. 合理轮作和间作

在药用植物栽培制度中，进行合理的轮作和间作，无论对病虫害的防治或土壤肥力的充分利用都是十分重要的。种过参的地块在短期内不能再种，否则病害严重，会造成大量死亡或全田毁灭。轮作期限长短一般根据病原生物在土壤中存活的期限而定，如白术的根腐病和地黄枯萎病轮作期限均为3~5年。此外，合理选择轮作物也至关重要，一般同科属植物或同为某些严重病、虫寄主的植物不能选为下茬作物。间作物的选择原则应与轮作物的选择基本相同。

2. 耕作

深耕是重要的栽培措施，它不仅能促进植物根系的发育，增强植物的抗病能力，还能破坏蛰伏在土内休眠的害虫巢穴和病菌越冬的场所，直接消灭病原生物和害虫。进行耕翻晾晒数遍，以改善土壤物理性状，减少土壤中致病菌数量，这已成为重要的防治措施之一。

3. 除草、修剪及清园田间杂草

受病虫为害的残体和掉落在田间的枯枝落叶，往往是病虫隐蔽及越冬的场所，是翌年的病虫来源。因此，除草、清洁田园和结合修剪将病虫残体和枯枝落叶烧毁或深埋处理，可以大大减轻翌年病虫为害的程度。

4. 调节播种期

某些病虫害常和栽培药物的某个生长发育阶段物候期密切相关。如果设法使这一生长发育阶段错过病虫大量侵染为害的危险期，避开病虫为害，也可达到防治目的。

5. 合理施肥

合理施肥能促进药用植物生长发育，增强其抵抗力和被病虫为害后的恢复能力。例如：白术施足有机肥，适当增施磷、钾肥，可减轻花叶病。但使用的厩肥或堆肥，一定要腐熟，否则肥中的残存病菌以及地下害虫蛴螬等虫卵未被杀灭，易使地下害虫和某些病害加重。

6. 选育和利用抗病、虫品种

药用植物的不同类型或品种往往对病、虫害抵抗能力有显著差异。如有刺型红花比无刺型红花能抗炭疽病和红花实蝇，白术矮秆型抗术籽虫等。因此，如何利用这些抗病、虫特性，进一步选育出较理想的抗病、虫害的优质高产品种，则是一项十分有意义的工作。

（二）生物防治法

生物防治是利用各种有益的生物来防治病虫害的方法。

1. 利用寄生性或捕食性昆虫

以虫治虫寄生性昆虫，包括内寄生和外寄生两类，经过人工繁殖，将寄生性昆虫释放到田间，用以控制害虫虫口密度。捕食性昆虫的种类主要有螳螂、寄生蜂、步行虫等。这些昆虫多以捕食害虫为主，对抑制害虫虫口数量起着重要的作用。大量进行繁殖并释放这些益虫可以防治害虫。

2. 微生物防治

利用真菌、细菌、病毒寄生于害虫体内，使害虫生病死亡或抑制其为害植物。

3. 动物防治

利用益鸟、蛙类、鸡、鸭等消灭害虫。

4. 不孕昆虫的应用

通过辐射或化学物质处理，使害虫丧失生育能力，不能繁殖后代，从而达到消灭害虫的目的。

（三）物理、机械防治法

物理、机械防治法是应用各种物理因素和器械防治病虫害的方法。如利用害虫的趋光性进行灯光诱杀；根据有病虫害的种子重量比健康种子轻，可采用风选、水选淘汰有病虫的种子，使用温水浸种等。近年利用等离子体种子消毒法、气电联合处理法、辐射技术进行防治取得了一定进展。

以物理农业中的物理植保技术所涉及的土壤病虫害、地上害虫、气传病害的物理防治方法可用于植物全生育期病虫害的防治，这种方法没有农药引起的药物残留问题，是一种环保、安全、可持续发展的植保方式。土壤病虫害的物理防治方法为土壤电消毒法；气传病害的物理防治方法采用的是具有空间电场生物效应的空间电场防病促生方法；地上飞翔类害虫通常采用光诱、色诱、味诱的组合诱杀方法结合防虫网的设置来防控的。

（四）化学防治法

化学防治法是应用化学农药防治病虫害的方法。主要优点是作用快，效果好，使用方便，能在短期内消灭或控制大量发生的病虫害，不受地区季节性限制，是目前防治病虫害的重要手段，其他防治方法尚不能完全代替。化学农药有杀虫剂、杀菌剂、杀线虫剂等。杀虫剂根据其杀虫功能又可分为胃毒剂、触杀剂、内吸剂、熏蒸剂等。杀菌剂有保护剂、治疗剂等。使用农药的方法很多，有喷雾、喷粉、喷种、浸种、熏蒸、土壤处理等。

昆虫的体壁由表皮层、皮细胞和基底膜三层构成，表皮层又由内向外依次分为内表层、外表皮和上表皮。上表皮是表皮最外层,也是最薄的一层,其内含有蜡质或类似物质,这一层对防止体内水分蒸发及药剂的进入都起着十分重要的作用。一般来讲,昆虫随虫龄的增长,体壁对药剂的抵抗力也不断增强。因此,在杀虫药剂中常加入对脂肪和蜡质有溶解作用的溶剂,如乳剂由于含有溶解性强的油类,一般比可湿性粉剂的毒效高。药剂进入害虫身体,主要是通过口器、表皮和气孔三种途径。所以针对昆虫体壁构造,选用适当药剂,对于提高防治效果有着重要意义。如对咀嚼式口器害虫玉米螟、凤蝶幼虫、菜青虫等应使用胃毒剂敌百虫等,而对刺吸式口器害虫则应使用内吸剂。另外,要掌握病虫发生规律,抓住防治有利时机,及时用药。还要注意农药合理混用,交替使用,安全使用,避免药害和人畜中毒。

由于近年化学农药的使用量很大,大量农药投入到环境中,又因不合理的使用和滥用农药,人们越来越重视进行生物防治。

(五) 田间诊断法

作物病虫害的田间诊断,主要是根据病虫害的田间观察,通过对作物有无患病症状、症状的特征及田间环境状况的仔细观察和分析,初步确定其发病原因的实践,是搞好作物病虫害防治的前提。只有准确的诊断,才能有的放矢,对症下药,从而收到预期的防治效果。

五、农业废弃物循环利用

建设沼气池,对收集到的鸡粪进行回收集中,放入沼气池内进行发酵。通过沼气技术可以解决家庭照明、取暖、做饭等农家燃料消耗问题。

并在果园旁建立猪圈饲养土猪,利用园内生长的草类可作为青饲料,进行饲养,家禽家畜的粪便进行堆肥或进行沤肥,沤肥可以在沼气室内进行,产生的沼气可以用于做饭或者照明;产生的肥水可以进行喷雾,作为叶面肥使用;沤制得肥料,挑出后,在树盘下滴水线处挖环沟,沟深30厘米,施在环沟内回土。

沤制肥料的优点:肥料花期可以提高开花和坐果率;提高苹果品质和风味;降低化学肥料的使用量,减轻农户经济负担,提高产值。

农村户用沼气池生产的沼气主要用来做生活燃料。修建一个容积为10立方米的沼气池,每天投入相当于4头猪的粪便发酵原料,它所产的沼气就能解决一家3~4口人照明、做饭的燃料问题。沼气还可以用于农业生产中,如温室保温、烘烤农产品、储备粮食、水果保鲜等。沼气也可发电用作农机动力,大、中型沼气工程生产的沼气可用来发电、烧锅炉、加工食品、采暖或供给城市居民使用。沼气还很环保。

六、修剪的树枝木材加工综合利用

以陕西省种植苹果为例,每年冬季约有800万亩苹果园需要剪枝,产生约300万吨的废弃物,如不能将其综合利用,将带来大量堆积,并由此引发农民"土法烧炭"或直接焚烧问题,污染环境。依据当地的苹果产业发展情况,全套引进两条德国年产20万立方连续平压高密度板生产线,生产绿色环保高档板材,已经成为西北地区最大的中、高密度纤维板和饰面板生产的专业企业。每年可以综合利用苹果树枝丫材60万吨,不但有效利用了果树废弃物,还为农民带来一定的经济效益,是典型的综合利用企业,并将逐步形成为全国的农林剩余物综合利用示范基地。

随着中国城镇化建设的发展,工作压力增大,很多人都喜欢在节假日到城外郊游,以绿色生态果园为依托,吸引城镇居民来农家旅游,这种模式也得到了大家的认可。果园里的土鸡成了游客们的盘中餐,果园旁修建的小鱼塘,就更能吸引游客前来游玩,养殖的鱼类也可批发到市场进行销售。

苹果园林下综合利用,充分提高了苹果园这个农业系统的可持续性,为农业良好的发展提供了一种模式,对林下小环境资源进行了充分的配置及优化,是发展绿色立体、生态农业的典型例子之一。

第二节 橡胶林下综合利用实例

海南省文昌市新桥镇,有99个自然村2 639农户,人口11 082人,其中农业人口10 025人,占总人口的90.5%。该镇位于热带季风气候区,年日照时数1 869~2 032小时,年太阳辐射能451~481千焦/平方厘米,年均气温24.2℃,极端低温5.7℃,年降雨量1 875~2 108毫米。该镇土地类型为低丘台地,由玄武岩形成红色黏壤土,土壤有机质丰富,旱坡地有机质26.2克/千克、碱解氮106毫克/千克、速效氮3毫克/千克、速效钾31毫克/千克、pH值:5.5,植被覆盖率高。总土地面积4 457公顷,其中,耕地1 346公顷,森林覆盖率42.8%,橡胶林(1 614公顷)占林地总面积的84.6%。该镇以种植业为主,畜牧业为第二大产业,历史上以放养加育肥而成的著名"文昌鸡"是当地特产,它有独特的饲养方法。

一、开展胶—茶—鸡农林复合模式

胶—茶—鸡农林复合模式是指改变传统粗放的小规模庭院养鸡方式,利用当地橡胶林地较多的资源条件,在半郁闭的橡胶林内间种茶树,并实行集约经营,大规模饲养文昌鸡。

该模式主要特点是"三改两保",即一改母鸡孵化为孵化机孵化;二改母鸡带养小鸡为温棚集中育雏;三改庭院饲养为胶林饲养;一保中鸡野外牧养;二保肉鸡后期笼养育肥。具体是实行早期30天人工保温育雏,接种疫苗,全价饲料喂养,以保证雏鸡成活率,长好骨架;中期(日龄30~130天)采取胶林牧养,此间除喂混合饲料外,鸡群在胶林中啄食青草、昆虫等食物,以达到提高肉质的作用;后期(日龄130~160天)采取笼养育肥。这种饲养模式既克服了传统的周期长、耗料多的缺点,又避免笼养肉质差的不足;既保持原有品种的特征,又保留了地方传统放牧饲养方式,并配以园林饲养新技术,使文昌鸡特有味道不变,同时达到高产、优质、高效的目的。

二、胶—茶—鸡农林复合模式效益

（一）生态效益

胶—茶—鸡农林复合模式生态效益显著，海南省高温多雨，暴雨集中，因此单作胶园水土流失严重，水分有效利用率低，而采用胶—茶—鸡农林复合模式后，上层橡胶树冠枝叶交错，下层茶树则起到覆盖作用，茶叶覆盖层层截留，且茶树枝叶繁茂能阻拦水直接冲刷地面，减少地表径流，起到保水、保土、保肥作用；胶、茶间作后，每年都有一定的茶树枯枝落叶覆盖于胶行和压青用，而橡胶树落叶期间茶树可将其落叶拦截在胶园内不被风吹走，间接增加胶园的有机质积累，养鸡后鸡粪返还土壤提高了土壤肥力，减少化肥、农药的投放和有毒物质的富集，避免环境污染，改善生态环境，该模式能充分利用土壤中矿物质营养，归还物质多，可保持和提高土壤肥力。

胶—茶—鸡农林复合系统具有多层、多种的自然生物群落，其生物生产力很高，因橡胶、茶有不同的生长发育节律，1年中发芽、长叶、开花结果的时间各不相同，因此能从其时间和空间的差异上最大限度利用水、土、热、光等热带自然资源，发挥生产优势，使该模式具有较高的生物产量和生态效能；胶、茶间作园内的小气候与单作胶园略有差异，形成了冬暖夏凉和湿度较大的特点，且因胶茶的遮挡作用，林内风速减小，这有利于胶茶的生长，海南植胶区的自然条件得天独厚，但台风危害是该区生产的主要限制因子，在胶园进行多层次间作茶叶等抗风作物后，胶园生产力趋于稳定；运用物种共生原理，将橡胶、茶树、鸡等科学组合，建立以橡胶、鸡为主的良性循环群落，改变单一胶林结构，有利于改善胶园生态条件，符合胶、茶、鸡的生态习性，且能充分利用胶园单位面积和时空，发挥种间互惠共生优势，橡、茶、鸡产量明显提高；胶林下养鸡，鸡雏可自由取食，充分利用半郁闭的林下小环境及草、虫等自然资源，实践证明橡胶林下放养肉鸡，养鸡成本低，疾病少，周期短，肉质好，且鸡排泄物可为胶、茶树提供大量有机肥，提高了土地利用率和产出率。

（二）社会经济效益

胶—茶—鸡农林复合模式社会经济效益显著，能充分满足社会对胶、茶的需要，并满足人们日常生活中对鸡、茶的需要，比单作胶园更具社会意义。胶—茶—鸡农林复合系统模式所解决的劳动力是单作胶园的3~5倍，充分利用农村剩余劳动力，缓解了社会矛盾；胶—茶—鸡农林复合系统内有鸡排泄物的循环，大大减少了系统外化学能的投入，使系统更趋有机化，节约了化学能源的消耗。

海南省胶林内1年可养2~3季"文昌鸡"，鸡的加入使系统资金流动加快，投资回收期缩短，比单作胶、茶见效快；采用林中放养加育肥的方式饲养"文昌鸡"收益最高，因此该饲养方式经济效益较佳；该模式简单易行，能解决农民实际问题，易为农民接受，且可操作性极强，适于大范围推广；该模式充分发挥了区域资源优势，有机地吸收融入了地方的名优特产和橡胶林地，以短养长，扬长避短，综合效益高，因而具有强大生命力。

第二十二章　林下经济的愿景展望

中国已经是世界上最大的人工林造林国家。国家工程造林创造了巨大的历史成就，但是在集体林权制度改革这样大背景下，土地已经确权到户，如何鼓励农民造林是亟须解决的问题。林下经济通过调整林业生产和生态环境之间的关系，实现了"不砍树也能致富"。它激励了微观主体对于森林的短期保护和长期栽种。这对于增加以森林覆盖率和森林积蓄量为衡量的森林质量大有帮助。我国拥有丰富的林地资源，有3.07亿公顷林业用地，其中，集体林地1.8亿公顷，是耕地的1.5倍。各省市县级集体林面积也相当大。宁夏和青海的公益林比重几乎达到100%，而公益林面积较大的广东、福建、安徽、广西等中南部省份的公益林比重在50%左右。公益林的目标在于生态保持，不允许砍伐。但是现阶段生态公益林区域仍然有居民居住，而且生态公益林的补偿标准仍然较低，生态公益林补偿标准提高也是一个长期过程。在过渡阶段保证农民生活权利，同时增加他们保护森林的积极性，林下经济能够发挥极为重要的作用。

根据国家林业局相关资料显示，到2012年为止，全国已确权的集体林地1.73亿公顷，占集体林地总面积的95%；发证面积1.5亿公顷，占确权林地总面积的87%，发放林权证9 785万本，8 379万农户拿到林权证。在拿到林权证后农民对生产资料有了可支配权，成为了山林的主人。发展林下经济，综合利用广阔多样的林地和种类丰富的动植物资源，以及各具特色的水、气、热条件和森林景观资源，充分开发这些潜在的资源，通过不同的生产模式，组织不同的市场运行模式，在林下种植药材、蔬菜、花卉，养殖林蛙、蜜蜂、家禽、家畜及野生动物，发展观光休闲、果品采摘、生态疗养等森林旅游业，生产多种多样丰富的绿色产品，相当于扩大了我国的土地利用面积，极大地拓展了农村经济发展的空间。

据国家林业局统计，2012年全国林下经济产值达3 601.24亿元，其中，林下种植1 668.42亿元、林下养殖829.70亿元、林下产品采集加工578.83亿元、森林景观利用524.29亿元，带动农户4 550.13万户，为农民人均增收453.64元。

一、林下经济取得的成绩

（一）森林得到保障，生态得到发展

发展林下经济调整了人与林地之间的关系，改变了人们在林地上获取财富的方式，促进了森林的保护。传统的森林国家或集体所有，通过林木砍伐获取收益。林区地方经济发展和人民收入提高往往与森林保护之间存在紧张关系。集体林权制度改革将土地确权到户，增加了农民的资产关切度。而通过着重发展林下经济，则调整了生态保护和农民增收之间的关系。"不砍树也能致富"，森林的保护和创造财富之间的关系是互补的。无论农民，还是企业都能在维护良好的森林条件下实现财富的创造。

而且，在中国现阶段发展情况下，仿照发达国家完全将森林保护起来，以独立实现森林的生态效果可能也不大现实。因为中国山地面积覆盖了大范围的农村地区，而且林区很多地方仍然是贫困落后地区。贫困人口集中在山区，全国592个国家级贫困县，有496个分布在山区。生存问题仍然是那些地区的首要问题。单纯的保护不仅增加许多监督执法的成本，同时不利于当地民生。通过发展林下经济的方式，合理地开发利用林地资源可以实现生态和民生之间和谐发展。

对于林下经济可能破坏生态多样性的争论，通过合理的规划可以进行避免。事实上，林下经济的效益和森林的质量是互补的关系。林下经济好坏依存于森林质量。森林条件好，林下经济才会发展好。同时林下经济也会更好的促进森林的维护与发展。一方面林下经济是一种典型的循环经济和低碳经济的模式；另一方面，也是更为重要的一方面，它通过"不砍树也能致富"的方式，促进了农民和企业维护森林的积极性。退一步而言，中国的林下经济发展方才起步，远没有达到环境承载力的极限，而其对低碳发展和民生发展能做贡献的潜力巨大。

所以，发展林下经济的焦点不是是否需要进行开发的问题，而是如何进行林下经济开发的问题。林下经济的良性发展既需要合理的规划，也需要财政金融的扶持和引导。尤其要关注生态公益林的生态补偿和合理利用。

（二）贫困得到解除，农民收入实现增长

发展林下经济具有良好的基础。林下经济古而有之。林下养鸡、养鸭，林下种植菌类、药材，这些生产方式在农民传统生活中就存在，是林地综合利用的方式。这些传统方式虽然规模小，但是入门技术简单，农民容易熟悉和掌握。这些为林下经济发展提供了很好现实基础。

林下经济帮助农民实现长期收益和短期收益的结合。传统林木经营的周期长、风险大。林木的生长周期比较长，短则六、七年，长则数十年才能有经济收益，期间火灾、虫灾等灾害都是不确定因素。而林下经济则提供了短期收益的补偿。林下养鸡、养鸭半年就能出栏，林下种植菌类，一年也能出产好几次。这些都实现了林地收益的长短结合，为农民提供了切实收益。山区往往还是贫苦落后地区，林下经济发展能够有效帮助贫困地区脱贫。

林下经济的收入数倍于林木的收入。林木的亩产价值通过折算平均为每年数百元，而林下经济则能实现每亩产值上千元。我们在广西调研看到当地种植金花茶，在湖南调研看到当地种植竹荪，农民都获得非常可观的收益。有些地区政府扶持力度大，科技投入多，林下经济单位亩产值可达数万元。我们在广西、吉林、陕西等不同区域都看到了成功案例。

林下经济增加农民收入、创造经济财富的潜力是巨大的，但是真正提高效益还需要规模化、科技化的力量。通过各级财政资金扶持，降低林下经济的生产成本，增加林区基础设施才能将潜力转化成真正的收益。增加科技投入，增加品种研发、技术推广、深加工的力度才能实现林下经济的效益。通过鼓励和支持农民合作组织，才能扩大生产规模，同时又增加农民的市场地位，维护好农民的权益。通过鼓励龙头企业的发展，才能做好生产销售之间的关系。总之，对于刚刚起步的林下经济需要多方面的支持才能更好地发挥其作用。

（三）社会资金进入发展林业，生产资料得到有效流转和利用

林下经济的发展吸引大量社会资本进入林业。集体林权制度改革确定了林地林木的权属，林下经济的发展增加了林地的经济效益。这两个因素都吸引和鼓励社会资金进入林业。而经营林业主要是三类群体，农民家庭林场、农民专业合作社和大型企业。

每一种类型的企业都有其自身特点。以大型企业来说，其往往带资金和技术进入林业，形成了很好的经济和生态效益。例如，部分国内领先医药企业及上市公司进驻辽宁本溪市开展中药材林下种植、再加工业务，在引入社会资金进入林下经济的同时，又在林下经济产品再加工过程中利用新的技术提高效率和增加产品附加值。并且大型企业运用其较好的市场能力应对能力，能够和农业专业合作社和农民进行有效对接。

农民林业专业合作社既能够促进林地的规模化经营，又能够保证农民在市场谈判中的权益。农民专业合作社具有"民办、民有、民营"的特点，机制比较灵活，并带有互助性质，而政府又给予适当的帮助，所以它们将逐渐成为集体林地上经营林业的主力。

农民家庭林场在林业产业化深化过程中既可以选择继续自营，也可以选择合理流转之路。入股加入农民林业专业合作社，或采取林地出租、转让等方式，也由他们自己决定。

无论是哪种形式的经营主体，都因为集体林权改革之后林地收益权的确定，林下经济发展以后林地综合经济效益的提高，而大大增加对林地的投入。社会资金促进了林业发展，林地这一生产资料在合理流转中得到充分利用。

但是，总体而言林下经济发展仍然属于初期，需要增加对龙头企业的扶持，也需要鼓励农民林业专业合作社，尤其是股份制合作化组织。这些措施能够保障农民的收益，保证农民不失地、不失山，同时促进林地这一重要生产资料得到有效的流转。

二、国家的相关鼓励政策及分析

现阶段，我国的林下经济发展刚刚起步，没有全面实现规模化、科技化，带动农民发展的覆盖面还有待不断扩大。国家对于林下经济的发展，一直以来都是积极支持，出台了不少相关的鼓励政策。

2012年8月国办发〔2012〕42号文件《国务院办公厅关于加快林下经济发展的意见》（以下简称《意见》）指出，近年来，各地区大力发展以林下种植、林下养殖、相关产品采集加工和森林景观利用为主要内容的林下经济，取得了积极成效，对于增加农民收入、巩固集体林权制度改革和生态建设成果、加快林业产业结构调整步伐发挥了重要作用。《意见》要求，在保护生态环境的前提下，促进林下经济向集约化、规模化、标准化和产业化发展，为实现绿色增长，推动社会主义新农村建设作出更大贡献。《意见》中指出，要把林下经济发展与森林资源培育、天然林保护、重点防护林体系建设、退耕还林、防沙治沙、野生动植物保护及自然保护区建设等生态建设工程紧密结合；严格土地用途管制，依法执行林木采伐制度，逐步建立政府引导，农民、企业和社会为主体的多元化投入机制。

根据《意见》中的要求，主要从以下几个政策方面对林下经济的发展进行积极扶持：

（一）为满足发展林下经济需要可免征税

《意见》中明确指出，完善加快林下经济发展的财税政策，对农民生产的林下经济产品，免征增值税。增值税一般纳税人从农民购进的免税农业产品，可按13%的扣除率计算抵扣增值税进项税额。对林业专业合作社销售给本合作社成员的农膜、种子、种苗、化肥、农药、农机等生产资料，免征增值税。对农民林业专业合作社与本社成员签订的农业产品和农业生产资料购销合同，免征印花税。对发展林下经济过程中的农业机耕、排灌、病虫害防治、植物保护、农牧保险以及相关技术培训业务，家禽、牲畜、水生动物的配种和疾病防治项目，免征营业税。对企事业单位从事种植、养殖和农林产品初加工所得，依法免征企业所得税。

（二）农机补贴+基础设施建设扶持

对农户为满足发展林下种植、林下养殖需要而购置的各类林农机械，按照国家相关农业机械购置补贴转向资金使用管理办法中的有关规定给予补贴。

对集中连片的林下经济示范基地的道路建设优先列入当地交通发展规划，并给予适当补助；在林地范围内修筑直接服务于林下经济发展的道路、棚舍等工程设施，需要占用林地的，由县级以上人民政府林业主管部门按管理权限审批。涉及土地征收转用的，要依法办理土地征收转用审批手续。发展林下经济所需的水、电等设施，要纳入当地基础设施建设统一规划，由有关部门优先给予安排。生产环节中用水、电执行水利工程供水价格、农业生产用电价格；加工环节中用水、电执行程式自来水分类水价和分类电价。

（三）加大对林下经济发展的信贷力度

《意见》中指出，要完善林下经济的金融政策措施，加大对林下经济发展的信贷力度，对具备发展潜力的林农、林业大户、林业专业合作社及龙头企业发展林下经济，银行业金融机构可根据实际情况，在风险可控的前提下给予信贷扶持。符合国家有关小额担保贷款的农村复员转业退役军人、农村富余劳动力和农村妇女，可依托基层妇联、团委等推荐平台申请小额担保贷款，发展林下经济。大力推进林权抵押贷款，鼓励广大林农通过林权抵押贷款筹集林下经济发展资金。银行金融机构可根据要求，不断调整和优化信贷结构，改进信贷管理方式，积极拓展林业信贷市场，在风险可控的前提下，支持林下经济可持续发展。对林农、林业合作组织、龙头企业等单位和个人用于发展林下经济的贷款，符合国家有关规定的，给予政策性贴息优惠。同时，完善对金融机构的政策支持。

（四）支持林下经济龙头企业发展壮大

《意见》中明确，整合由各部门掌握的涉农资金，进一步加大对林下经济龙头企业的扶持力度。相关部门要按照国家有关政策规定，积极支持林下经济龙头企业申报高新技术、林下经济产品加工和技改贴息等项目。鼓励和支持重点龙头企业申报与林下经济发展相关的科研项目，并通过技术研究与开发经费对符合条件的项目给予支持。鼓励重点龙头企业参与扶贫开发，支持以"公司+基地+农户"方式在贫困村建设原料生产基地所需要的种苗、技术培训及相关的基础设施配套项目等。此外，对林下经济龙头企业的支持力度的政策还有加强金融服务，落实用地优惠政策，推动龙头企业资本经营等。

（五）加工流通扶持降低林农成本

《意见》中明确指出，要加大对林下经济产品精深加工扶持力度，加快林下经济产品流通体系建设。在大宗农产品主要产区和重要集散地建设农产品市场，培育和建设一批辐射区内外的区域性农产品批发市场，逐步发展大宗农产品期货市场、花卉拍卖市场、租赁市场。加快林下经济产品产地贮藏库和冷藏、运输等基础设施建设，在林下经济产品重要集散地和交通枢纽建立集加工、保鲜、流通为一体的大型农产品物流配送中心。加大林下经济品牌建设。对运输鲜活林下经济产品，符合国家、自治区关于鲜活农产品运输"绿色通道"车辆通行费减免政策的，按规定减免车辆道路通行费，降低运输成本。

《意见》指出，要强化科技支撑能力，积极搭建企业、农民与科研院所、技术推广单位之间的合作平台，鼓励和扶持林下经济合作组织建设，加快信息化建设步伐，建立扶持林下经济发展的协作机制，推进林业立体经营、复合经营，提高林地产出率和林业综合效益，提高林下经济产业化水平，实现林业经营长、中、短期效益相结合，推动林下经济快速发展，把林下经济打造成为"富民强桂"新的经济增长点。

贯彻落实《国务院办公厅关于加快林下经济发展的意见》，发展林下经济，还有几个问题应引起特别关注和重视。一是切实维护农民林地承包经营权。要从维护农民最核心的利益出发，保持林地承包关系长期稳定、有保障。二是加大对农民经营森林的扶持力度。要不断加大农民造林抚育补贴力度，激励农民经营森林，全面提升森林质量。三是大力保护森林资源。四是建立健全林业社会化服务体系。加强林业科技服务体系建设，加大林业灾害防控力度，降低农民经营林地的灾害风险。

当前，我国林下经济发展总体势头良好，但在发展过程中仍要注意三个方面的问题。一是技术支撑。要增加林业实用技术的研发，提高林农运用技术的水平和能力，以提高林下经济发展的效率。二是组织形式。无论是林农个体经营、林农专业合作社，还是龙头企业加农户模式，都需要政府提供服务，加以引导，在实际操作中不能操之过急。三是因地制宜。不能搞一刀切、千篇一律，各地要根据实际制定具有地方特色的林下经济发展规划，要注重培育地方主导产业。

三、林下经济未来的发展方向与趋势

根据《意见》的要求和目标，吴成亮、高叙文等（2013）指出，今后的林下经济发展首先应该注重培育龙头企业，发挥其示范带头作用；其次要实施标准化安全生产，提升产业化水平；第三要发展专业合作社，加强对林下经济的宣传和引导；第四要加大科技的支持力度，并在初期提供稳定的财政投入支持。针对我国目前各地在发展林下经济过程中所遇到的各类问题，未来在对林下经济的研究应该主要集中在以下两个方面：微观层面上，注重林下经济发展模式的精细化研究，形成技术集群与配套，以便在全国范围内推广；宏观层面上，加强林下经济和地域差异的研究，逐渐形成全国林下经济产

第二十二章 林下经济的愿景展望

业区划。

林下经济就是以林地资源为依托，以市场为导向，以科技为支撑，充分利用林下自然条件，选择林下适生的食用菌和动物、植物种类，进行合理种植、养殖，在构建稳定良性循环生态系统的基础上，达到林木与其他经济生物相互促进，共同提高，充分发挥综合效益的目标。这要求经济学家对林下经济的发展作出继续深入的分析。目前我国的林下经济学问题研究尽管有其内在的缺陷，但其中含有不少的合理的成分，并对促进社会经济发展作出了一定的贡献。在今天，林下经济学还处在在自我完善的时期，将逐渐成为经济学体系中一门论证日益完善的分支学科。但是，世界形势在不断变化，经济发展在继续推进，经济思想在日益深化，为了使林下经济学日臻成熟，我们应当从下述几个方面做出努力：

第一，与国外比较林下经济的发展历程及模式，剖析其相似或相近之处，发现其不同甚至根本不同之处。目前，国外并没有"林下经济"这个概念，与之相对应的是农林业（Agroforestry）、农林复合系统（Agroforestry system）、多功能林业（Multipurpose forestry）、非木质林产品（Non-wood forest product）、社会林业（Social forestry）和生态林业（Ecological forestry）等其他概念。"农林复合系统"最早出现于20世纪70年代随着生态环境恶化、能源危机的出现，各国政府以及相关机构都开始重新审视林业发展对策，把农林业的注意力转向探索横向农业发展的新型模式。1977年，国际农林复合系统研究委员会（ICRAF）的成立，使农林复合系统经营才被正式确定为一个农林特殊的分支学科，国际上也加强了对林业复合系统社会效益评价的研究。

1986年国内有关的科研工作者在"全国农林符合生态系统学术讨论会"上就我国的农林复合生态系统中存在的各种理论性问题进行了探索。而"林下经济"一词最早出现在2003年第一期《林业勘查设计》上的"对发展林下经济开发北药种植的探讨"一文中。总体说来，国内林下经济发展从最初的上世纪改革开放的启蒙阶段，到如今的飞速发展阶段，取得了巨大的成就。但目前看来还是存在很多的问题，如何在研究国外相关领域的基础上，取其精华，去其糟粕，是我国林下经济学今后发展的方向。

第二，重视对全国范围内林下经济的研究。不能不指出，发展林下经济确实能够调整传统林业生产关系，实现生态保护和农民增收。但目前林下经济学中的一些理论或模式往往是从较小的地区的情况取证的。如钟小芹在2013年对安康市的林下经济发展模式进行了探讨；林江丽在2008年对濮阳市的林下经济发展模式的研究等，诸多国内研究均将重点放在区域经济的发展上，而忽视了大区域也就是全国范围内的林下经济区域规划，使得现行的林下经济各自为政，独立发展的局面。因此我国林下经济学今后的发展应该朝着大区域规划的方向进行，随着林下经济产业化范围的推广和深入，提前做好林下经济发展的规划既是林下经济产业发展的需要，也是生态安全的需要。建议将林下经济的长期规划纳入经济社会的总体规划中去，以此促进林下经济在整个国民经济中的良性发展。

第三，从经济全球化的新格局思考我国在谋求经济发展过程中面临的机遇和挑战，在世界经济大环境中寻找林下经济发展的方向。

第四，重视科技信息经济对我国林下经济的助力与冲击。

林下经济发展对于农民增收和生态保护具有巨大的潜力，但是潜力的实现还需要通过科技支持。增加科技才能够挖掘更好的林下经济品种，才能够将林下经济产品深度开发，才能不断增加林下经济产品的附加值，建议增加对林下经济科技的投入，主要支持林下经济种苗、林下产品的深度开发等。

　　通过上述四个方面的努力，林下经济学必将不断更新，有极其光明的前景。建立系统的林下经济学的任务不可能是一蹴而就的，但这一工作是具有重大意义和广阔前景的。

参考文献

[1] 于小飞，等. 林下经济产业现状及发展重点分析 [J]. 林产工业，2010，37 (4): 57-59，62.

[2] 黄易. 基于可拓学的桐梓县林下经济建设项目可持续性评价 [D]. 背景：北京林业大学，2012.

[3] 翟明普. 关于林下经济若干问题的思考 [J]. 林产工业，2011，38 (3): 47-52.

[4] 吴成亮. 林下经济发展刍议 [J]. 林业经济，2013 (2): 52-56.

[5] 齐联，李玉梅. 林下经济——深化林改的"有机凝聚". 学习时报，2012年03月26日.

[6] 潘少军. 林业产业将助亿人脱贫. 人民日报，2013年01月07日.

[7] 林伟，梁崇平. 海口美兰农民发展橡胶林下经济效益高. 海南日报，2012年7月3日.

[8] 朴起亨. 韩国山林农业概况与类型 [J]. 世界林业研究，2012 (5): 58-62.

[9] 郭戈. 国外社会林业综述 [J]. 国外林业，1992 (1): 24-29.

[10] 张建峰. 国外社会林业概况 [J]. 山东林业科技，1997增刊：110-114.

[11] 李维长. 社会林业促进印度林业和乡村经济综合发展 [J]. 世界林业研究，1991.

[12] 何丕坤. 世界社会林业发展趋势 [J]. 林业调查规划，2004 (3): 109-112.

[13] 谢屹，温亚利，刘俊昌. 试论现代林业建设背景下的林业经济管理学科建设 [J]. 中国林业教育，2012，30 (1).

[14] 谢屹，贺超，温亚利. 中国林业经济管理学学科问题初探 [J]. 林业经济问题，2007，(4).

[15] 秦涛，等. 集体林权制度改革与林业金融学科发展的构想——以北京林业大学为例 [J]. 中国林业教育，2012 (4).

[16] 洪名勇. 地方综合性大学农林经济管理品牌专业建设构想 [J]. 高等农业教育，2008 (7).

[17] 赫荣誉. 加强林业经济管理实现农业可持续发展 [J]. 吉林农业，2011 (10).

[18] 贺超. 关于林业经济学发展的理论思索 [J]. 中国林业教育，2011 (4).

[19] 罗必良，欧百钢. 农林经济管理学科：分类解读与重新构造 [J.] 农业经济问题，2007 (1).

[20] 蒋敏元,朱洪革. 国外森林可持续经营经济学研究综述 [J]. 中国林业经济, 2006 (3).

[21] 王琳琳. 从文献角度分析林业经济学学科发展 [J]. 林业调查规划, 2008 (2).

[22] 李萍. 林业经济学课程的特点及教学研究 [J] 商业经济, 2010 (8).

[23] 贺超. 关于林业经济学发展的理论思索 [J]. 中国林业教育, 2011 (4).

[24] 张东升,于小飞. 基于生态经济学的林下经济探究 [J]. 林产工业, 2011, 38 (3).

[25] 陆军,宋筱平,陆叔云. 关于学科、学科建设等相关概念的讨论 [J]. 清华大学教育研究, 2004, 25 (6).

[26] 贾宝红,等. 论农业科研单位的学科建设 [J]. 安徽农业科学, 2008, 36 (22).

[27] 闫东锋,毕会涛,李继东. 地方农林院校开设林业信息工程专业的探讨 [J]. 中国林业教育, 2012, 30 (4).

[28] 秦涛,等. 集体林权制度改革与林业金融学科发展的构想 [J]. 中国林业教育, 2012, 30 (4).

[29] 丁泽霁. 农业经济学基本理论探索 [M]. 北京:中国农业出版社, 2002.

[30] 李金海,史亚军. 林下经济理论与实践 [M]. 北京:中国林业出版社, 2009.

[31] 邱俊齐. 林业经济学 [M]. 北京:中国林业出版社, 1998.

[32] 翟明普. 关于林下经济若干问题的思考 [J]. 林产工业, 2011 (03).

[33] 刘泽英. 林下经济,又一中国特色经济形态 [J]. 中国林业, 2011 (23).

[34] 袁永亮,邱昭联,王有昌. 关于发展龙岩林下经济若干问题的思考与建议 [J]. 绿色财会, 2012 (06).

[35] 孙儒泳,等. 基础生态学 [M]. 北京:高等教育出版社, 2002.

[36] 孙儒泳,等. 普通生态学 [M]. 北京:高等教育出版社, 1993.

[37] 福建林业厅. 森林生态学基础知识 [M]. 福州:福建科学技术出版社, 1986.

[38] 李博,等. 陆地生态系统生态学原理(中文版)[M]. 北京:高等教育出版社, 2005.

[39] 赵志模,郭依泉. 群落生态学原理与方法 [M]. 重庆:科学技术文献出版社重庆分社, 1990.

[40] 蔡晓明. 生态系统生态学 [M]. 北京:科学出版社, 2000.

[41] 《中国森林》编辑委员会. 中国森林(第1卷)[M]. 北京:中国林业出版社, 1997.

[42] 许伍权,等,森林资源经济学 [M]. 北京:中国林业出版社, 1985.

[43] 苏智先,王仁卿. 生态学概论 [M]. 北京:高等教育出版社, 1993.

[44] 李振基,等. 生态学 [M]. 北京:科学出版社, 2000.

[45] 孙儒泳. 动物生态学原理(第3版)[M]. 北京:北京师范大学出版社, 2001.

[46] 郑师章,吴千红,王海波. 普通生态学 [M]. 上海:复旦大学出版社,1994.

[47] 李博. 生态学 [M]. 北京:高等教育出版社,2000.

[48] 方精云. 全球生态学 [M]. 北京:高等教育出版社,施普林格出版社,2000.

[49] 祝廷成,钟章程,李建东. 植物生态学 [M]. 北京:高等教育出版社,1998.

[50] 刘鹏程. 关于林下资源及其调查方法的几点思考 [J]. 林业调查规划,2004,29(增刊):4-6.

[51] 支会超. 对合理开发利用林下资源的探讨 [J]. 华章,2010:151,154.

[52] 吴玉萍. 浅析林下资源的有序开发和科学利用 [J]. 内蒙古林业,2011(12),28.

[53] 谢德林. 发展林下经济要重视林地生态环境保护 [J]. 中国产业,26.

[54] 叶喜庭,叶建敏. 调整农业结构 开发林下资源,促进大兴安岭林区畜牧业快速发展 [J]. 黑龙江畜牧兽医,2002(3):50.

[55] 卓仁发,肖承义. 鄂西南山区林下经济发展探讨 [J]. 绿色科技,2010(12):126-127.

[56] 李文杰,刘自栓,和亚宾. 发展林下经济促进协调发展 [J]. 中国林业,2010(12).

[57] 王焕义,李春梅,杜发金. 发展林下经济对林木生长环境的影响 [J]. 中国林业,2012(5):35.

[58] 李烨. 林下光环境研究进展及其对经济植物生长的影响 [J]. 山东林业科技,2009(2):131-133.

[59] 朱小龙. 林下经济发展过程中林地环境保护的问题与对策 [J]. 重庆林业科技,2010(2):41-42.

[60] 葛晶. 用创新性思维指导农业科技管理的思考 [J]. 农业科技管理,2008(1).

[61] 杜艳萍,等. 农业科技服务与管理若干理论问题研究 [J]. 安徽农业科学,2012(10).

[62] 鞠秀文. 论我国的农业科技管理及人才发展战略 [J]. 中国科技纵横,2010(20).

[63] 江昀. 农业技术设备的技术效果与经济效果分析 [J]. 农村经济,2003(2).

[64] 蒋卫民. 林下经济发展模式 [J]. 广西林业,2011(10).

[65] 戴小枫,陆建中,边全乐. 发展现代农业对农业科学技术自主创新的要求与任务 [J]. 中国农学通报,2007,23(6):664-667.

[66] 孙显东. 简论新形势下提高营林技术管理工作的方法及策略 [J]. 才智,2011(34).

［67］周铁军，石超．我国农业科技管理的现状与对策［J］．甘肃农业，2008（11）．

［68］王文亮．科研管理人才在农业科技管理中的地位及培养思路［J］．山东农业科学，2011（10）．

［69］李冬花．浅谈我国农业科技管理的新体系［J］．商情，2010（22）．

［70］菲利普．科特勒．营销管理（第8版）［M］．北京：清华大学出版社，2012．

［71］李文杰，刘自栓，和亚宾．发展林下经济促进协调发展［J］．中国林业，2010（12）．

［72］唐光旭，赖世登．中国农林复合经营［M］．北京：科学出版社，1994：53．

［73］邓中美．三峡库区农林复合模式研究［J］．湖北林业科技，2002（2）：5－10．

［74］冯耀学．农林业系统结构和功能［M］．北京：中国科学技术出版社，1992：45－50．

［75］余晓章．浙江农作林业经营与发展农林复合经营［J］．竹子研究汇刊，2003，12（1）：2－3．

［76］姜志林，等．安徽涡阳县桐农间作类型及其分析［J］．生态杂志，1991（3）：22－26．

［77］丁王贞，等．土成分分析法在耕地质量评价中的应用［J］．西南农业学报，2000，13（2）：51－55．

［78］俞新妥，等．北京市深县农田林网防护效应的研究［J］林业科学，2001，17（1）：8－19．

［79］孟平，等．农林复合系统水热资源利用率的研究［J］．林业科学研究，1999，12（3）．

［80］杨玉盛，等．杉木、油桐、仙人草复合经营模式生物量的研究［J］．福建林学院报，1996，16．

［81］杨修．农林复合经营在农村可持续发展中的地位和作用［J］．农村生态环境，1996，12（1）．

［82］陈长青，何园球，卞新民．红壤丘陵区县域农林复合生态经济系统健康评价［J］．长江流域资源与环境，2009（1）．

［83］蔡国军，张仁陆．定西安家沟流域3种典型农林复合模式的评价研究［J］．水土保持研究，2008（10）．

［84］周刚，等．衡阳县英南试验示范区防护林农林复合经营系统结构优化方案研究［J］．湖南林业科技，2000（9）．

［85］徐梦洁．区域农业可持续发展指标体系及评估方法［J］．农业系统科学与综合研究，1998，14（4）：313－316．

［86］张良谱，范烈仙，武建林．对林业产业化的几点思考［J］．国土绿化，2003（1）：123－129．

[87] 高志强，等. 农业生态与环境保护［M］. 北京：中国农业出版社，2001.

[88] 胡继连，等. 中国农户经济行为研究［M］. 北京：中国农业出版社，1992.

[89] 顾焕章. 农业技术经济学［M］. 北京：中国金融出版社，1987.

[90] 胡世禄. 科学与管理学原理［M］. 北京：学术期刊出版社，1988.

[91] 吴岐山，等. 技术经济学［M］. 成都：四川大学出版社，1986.

[92] 郭正模. 农业综合开发概论［M］. 成都：四川科学技术出版社，1994.

[93] 陈迭方，等. 农业资源的理论与实践［M］. 北京：中国农业出版社，1989.

[94] 王岳能，苏为华. 经济效益综合评价方法研究［M］. 杭州：杭州大学出版社，1997.

[95] 王忠厚，郭洪太. 企业经济效益分析［M］. 北京：首都师范大学出版社，1998.

[96] 吴成亮，等. 林下经济发展刍议［J］. 林下经济，2013（3）：52–56.

[97] 翟明普，关于林下经济若干问题的思考［J］. 林业工业，2011，38（3）：47–50.

[98] 刘美丽. 林下经济模式及综合效益［J］. 林业实用技术，2007（4）：37–38.

[99] Steppler H. A, Nair P. K. R. Agroforestry：a decade of development. Kenya：the International Council for Research in Agroforestry，1987（1）：9–13.

[100] Montambault R, Alavalapati J. R. Socioeconomic research in Agroforestry：a decade in review［J］. Agroforestry System，2005（65）：151–161.

编后语

我国人多地少的局面在很长一段时期内将越来越严峻，发展林下经济是一种重要的战略选择，事关林改成败，事关生态建设，事关农民增收，事关林业长远，意义重大。

我国山区、林区、沙区范围广，占国土面积的87%，拥有全国56%的人口，大多处于边远和经济欠发达地区，这些地区经济的繁荣稳定对国家的长治久安非常重要。发展林下经济品种多、见效快、就业广，有利于资源优势转化为经济优势，是农村新的经济增长点，是山区、林区和沙区农民脱贫致富的重要举措。国家林业局局长贾治邦在全国林业产业大会暨中国林业产业协会成立大会上指出，林下产业是与老百姓利益密切相关的产业，要充分发挥林下土地资源和环境优势，大力发展林草、林菌、林药、林畜等林地立体复合经营，积极推进林下种植养殖业资源共享、循环相生、协调发展，全面提高林地产出率。要积极推广适宜林间种植养殖的新品种、新技术，努力探索适合区域特点的林间种养模式，坚持林下经济因地制宜、突出特色。要积极培育生产大户、专业经济组织和龙头企业，发挥他们的示范和带动作用，推进规模化、基地化、标准化生产，不断提高林下产业的聚集效应，推进林下经济向大规模、深层次发展。要通过产品精深加工，不断延长产业链，提高产品附加值，以加工业的大发展来带动林下经济的大发展。这为林下产业经济的发展指明了方向。

要促进林业又好又快发展，一要发挥科技的支撑作用，在带动产业上找出路，提高林业经济产出，增加农民收入，调动农民发展林业的积极性。二要发挥科技的引领作用，在技术创新上找方法，通过科技创新和科技示范，帮助农民掌握营造林实用技术，提高劳动生产率，增加林业经济收益。三要发挥政府的主导作用，联合科研院所在技术攻关上下工夫，加强种苗培育、病虫害防治、林产品加工等方面的科技服务，使林业科技进步取得大的突破，为林下产业经济的发展提供技术支撑。时代的发展需求，为广大科技工作者提出了新的要求和新的课题。

林下经济发端于农、林两大国民基础产业，理论上受多种学科指导。林下经济的兴起，进一步加快了林业产业从单纯利用林木资源转向林木资源和林地资源结合利用转变，形成多维立体产业经济结构，林下经济在农业、林业和牧业、渔业间形成产业互补，使林业分享到其他产业的社会平均利润，这是稳定农业的关键所在。林下经济在解决资源利用和环境保护、生态和经济的矛盾，工、农产业效益差别悬殊，以及保障粮食、林业发展等方面起到了不可估量的作用。林下经济将劳动者、生产工具和劳动对象有机结合起来，运用科学理论和科技知识进行管理，从而达到降低生产成本，提高农、林业效益的目的。

林下经济的特色之处在于，农林生产的悠久历史和各种经验技术都可以方便地移植到林下经济中去，使其具有实践可行性，这些优势决定了林下经济有极大的推广价值，

编后语

在全球可持续发展战略要求的今天和未来，必将成为农、林业进一步发展的一种新思路和模式。但林下经济又不同于农林复合生产，它与社会各阶层生产关系有着千丝万缕的联系，产业互补、生态优势、应用优势是林下经济的主要内涵。历史上，从没有哪一种经济模式像林下经济这般可以集工、农、商、服务等多行业于一体的多层次、多架构的经济模式。林下经济涉及的每一个要素都值得去探讨和研究，本书较为系统的探讨了林下经济的概念与内涵、国内外发展现状、经济学与生态学原理、生产模式与技术和成功经验借鉴等内容，旨在为我国林下经济产业的发展提供一些有益的借鉴和参考，从而改变我国林业单一木材经营格局，延伸林业产业链，实现近期得利，长期得林，以短养长，加快农村林业经济结构调整，促进林业可持续发展。同时，希望本书的出版，能引起更多的人关注中国林下经济，也希望将来有更多人投入到林下经济的实践和研究中去，成为推动我国林下产业经济发展的不竭动力。但由于水平所限，书中所述难免出现不足和错误，恳请广大读者及专家、学者批评指正。

本书的出版得到了中国热带农业科学院 2013 年本级基本科研业务费（"科技开发体系建设及机制创新"和"地胆草属植物等橡胶林下适应性种植与开发利用研究"项目）的资助和支持，在此表示衷心的感谢！

编 者

二〇一三年七月